21世纪高等学校物联网专业系列教材

传感器原理与应用

◎ 孙宝法 编著

清华大学出版社

北京

内 容 简 介

本书首先介绍传感器的基础知识,然后分类介绍各种传感器的工作原理、测量电路和应用实例,包括应变电阻式传感器、电容式传感器、电感式传感器、磁电式传感器、压电式传感器、热电式传感器、光电式传感器、波式传感器、湿敏传感器、化学传感器和生物传感器等。

本书以应用为出发点,践行理实一体化的教学理念,突出能力培养,体系完整,结构合理,层次清楚,难度适中,循序渐进,便于教学。

本书可以作为应用型高校的自动化、电气工程及其自动化、电气工程与智能控制、过程装备与控制工程、物联网工程、智能电网信息工程、轨道交通信号与控制、电子信息工程、信息工程、通信工程、测控技术与仪器等专业的教材,也可以作为有志于从事测控系统设计、使用、维护的工程技术人员的参考书。

图书在版编目(CIP)数据

传感器原理与应用/孙宝法编著. —北京:清华大学出版社,2021.9(2024.9 重印)
21 世纪高等学校物联网专业系列教材
ISBN 978-7-302-58508-4

Ⅰ.①传…　Ⅱ.①孙…　Ⅲ.①传感器－高等学校－教材　Ⅳ.①TP212

中国版本图书馆 CIP 数据核字(2021)第 121976 号

责任编辑:陈景辉　张爱华
封面设计:刘　键
责任校对:郝美丽
责任印制:丛怀宇

出版发行:清华大学出版社
　　　　网　　　址:https://www.tup.com.cn,https://www.wqxuetang.com
　　　　地　　　址:北京清华大学学研大厦 A 座　　　　邮　　编:100084
　　　　社 总 机:010-83470000　　　　　　　　　　邮　　购:010-62786544
　　　　投稿与读者服务:010-62776969,c-service@tup.tsinghua.edu.cn
　　　　质量反馈:010-62772015,zhiliang@tup.tsinghua.edu.cn
　　　　课件下载:https://www.tup.com.cn,010-83470236
印 装 者:三河市东方印刷有限公司
经　　销:全国新华书店
开　　本:185mm×260mm　　印　张:13.5　　　　　字　　数:329 千字
版　　次:2021 年 9 月第 1 版　　　　　　　　　　印　　次:2024 年 9 月第 5 次印刷
印　　数:6001~8000
定　　价:49.00 元

产品编号:089424-01

前言
FOREWORD

感知技术、通信技术、计算技术是现代信息技术的三大支柱，而传感器是检测系统的首要环节，是信息的源头。传感器位于研究对象与测控系统之间，是感知、获取与检测信息的媒介。

本书是工科电子信息类专业的重要专业基础课，在电子信息、计算机应用、精密仪器、测量与控制等多个领域得到了广泛的应用。以物联网为典型代表的第三次信息化浪潮推动着"传感器原理与应用"课程建设迅速向前发展。

本书定位为应用型高校的自动化、电气工程及其自动化、电气工程与智能控制、过程装备与控制工程、物联网工程、智能电网信息工程、轨道交通信号与控制、电子信息工程、信息工程、通信工程、测控技术与仪器等本科专业的专业基础课。通过本书的学习，学生具备了对生产过程中各种电量、非电量的检测、显示、控制的能力，同时，本书培养了学生对测量仪器类产品的使用、维护、设计、制造的能力。

按照应用型高校本科专业人才培养方案和课程教学大纲的要求，对本书的内容和体系结构进行优化，使本书内容既能展示本课程的核心知识，又能反映本领域的最新技术，还能使学生广泛了解各种传感器的应用场合和应用技术，同时还能使学生比较容易掌握学习规律和方法，不至于因为传感器种类众多而迷失方向。

为此，根据传感器的工作原理，对传感器进行粗略的分类，然后分章节对各种传感器进行详细的介绍。本书包括应变电阻式传感器、电容式传感器、电感式传感器、磁电式传感器、压电式传感器、热电式传感器、光电式传感器、波式传感器、湿敏传感器、化学传感器和生物传感器等内容。对于每一种传感器，都首先说明它的基本工作原理，然后给出相应的测量电路，最后介绍典型的应用实例。

这种结构安排有助于读者深刻理解各种传感器的基本工作原理和理论基础，学会各种传感器的应用技术，了解各种传感器的应用场合。通过本书的系统学习，读者在面对实际的测控问题时，就可以选择适当的传感器，设计相应的测量电路，构建出针对实际应用的测量系统，同时，为"智能仪器原理与设计"等课程奠定坚实的基础。

本书特色

（1）内容新颖。本书涉及的概念较多，新技术、新思路很多，有不少概念、理论、知识、技术可能是读者第一次接触的。

（2）涉及学科领域广泛，学科交叉的内容较多。本书涉及传感器、电工、电子、检测、控制、计算机、数据处理、精密仪器等众多技术，现代检测系统通常集光、机、电于一体，软硬件相结合。

（3）对基础要求比较高。本书强调传感器的基本理论和应用方法。为了能够顺利学习本书，读者应该学好普通物理、电路基础、模拟电子技术、数字电子技术、单片机原理与应用、现代通信技术、物联网工程概论等先修内容。

（4）应用性强。本书实践性很强，在学习理论的同时，要求学生通过实验掌握各类典型传感器的基本原理和应用场合，掌握常用测量仪器的工作原理和工作性能，能够合理选用测量仪器和测量电路，根据测量要求设计各类测量系统，对测量结果进行误差分析和数据处理等，达到理论与实践的统一，突出能力的培养。

配套资源

为便于教与学，本书配有教学课件、教学大纲、教案、教学进度表、习题题库、考试试卷及答案。读者可以扫描本书封底的"书圈"二维码下载。

适读人群

本书是作者在多年教学实践的基础上，参考许多文献资料，经过多次编写、反复修改而成的，在正式出版之前，已作为试用教材在本科物联网工程、电子信息工程、通信工程、自动化等专业使用过多次。使用本书的教师和学生一致反映，本书以应用为出发点，践行理实一体化的教学理念，突出能力培养，体系完整，结构合理，层次清楚，难度适中，循序渐进，便于教学，教学效果良好。

本书可以作为应用型高校的自动化、电气工程及其自动化、电气工程与智能控制、过程装备与控制工程、物联网工程、智能电网信息工程、轨道交通信号与控制、电子信息工程、信息工程、通信工程、测控技术与仪器等专业的教材，也可以作为有志于从事测控系统设计、使用、维护的工程技术人员的参考书。

致谢

本书的出版得到了安徽省高等学校省级质量工程项目——《传感器原理与应用》一流教材（项目编号：2020yljc063）的资助，以及安徽文达信息工程学院校级质量工程项目——《传感器原理与应用技术》规划教材（项目编号：2019ghjc01）的资助。在编写本书的过程中，作者参考了许多的文献资料，在此向这些文献的作者致以诚挚的谢意。特别感谢清华大学出版社的大力支持，使得本书能够顺利出版。

由于作者水平有限，书中错漏之处在所难免，敬请广大读者批评指正。

孙宝法

2021 年 8 月

目录
CONTENTS

第 1 章
CHAPTER 1

传感器概述

人们为了从外界获取信息,必须借助于感觉器官。在研究自然现象和自然规律时以及在生产活动中,仅仅依靠人类自身的感觉器官就远远不够了。为了更加广泛、深入地感知世界,就需要传感器。可以说,传感器是人类五官的延长,有人称之为电五官。

1.1 传感器的概念

1.1.1 传感器的定义

传感器的研究起源于仿生学。自然界中的每种生物都是高度发达的控制系统,它们能够根据周围环境和自身状态,控制自己的身体做相应的调整,以适应环境,更好地生存下去。为了与周围环境交换信息,每种生物都有感知周围环境和自身状态的器官和组织,并且有各自的执行机构。例如,动物的眼睛、耳朵、鼻子、口腔、皮肤分别能够获取视觉、听觉、嗅觉、味觉、触觉等信息,而脑袋、躯干、四肢等就是它们的执行机构。

现代的控制系统很多都是模仿生物的生理机能设计出来的,特别是模仿人的生理机能。因此,控制系统应该有类似于眼睛、耳朵、鼻子、口腔、皮肤等感觉器官,还要有类似于脑袋、躯干、四肢等执行机构。而控制系统的感觉器官就是本书所研究的传感器。

所谓传感器,就是能够感受规定的被测量,并按照一定规律转换为可用输出电信号的器件或装置。

从传感器的定义容易看出,传感器具有如下共性:利用物理定律或物质的物理、化学、生物等特性,将力、位移、速度、加速度、温度、湿度、光线强度等非电量输入转换为电压、电流、电荷、电容、电阻、频率等电量输出。

1.1.2 传感器的组成

传感器通常由敏感元件和转换元件两部分组成。敏感元件是传感器中能够直接感受或响应被测量的部分,转换元件是传感器中能够将敏感元件感受或响应的被测量转换为适合传输和测量的电信号的部分。敏感元件和转换元件分别完成检测和转换两个基本功能。

需要指出的是,并不是所有的传感器都能够明显地区分敏感元件和转换元件这两个组成部分。例如,热电偶、压电材料、光电器件、半导体湿度传感器、半导体气体传感器等,它们一般能够将感受到的被测量直接转换为电信号输出,因此,这些传感器将敏感元件和转换元件二者的功能合二为一了。

一般情况下,只是由敏感元件和转换元件组成的传感器,其输出信号很弱,因此,还需要增加信号调理与转换电路,将输出信号放大,并转换为容易传输、处理、记录和显示的信号形式。

信号调理与转换电路的作用:一是把来自传感器的信号进行转换和放大,使其更适合于传输和处理,常常是将各种电信号转换为电压、电流、频率等少数几种便于测量的电信号;二是进行信号处理,即将经过转换的信号进行滤波、调制、解调、运算、数字化等。

常见的信号调理与转换电路包括放大器、电桥、振荡器等。

另外,还需要辅助电源为传感器的基本部分、信号调理与转换电路提供工作能量。

综上所述,一个典型的传感器的组成如图1.1所示。

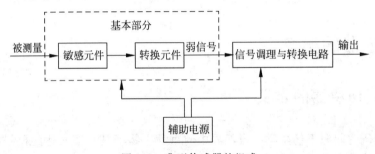

图1.1 典型传感器的组成

1.1.3 传感器的分类

现在,传感器已经随处可见,就拿我们人手一部的手机来说,其中就有光线传感器、距离传感器、重力传感器、加速度传感器、磁场传感器、陀螺仪、GPS、指纹传感器、霍尔传感器、气压传感器、心率传感器、血氧传感器、紫外线传感器等。随着信息技术的快速发展,传感器的类型和数量会越来越多。据预测,到2030年,全球传感器数量将突破100万亿个。这么多各式各样的传感器,很难用一个标准对其进行严格的分类。通常,可以按照传感器的工作原理、敏感元件所发生的基本效应、输入量类型、输出量类型、能量变换关系、所蕴含的技术特征等,对传感器进行粗略的分类。

1. 按照传感器的工作原理分类

每一种传感器都是依据一定的物理定律、化学原理、生物效应等基本原理进行工作的。按照传感器的工作原理进行分类,可以把传感器分为应变电阻式传感器、电容式传感器、电感式传感器、磁电式传感器、压电式传感器、热电式传感器、光电式传感器、波式传感器等。这种分类方法便于讨论传感器的工作原理,分类比较清楚、细致,各类传感器之间的交叉也比较少,具有明显的优点。本书就是采用这种分类方法来组织各章内容的。

2. 按照敏感元件所发生的基本效应分类

按照传感器敏感元件所发生的基本效应进行分类，可以把传感器分为物理型传感器、化学型传感器和生物型传感器。

3. 按照输入量类型分类

传感器的输入量即被测参数。按照传感器输入量的类型进行分类，可以把传感器分为距离传感器、位移传感器、速度传感器、加速度传感器、温度传感器、湿度传感器、压力传感器、转速传感器等。一般情况下，在讨论传感器的用途时，用这种分类方法。

4. 按照输出量类型分类

按照传感器输出量的类型进行分类，可以把传感器分为模拟式传感器和数字式传感器。模拟式传感器是指传感器的输出信号为连续形式的模拟量。目前的传感器多数属于模拟式传感器，而现代的测控系统往往要用到微处理器，为了使传感器输出的模拟量能够被微处理器接收，通常需要使用 ADC（即 A/D 转换器，又称模-数转换器）把模拟量转换为数字信号。数字式传感器是指传感器的输出信号为离散形式的数字量。数字式传感器输出的数字信号便于传输、处理和应用，因此，数字式传感器是传感器一个重要的发展方向。

5. 按照能量变换关系分类

按照传感器的能量变换关系进行分类，可以把传感器分为有源传感器和无源传感器。有源传感器又称为能量转换型传感器、发电型传感器，其输出端的能量是从被测对象取出、经过能量转换而来的。它无须外加电源，就能将被测的非电量转换为电量输出。有源传感器包括压电传感器、磁电式传感器、热电偶、光电池、固体电解质气敏传感器等。这种传感器没有能量放大作用，因此，要求从被测对象获得的能量越多越好。无源传感器又称为能量控制型传感器、参量型传感器。这类传感器不转换能量，其输出的能量不是由被测对象提供的，而是由外加电源提供的。被测对象的信号控制电源，使传感器输出信号的大小与被测量的大小相对应。无源传感器包括电阻式传感器、电感式传感器、电容式传感器、霍尔式传感器和某些光电式传感器。由于无源传感器的输出能量是由外加电源提供的，因此，传感器输出端的电能可能大于输入端的被测量，即这种传感器具有能量放大作用。

6. 按照所蕴含的技术特征分类

按照传感器所蕴含的技术特征进行分类，可以把传感器分为普通传感器和新型传感器。普通传感器是指应用传统技术的传感器，早期的传感器基本属于普通传感器。随着计算机技术、微型芯片技术、现代通信技术、微加工技术的发展，出现了很多新型传感器。例如，传感器与微处理器结合，产生了具有一定数据处理能力的智能传感器；传感器与微机电系统结合，产生了具有微小尺度的微型传感器；把模糊数学原理运用到传感器，产生了输出量为非数值的模糊传感器；传感器与网络接口芯片结合，并遵循规定的通信协议，产生了网络传感器。这些新型传感器的出现，极大地推动了传感器与检测技术的发展，从而推动了物联网技术向广度和深度方向发展。

1.2 传感器的基本特性

传感器的基本特性是指传感器的输入输出关系特性,是传感器内部结构参数相互作用关系的外部表现。不同传感器具有不同的内部结构参数,从而具有不同的基本特性。

传感器的基本任务就是要尽可能准确地反映输入量的状态,一个高质量的传感器应该具有良好的特性,以确保被测信号能够被无失真地测量出来,使检测结果尽量能够反映被测量的原始特征。

传感器的基本特性包括静态特性和动态特性。静态特性主要研究当被测量是稳态(静态或准静态)信号时,传感器的输入输出关系特性;动态特性主要研究当被测量是动态(周期变化或瞬态)信号时,传感器的输入输出关系特性。本书介绍的传感器,其被测量基本上属于稳态信号,因此,这里只介绍传感器的静态特性。衡量传感器静态特性的主要指标有线性度、灵敏度、分辨率、精度、迟滞、重复性和漂移等。

除了上述特性参数之外,我们还需要了解传感器的测量范围和量程这两个参数。测量范围(Measuring Range)是指传感器所能测量到的最小输入量与最大输入量之间的范围,量程(Span)是指传感器测量范围的上限值与下限值的差。

1.2.1 线性度

传感器的线性度(Linearity)是指其输出与输入之间呈线性关系的程度。

我们希望传感器的输入输出特性是线性的,因为这有助于简化传感器的理论分析、数据处理、制作标定和测试。但是,传感器的实际输入输出特性一般都是非线性的。对于非线性特性的输入输出特性曲线,可以采用线性拟合的方法进行线性化处理。

如果传感器的输入输出特性曲线的非线性项的次数不高,在输入量变化范围不大的条件下,可以采用切线拟合、割线拟合、过零旋转拟合、端点平移拟合等方法,用一小段直线近似地代替曲线,如图1.2所示。这一小段直线称为拟合直线。

一般情况下,实际特性曲线与拟合直线之间都存在偏差。在所考虑的测量范围内,最大非线性绝对误差与输出满量程(Full Scale)的比值,称为传感器的非线性误差,记为 γ_L,即

$$\gamma_L = \frac{\Delta L_{max}}{Y_{FS}} \times 100\% \qquad (1.1)$$

其中,ΔL_{max} 为所考虑测量范围内的最大非线性绝对误差;Y_{FS} 输出满量程。

1.2.2 灵敏度

传感器的灵敏度(Sensitivity)是指传感器在稳态工作情况下,输出量变化 Δy 与输入量变化 Δx 的比值。例如,某位移传感器,在位移变化 1mm 时,输出电压变化为 200mV,则其灵敏度应表示为 200mV/mm。当传感器的输出量与输入量的量纲相同时,灵敏度可理解为放大倍数。一般情况下,我们希望传感器具有较高的灵敏度,但是,灵敏度越高,测量范围越

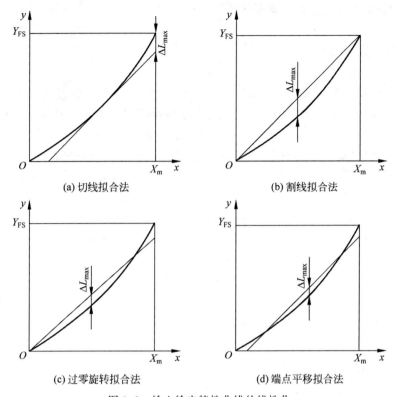

(a) 切线拟合法　　　　　　　　(b) 割线拟合法

(c) 过零旋转拟合法　　　　　　(d) 端点平移拟合法

图 1.2　输入输出特性曲线的线性化

窄,稳定性也往往越差。

如图 1.3 所示,设传感器的输入输出特性由函数 $y = f(x)$ 表示,则传感器在点 (x_0, y_0) 附近的平均灵敏度为

$$\overline{S} = \frac{\Delta y}{\Delta x} \tag{1.2}$$

当 $\Delta x \to 0$ 时,传感器在点 (x_0, y_0) 附近的平均灵敏度的极限,称为传感器在点 (x_0, y_0) 的灵敏度,记为 S_{x_0},即

$$S_{x_0} = \lim_{\Delta x \to 0} \frac{\Delta y}{\Delta x} \tag{1.3}$$

根据导数的定义,如果 $y = f(x)$ 在点 (x_0, y_0) 可导,那么,传感器在点 (x_0, y_0) 的灵敏度就是函数 $y = f(x)$ 在点 (x_0, y_0) 的导数,也就是函数 $y = f(x)$ 在点 (x_0, y_0) 的切线斜率。由此可见,从本质上来说,灵敏度就是传感器对输入量微小变化的敏感程度。

从图 1.3 还可以看出,对于一般的传感器而言,其输入输出特性函数 $y = f(x)$ 是一条曲线,它在不同点的导数一般是不同的。因此,传感器在不同点的灵敏度一般也是不同的。但是,如果 $y = f(x)$ 是一条直线,那么,它在不同点的导数是相同

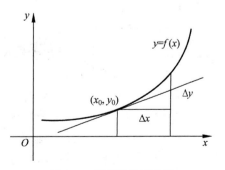

图 1.3　传感器的灵敏度

的。因此,传感器在不同点的灵敏度就是恒定的。

1.2.3 分辨率

传感器的分辨力是指传感器能够感受到的被测量的最小变化的能力。

假设输入量从某个值开始缓慢地变化。当输入量的变化值未超过某一数值时,传感器的输出不会发生变化,即传感器对此输入量的变化是分辨不出来的。只有当输入量的变化超过某一数值时,其输出才会发生变化。这个数值就是传感器的分辨力。

分辨力可以用能够分辨的增量的绝对值表示,此时,分辨力就是传感器上的最小刻度。

通常情况下,传感器在量程范围内各点的分辨力并不相同,因此,常用量程中能使输出量产生变化的输入量中的最大变化值作为衡量分辨力的指标。

也可以用能够分辨的增量与满量程的比值来表示传感器的分辨能力。能够分辨的增量与满量程的百分比,称为分辨率(Resolution)。

从本质上来说,分辨力与分辨率是一致的,都是表示传感器的分辨能力。很多资料直接把分辨力称为分辨率。本书后面也这么定义分辨率。

分辨率通常由传感器中 A/D 转换器的位数决定的,位数越多,分辨率越高。

1.2.4 精度

传感器的精度(Accuracy)是指在一定实验条件下,多次测定的平均值与真值相符合的程度。它与误差的大小相对应,因此,可用误差大小来表示精度的高低。若误差小,则精度高;若误差大,则精度低。例如,仪器允许产生的误差为量程的 0.5%,则精度为 0.5%,或0.5 级。

国产温度传感器的精度分为 A、B 两个级别。国家标准规定:根据温度传感器的输出值与所测量温度的真值的差 e 来划分温度传感器的精度。若 $|e| \leqslant 0.15℃ + 0.002 \times$ 传感器量程,则该传感器的精度为 A 级;若 $0.15℃ + 0.002 \times$ 传感器量程 $< |e| \leqslant 0.30℃ + 0.005 \times$ 传感器量程,则该传感器的精度为 B 级。因此,如果要求测量精度较高,应该选用量程较小的A 级传感器。

1.2.5 迟滞

在相同测量条件下,对应于同一大小的输入信号,传感器正、反行程的输出信号大小不相等的现象,称为传感器的迟滞(Hysteresis)。

迟滞又称回程误差,表现为在传感器正、反行程期间输入输出特性曲线不重合,如图 1.4 所示。

一般用正、反行程间的最大输出误差 ΔH_{max} 与输出满量程 Y_{FS} 的比值来表示传感器的迟滞指标,即

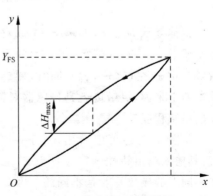

图 1.4 传感器的迟滞特性

$$\gamma_{\mathrm{H}} = \frac{\Delta H_{\max}}{Y_{\mathrm{FS}}} \times 100\% \qquad (1.4)$$

产生迟滞的原因有多方面。例如,传感器机械部分存在摩擦、间隙、松动、积尘等,引起能量吸收或消耗。

1.2.6 重复性

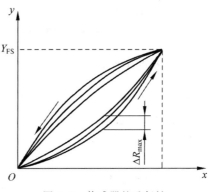

如图 1.5 所示,在同样的测量条件下,传感器对输入量按同一方向进行全量程多次测量时,所得的输入输出特性曲线不重合。传感器的重复性(Repeatability)就用于表示这些输入输出特性曲线的一致程度。

重复性指标一般用输出最大不重复误差 $\Delta R_{\max}$ 与满量程 Y_{FS} 的比值来表示,即

$$\gamma_{\mathrm{R}} = \frac{\Delta R_{\max}}{Y_{\mathrm{FS}}} \times 100\% \qquad (1.5)$$

图 1.5 传感器的重复性

从图 1.5 可以看出,γ_{R} 越小,这些输入输出特性曲线越接近,传感器的重复性越好。我们希望传感器具有良好的重复性,这种传感器在多次测量时的结果比较一致,受测量时间的影响比较小,稳定性和可靠性比较好。

1.2.7 漂移

传感器的漂移(Drift)是指在输入量不变的情况下,传感器输出量随着时间变化的现象。漂移将影响传感器的稳定性。

产生漂移的原因主要有两个:一是传感器自身结构发生老化;二是传感器周围环境(如温度、湿度、气压等)发生变化。传感器自身结构老化会引起零点漂移,简称零漂。通过调零处理,可以纠正零漂。传感器周围环境变化引起的漂移最常见的是温度漂移,简称温漂,它是由传感器周围温度变化引起的。温度漂移主要表现为温度零点漂移和温度灵敏度漂移。温度漂移通常用传感器工作环境温度偏离标准环境温度(一般为 20℃)时的输出值的变化量与温度变化量的比值来表示。

1.3 测量电路中的电桥

被测量一般都是非常微弱的,需要用专门的电路来进行测量。在常用的测量电路中,包括各种电桥,主要有直流电桥和交流电桥。

1.3.1 直流电桥分析

图 1.6 所示为直流电阻电桥,又称为惠斯通电桥,四个电阻组成桥臂,一个对角接电源,

另一个对角作为输出。

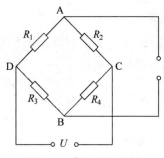

1. 电桥的形式

在图 1.6 中,电桥各臂的电阻分别为 R_1、R_2、R_3 和 R_4, U 为电桥的直流电源电压。

若 $R_1 = R_3 = R$,且 $R_2 = R_4 = R'$,则称为电源对称电桥; 若 $R_1 = R_2 = R$,且 $R_3 = R_4 = R'$,则称为输出对称电桥;若 $R_1 = R_2 = R_3 = R_4 = R$,则称为等臂电桥。

图 1.6 直流电阻电桥

2. 电桥的工作方式

若电桥中只有一个臂接入被测量,其他三个臂为固定值电阻,则称为单臂工作方式;若电桥两个臂接入被测量,另两个臂为固定值电阻,则称为双臂工作方式,又称为半桥工作方式;若四个桥臂都接入被测量,则称为全桥工作方式。

3. 电桥的输出方式

电桥的输出方式有电流输出型和电压输出型两种,主要根据负载情况而定。

1) 电流输出型电桥

在进行测量时,若电桥的输出信号较大,输出端又接入电阻值较小的负载(如检流计),电桥将以电流形式输出,如图 1.7(a)所示。其中,负载电阻为 R_g。

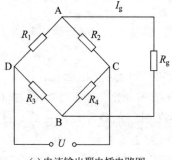
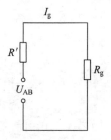

(a) 电流输出型电桥电路图   (b) 电流输出型电桥的等效电路

图 1.7 电流输出型电桥

在图 1.7(a)中,设 D 点的电势为 0,则

$$U_{AD} = \frac{R_1}{R_1 + R_2} U \tag{1.6}$$

$$U_{BD} = \frac{R_3}{R_3 + R_4} U \tag{1.7}$$

$$U_{AB} = U_{AD} - U_{BD} = \frac{R_1 R_4 - R_2 R_3}{(R_1 + R_2)(R_3 + R_4)} U \tag{1.8}$$

根据有源端口网络定理,电流输出型电桥可以简化成如图 1.7(b)所示的等效电路。图中,R' 为电桥的输出电阻,即

$$R' = \frac{R_1 R_2}{R_1 + R_2} + \frac{R_3 R_4}{R_3 + R_4}$$

$$= \frac{R_1 R_2 (R_3 + R_4) + R_3 R_4 (R_1 + R_2)}{(R_1 + R_2)(R_3 + R_4)} \quad (1.9)$$

因此,流过负载 R_g 的电流为

$$I_g = \frac{U_{AB}}{R' + R_g} = \frac{R_1 R_4 - R_2 R_3}{R_g (R_1 + R_2)(R_3 + R_4) + R_1 R_2 (R_3 + R_4) + R_3 R_4 (R_1 + R_2)} U$$
$$(1.10)$$

当 $I_g = 0$ 时,称电桥为平衡状态。由式(1.10)可得电桥的平衡条件为

$$R_1 R_4 = R_2 R_3 \quad (1.11)$$

或

$$\frac{R_1}{R_2} = \frac{R_3}{R_4} \quad (1.12)$$

因此,电桥的平衡条件为:相邻两臂的比值相等。在设计测量电路中的电桥时,通常都会选取适当的电阻值,使电桥满足平衡条件。而且,常常把电桥设计为等臂电桥,即满足条件 $R_1 = R_2 = R_3 = R_4 = R$。

当电桥阻抗匹配时,即负载电阻 R_g 等于电桥输出电阻 R' 时,电桥的输出功率最大,此时,电桥的输出电流为

$$I_g = \frac{U_{AB}}{R' + R_g} = \frac{U_{AB}}{2R'} = \frac{U}{2} \frac{R_1 R_4 - R_2 R_3}{R_1 R_2 (R_3 + R_4) + R_3 R_4 (R_1 + R_2)} \quad (1.13)$$

在进行测量之前,应该把测量电路调零,使电路满足电桥的平衡条件。此时, $I_g = 0$。

下面来讨论测量时的情形。

设电桥为单臂工作方式, R_1 为应变片。当 R_1 有增量 ΔR,且 $\Delta R \ll R_1$ 时,电桥的输出电阻 R' 变化很小,因此,电桥的阻抗几乎是匹配的,仍然可以按照式(1.13)计算电桥的输出电流,并考虑电桥的平衡条件,得

$$I_g = \frac{U}{2} \frac{(R_1 + \Delta R) R_4 - R_2 R_3}{(R_1 + \Delta R) R_2 (R_3 + R_4) + R_3 R_4 (R_1 + \Delta R + R_2)}$$
$$= \frac{U}{2} \frac{R_4 \Delta R}{(R_1 + \Delta R) R_2 (R_3 + R_4) + R_3 R_4 (R_1 + \Delta R + R_2)} \quad (1.14)$$

略去分母中的 ΔR 项,得

$$I_g \approx \frac{U}{2} \frac{R_4 \Delta R}{R_1 R_2 (R_3 + R_4) + R_3 R_4 (R_1 + R_2)} \quad (1.15)$$

对于电源对称电桥,由于 $R_1 = R_3 = R$, $R_2 = R_4 = R'$,因此,式(1.15)即为

$$I_g = \frac{U}{4} \frac{1}{R + R'} \frac{\Delta R}{R} \quad (1.16)$$

对于输出对称电桥,由于 $R_1 = R_2 = R$, $R_3 = R_4 = R'$,因此,式(1.15)即为

$$I_g = \frac{U}{4} \frac{1}{R + R'} \frac{\Delta R}{R} \quad (1.17)$$

对于等臂电桥,由于 $R_1 = R_2 = R_3 = R_4 = R$,因此,式(1.15)即为

$$I_g = \frac{U}{8R} \frac{\Delta R}{R} \quad (1.18)$$

由式(1.16)~式(1.18)可以看出,当 $\Delta R \ll R_1$ 时,电桥的输出电流与应变片的电阻变化率成正比。因此,可以通过电桥输出电流的大小来测量应变片电阻变化率的大小,从而测量被测量的变化量的大小。

2)电压输出型电桥

当电桥输出端接有放大器时,由于放大器的输入阻抗很高,因此,可以认为电桥的负载电阻为无穷大,这时电桥以电压的形式输出,如图1.8所示。

此时,输出电压即为电桥输出端的开路电压,其表达式为

$$U_o = \frac{R_1 R_4 - R_2 R_3}{(R_1 + R_2)(R_3 + R_4)} U \tag{1.19}$$

设电桥为单臂工作方式,R_1 为应变片。当 R_1 有电阻增量 ΔR,且 $\Delta R \ll R_1$ 时,有

$$U_o = \frac{(R_1 + \Delta R) R_4 - R_2 R_3}{(R_1 + \Delta R + R_2)(R_3 + R_4)} U \tag{1.20}$$

略去分母中的 ΔR 项,并考虑电桥的平衡条件,得

$$U_o = \frac{R_4 \Delta R}{(R_1 + R_2)(R_3 + R_4)} U \tag{1.21}$$

对于电源对称电桥,由于 $R_1 = R_3 = R$,$R_2 = R_4 = R'$,因此,式(1.21)即为

$$U_o = U \frac{RR'}{(R + R')^2} \frac{\Delta R}{R} \tag{1.22}$$

对于输出对称电桥,由于 $R_1 = R_2 = R$,$R_3 = R_4 = R'$,因此,式(1.21)即为

$$U_o = \frac{U}{4} \frac{\Delta R}{R} \tag{1.23}$$

对于等臂电桥,由于 $R_1 = R_2 = R_3 = R_4 = R$,因此,式(1.21)即为

$$U_o = \frac{U}{4} \frac{\Delta R}{R} \tag{1.24}$$

由式(1.22)~式(1.24)可以看出,当应变片的电阻发生变化时,电桥的输出电压也随着变化。当 $\Delta R \ll R_1$ 时,电桥的输出电压与应变片的电阻变化率成正比。

在实际使用中,为了提高灵敏度,常常采用半桥工作方式,即把 R_1、R_2 接成差动半桥的形式,R_3、R_4 的阻值保持不变,如图1.9所示。

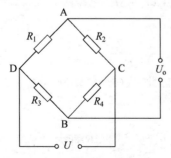

图1.8 电压输出型电桥

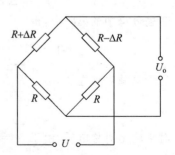

图1.9 差动半桥工作方式的电桥

根据式(1.19),容易推导出其输出电压为

$$U_o = \frac{U}{2} \frac{\Delta R}{R} \tag{1.25}$$

由式(1.25)可知,由于利用了差动作用,差动半桥工作方式电桥的输出电压为单臂工作时的 2 倍,提高了测量的灵敏度。

为了进一步提高灵敏度,常采用全桥工作方式,四个被测信号接成差动全桥工作方式,如图 1.10 所示。

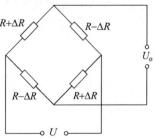

根据式(1.19),容易推导出其输出电压为

$$U_\circ = U\frac{\Delta R}{R} \qquad (1.26)$$

由式(1.26)可知,由于充分利用了双差动的作用,全桥工作方式电桥的输出电压为单臂工作时的 4 倍,进一步提高了测量的灵敏度。

图 1.10　差动全桥工作方式的电桥

1.3.2　交流电桥分析

交流电桥通常采用正弦交流电源供电,主要用于检测随时间变化的被测量。在频率较高的情况下,需要考虑分布电感和分布电容的影响。

1. 交流电桥的平衡条件

设交流电桥的电源电压为

$$\dot{U} = U_{\mathrm{m}}\sin\omega t \qquad (1.27)$$

其中,U_{m} 为电源电压的幅值;ω 为电源电压的角频率,$\omega = 2\pi f$; f 为电源电压的频率,一般取被测量最高频率的 5~10 倍。

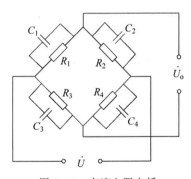

在测量电路中,电桥的桥臂可以采用可变电阻或固定无感性精密电阻。由于分布电容的影响,当四个桥臂均为可变电阻时,电桥如图 1.11 所示。

因为 $Z_{R_1} = R_1$,$Z_{C_1} = \dfrac{1}{\mathrm{j}\omega C_1}$,所以

$$Z_1 = Z_{R_1} \parallel Z_{C_1} = \frac{Z_{R_1} Z_{C_1}}{Z_{R_1} + Z_{C_1}} = \frac{R_1}{1 + \mathrm{j}\omega R_1 C_1} \qquad (1.28)$$

图 1.11　交流电阻电桥

因此,图 1.11 中四个电阻的阻抗分别为

$$Z_i = \frac{R_i}{1 + \mathrm{j}\omega R_i C_i} \quad (i = 1, 2, 3, 4) \qquad (1.29)$$

交流电桥的输出电压为

$$\dot{U}_\circ = \frac{Z_1 Z_4 - Z_2 Z_3}{(Z_1 + Z_2)(Z_3 + Z_4)}\dot{U} = \frac{Z_1 Z_4 - Z_2 Z_3}{(Z_1 + Z_2)(Z_3 + Z_4)}U_{\mathrm{m}}\sin\omega t \qquad (1.30)$$

由此可得电桥平衡的条件为

$$Z_1 Z_4 = Z_2 Z_3 \qquad (1.31)$$

2. 交流电桥的输出电压

由于电桥电源是交流电,因此,它的输出也是交流电。交流电桥输出电压的计算方法与

直流电桥相同。

对于单臂工作方式的等臂电桥,$Z_1=Z_2=Z_3=Z_4$,$Z_1=Z+\Delta Z$,当 $\Delta Z \ll Z$ 时,忽略分母中 ΔZ 的影响,计算出输出电压为

$$\dot{U}_o = \frac{1}{4}\frac{\Delta Z}{Z}\dot{U} = \frac{1}{4}\frac{\Delta Z}{Z}U_m \sin\omega t \tag{1.32}$$

对于半桥工作方式的等臂电桥,$Z_1=Z_2=Z_3=Z_4$,$Z_1=Z+\Delta Z$,$Z_2=Z-\Delta Z$,当 $\Delta Z \ll Z$ 时,计算出输出电压为

$$\dot{U}_o = \frac{1}{2}\frac{\Delta Z}{Z}\dot{U} = \frac{1}{2}\frac{\Delta Z}{Z}U_m \sin\omega t \tag{1.33}$$

对于全桥工作方式的等臂电桥,$Z_1=Z_2=Z_3=Z_4$,$Z_1=Z+\Delta Z$,$Z_2=Z-\Delta Z$,$Z_3=Z-\Delta Z$,$Z_4=Z+\Delta Z$,当 $\Delta Z \ll Z$ 时,计算出输出电压为

$$\dot{U}_o = \frac{\Delta Z}{Z}\dot{U} = \frac{\Delta Z}{Z}U_m \sin\omega t \tag{1.34}$$

由式(1.31)~式(1.34)可以看出,当应变片的阻抗发生变化时,电桥的输出电压也随着变化。当 $\Delta Z \ll Z$ 时,电桥的输出电压与应变片的阻抗变化率成正比。因此,可以通过电桥输出电压的大小来测量应变片阻抗变化率的大小,从而测量被测量的变化量的大小。但是,无法通过输出电压来判断被测量的变化方向。

1.4　传感器的标定与校准

为了保证传感器测量结果的可靠性与准确性,保证测量的统一,便于量值的传递,国家建立了各类传感器的检定标准,并设有标准测试装置和仪器,作为量值传递的基准,对于新生产的传感器或使用过一段时间的传感器,要对其灵敏度、线性度、分辨率、精度等基本特性进行标定和校准。

1.4.1　传感器的标定

传感器的标定是利用某种标准仪器对新研制或生产的传感器进行技术检定和标度。具体来说,就是通过实验,建立传感器输入量与输出量之间的关系,并标出不同使用条件下的误差关系或测量精度。

我国将标定过程分为三级精度。国家计量院进行的标定是一级精度。在此处标定出的传感器叫作标准传感器,具有二级精度。生产厂家再用标准传感器对出厂的传感器进行标定,得到三级精度的传感器,即各种用于实际测量的传感器。

传感器的标定分为静态标定和动态标定。

1. 静态标定

传感器的静态标定是在输入信号不随时间变化的静态标准条件下,确定传感器的静态特性指标,如线性度、灵敏度、分辨率、精度、迟滞、重复性等。

静态标准条件是指没有加速度、没有振动、没有冲击（如果它们本身是被测量除外），环境温度一般为室温（(20±5)℃），相对湿度不大于 85%，大气压力为(101±7)kPa 的情形。

对传感器进行静态特性标定，首先要提供一个满足要求的静态标准条件，其次是选用一个与被标定传感器的精度要求相适应的标准仪器，然后进入静态标定。

静态标定的步骤如下。

（1）确定被标定传感器的量程，并按照一定标准设置测量点，一般将全量程划分为若干个等间距的点。

（2）按照传感器测量点从小到大或从大到小的顺序，逐点进行标准输入与对应输出的测量，记录测量结果。

（3）重复第（2）步的测量过程，对传感器进行正、反行程的多次测量，得到被标定传感器的多组测量数据。

（4）对数据进行必要的处理，根据处理结果确定被标定传感器的静态特性指标。

2. 动态标定

传感器的动态特性主要研究当被测量是动态（周期变化或瞬态）信号时，传感器的输入输出关系特性。传感器动态标定的目的是确定传感器的动态特性指标，如频率响应、时间常数、固有频率和阻尼比等。根据传感器的动态特性指标，传感器的动态标定主要涉及一阶传感器的时间常数、二阶传感器的固有角频率和阻尼系数等参数的确定。

本书介绍的传感器，其被测量基本上都是稳态信号，只需重点关注传感器的静态特性，因此，关于传感器的动态标定的过程和步骤不再详述。

1.4.2 传感器的校准

传感器的校准是对使用或存储一段时间的传感器性能进行再次测试和校正，校准的方法和要求与标定相同。

1.5 传感器的应用

在现代工业生产特别是自动化生产过程中，需要使用各种传感器来监视生产过程中的各个参数，据此对设备进行控制，使设备工作在正常状态或最佳状态，以保障产品的质量。可以毫不夸张地说，没有众多性能优良的传感器，现代化生产也就失去了基础。传感器早已渗透到工农业生产、科学研究、环境保护、资源调查、宇宙开发、海洋探测、医学诊断、生物工程、文物保护等极其广泛的领域。

1.5.1 传感器的用途

随着科学技术的进步，传感器得到了空前的发展。目前，传感器种类繁多，数量巨大，用途各异，不胜枚举。下面仅列举一些传感器的典型应用。

1. 检测物体有无

在包装生产线上,检测有无产品包装箱、有无组装完整的产品、有无产品的零部件等;在飞机场、火车站、地铁站、展览场馆等重要场所,检测旅客、观众有没有携带管制刀具、易燃易爆物品等;在高考、研究生入学考试、CET 考试等重要考场,检测考生有没有携带考试作弊工具;防空雷达、飞机上安装的雷达,检测特定区域有无重点监视的目标。

2. 测量尺寸

在金属加工流水线,测量金属工件的长度、宽度、厚度,据此判断工件是否合格;在物流仓库或中转站,自动装卸时,需要检测堆物的高度,还要测量物品的长、宽、高,从而计算出物品的体积。

3. 测量距离

在道路交通领域,测量车辆的行驶距离,检测道路上车辆之间、车辆与行人之间、车辆与道路基础设施之间的相对位置,使车辆之间、车辆与行人之间、车辆与道路基础设施之间保持安全距离,防止交通事故;检测电梯、垂直升降设备的移动距离,从而确定这些设备的起动、停止的位置;检测工作机械的移动距离,从而确定这些机械的位置,并根据机械所处的位置对其进行相应的控制;通过测量距离,检测回转体的停止位置、阀门的开/关位置;测量河流的水位、容器内液体的液位;测量飞行器的飞行高度和飞行距离;超声波测距,红外测距,雷达测距。

4. 测量直线速度或角速度

在交通运输、航空、航天领域,测量车辆、轮船、飞机、火箭、宇宙飞船、人造地球卫星等运动物体的速度;在生产流水线上,测量传送带的速度,测量旋转机械的转速和转数,测量内燃机活塞的速度;在天气预测预报、大气监测领域,测量气流、云团、气旋的移动方向与速度,测量管道内液体、气体的流速,进而计算出流量。

5. 测量直线加速度或角加速度

在航空、航天领域,测量飞机、火箭、宇宙飞船、人造地球卫星等运动物体的加速度;在工业自动控制领域,测量旋转机械的角加速度,测量内燃机活塞的加速度。

6. 计数

在停车场,对进出车辆计数,据此统计停车场的空闲车位数;在旅游景点,对出入景区的游客计数,实时控制景区游客的数量;在生产线上,对经过的产品计数,并按照设置的数量把产品打包;在装配车间,对零部件计数,使不同的零部件在数量上能够匹配;在零件加工车间,对高速旋转的旋转轴或旋转盘的转数进行计量。

7. 测量压力

在物流行业,需要用地磅测量货车的重量,从而可以计算出货物的重量或质量;在深海潜水时,需要测量海水对潜水员、潜艇、载人潜水器的压力;在某些电气控制系统中,需要测量密闭容器内的气压。

8．摄像或录制视频

常用的有数码照相机和数码摄像机。用摄像头摄像或录制视频,进行视频监控,构建小区安防系统;用远红外传感器制作夜视仪或进行红外成像;用雷达、超声波扫描成像;用医学成像设备进行 X 光拍片、彩超、CT 扫描、PET-CT 扫描。

9．电场或磁场测量

测量电场强度、电场方向、磁场强度、磁场方向、磁感应强度、磁通量等参数。通过测量电场强度、磁场强度、磁感应强度、磁通量的变化,来测量位移、速度、加速度、压力等其他物理量。

10．识别对象

根据载体上的特殊标志来识别对象。例如,根据汽车号牌来识别汽车;根据对象的生物特征进行识别,例如指纹打卡机、人脸图像识别、虹膜识别、声音识别、语音识别等。

11．检测异常

检测加工的工件是否有瑕疵;检测包装盒内的物品是否齐全、数量是否正确;区分金属与非金属零件;检测产品有无标牌;起重机危险区报警;安全扶梯自动启停。

12．构建传感器网络

为了采集某个特定区域内不同地点的环境信息,可以把众多不同类型的传感器通过有线或无线的方式组成一个传感器网络,通过对多种信息进行融合处理,实现对该区域环境信息的全面感知。

1.5.2　传感器的应用领域

下面从行业应用的角度,介绍传感器在不同领域的应用。

1．传感器在工业领域的应用

在零件加工行业,需要测量车床、铣床、刨床、磨床、镗床等机器的主转轴转速或进刀速度,还需要进行刀具检测、刀具位置检测、薄板卷的识别、金属板接合标志的检测、金属板带的环路调节、管材矫直机的轧辊定位等。

在包装行业,例如饮料灌装、乳品灌装、肉制品包装、散装材料包装、单个产品包装、纸盒包装机、拉伸膜包装机、收束机、装箱机、机器人堆垛机、条码打印机、标签机等,都需要相应的传感器配合工作。

在汽车制造行业,自动化冲压生产线、悬挂零部件输送碰撞防护、车身识别、动力总成区域等,需要传感器进行监测,从而达到自动控制和安全作业的目标。

在纺织机械行业,在自动络筒上,用于确定纱疵、管纱退绕的位置,检测筒子绕纱的长度;在高速整经机上,用于检测与反馈经纱断头、线速度信号,测定条带厚度及长度;在新型浆纱机上,用于检测退绕直径、回潮率、温度、张力和长度等。

在机器人行业,在机器人手爪、工业机器人、地面移动机器人、飞行机器人、水下机器人、装配机器人、服务机器人等各种机器人的不同部位,使用各种各样的传感器来感知外部环境,根据环境的变化对机器人进行智能化的控制。

2. 传感器在农业领域的应用

随着社会的进步,人们对粮食质量、粮食安全、食品安全越来越重视,对绿色食品、纯天然食品的需求越来越大,这对农业生产提出了更高的要求,农业大棚、精细化耕作、科学种田等新概念应运而生。而要实现农业的现代化,离不开传感器。例如,在农业大棚内,需要温度传感器、湿度传感器、光照传感器、土壤微量元素传感器等。又如,为了实现食品的追踪,需要在粮食生产、销售、运输、仓储、零售等各个环节进行监控,这也需要传感器的支持。

3. 传感器在交通运输行业的应用

在城市地面交通方面,道路监控、车辆速度测量、车辆监控、车流预测、隧道监控等,需要摄像头、计数传感器;在轨道交通方面,车站监控、站台监控、轨道监控、地铁监控、地铁屏蔽门,需要摄像头、雷达、超声波、金属探测器等传感器;在水路运输方面,码头监控、港口作业调度、出入港口车辆检查、船舶定位、船舶速度测量,需要摄像头、雷达、超声波等传感器;在空运方面,飞行器定位、飞行器高度测量、飞行器速度测量等,需要高精度、高速度的专业传感器完成相关的检测工作。

4. 传感器在仓储物流行业的应用

在包裹分拣、配货、装载、出库、运输、入库、卸载、上架等仓储物流的全流程,需要根据条形码、二维码、磁卡、IC 卡、RFID 电子标签等来识别物体,同时需要摄像头进行视频监控,还需要 GPS、北斗导航系统进行定位。

5. 传感器在能源与环境行业的应用

在能源生产行业,煤炭矿井、油井、气井、水电大坝、风力发电、太阳能发电、火力发电厂、核电厂等监控系统,需要大量的传感器来实时感知现场状况。

在环境监测与控制方面,供水、排水、大水域水质监测、污水处理、再生水检测、城市空气质量监测、居民小区卫生、城市重点区域卫生、工厂污水排放、工业垃圾监控等,都需要传感器的配合。

6. 传感器在医疗卫生行业的应用

在医院门诊挂号、收费大厅,需要监控人流量、空气质量等,这些工作需要相应的传感器来完成;在各种体征检查设备中,安装着各种各样的传感器;在现代化病房,特别是 ICU,必须有温度传感器、湿度传感器、摄像头、脉搏测量仪、心率测量仪、血压测量仪、血氧含量测量仪等传感器;为了对医疗垃圾进行安全处理,必须对医疗垃圾的处理过程进行全流程监控,这也需要传感器提供支持。

7. 传感器在教育行业的应用

校园门禁系统、校园安防系统、校园消防系统、教学楼楼梯安全监控、教室监控系统、考试作弊监控系统、智慧校园、现代化实验室建设、教职员工考勤系统等,都需要传感器的支持。

8. 传感器在智能家居中的应用

随着物联网技术的发展和普及,智能家居逐渐走入寻常百姓家。智能家居系统的实现,需要各种各样的传感器感知周围的环境参数和被控对象的状态参数。例如,温度传感器、湿度传感器、光照强度传感器、压力传感器、天然气浓度传感器、摄像头、各种生命体征传感器等。

1.6 传感器的发展

1.6.1 传感器技术的发展趋势

1. 开展基础理论研究

1) 探索新原理

物理定律、化学反应规律、生物效应等是传感器工作的理论基础,因此,发现新现象、新效应,探索新原理、新规律是开发新型传感器的重要途径。例如,利用约瑟夫森效应的高灵敏度磁强计,灵敏度达 10Gs,可测量人体心脏跳动和人脑内部的磁场变化,做出"心磁图"和"脑磁图"。又如,狗的嗅觉灵敏度是人类的百万倍,鸟的视力是人类的 8～50 倍,蝙蝠、海豚、飞蛾的听觉远比人类灵敏,这些动物或昆虫的某些感官功能大大超过了目前传感器技术所能达到的水平,研究它们的生理机理,有助于研发出新型仿生传感器。

2) 研制新材料

传感器材料是制作传感器、实现传感器功能的物质基础。随着材料科学与技术的发展,人们可以根据实际需要调配材料的成分,从而研制出新功能的传感器。目前,新型传感器材料主要有半导体敏感材料、陶瓷敏感材料、磁性材料、智能材料等。

半导体敏感材料在传感器材料中占据主导地位。半导体硅在力敏、热敏、光敏、电敏、磁敏等敏感元件方面,具有广泛的应用。用金属材料和非金属材料合成的化合物半导体,可以制成各种功能的传感器。

陶瓷敏感材料在传感器材料中潜力很大,其中,压电陶瓷应用最为广泛。陶瓷敏感材料的研究方向是:继续探索新材料,研发新品种,提高传感器的稳定性和精度,延长传感器的寿命,实现传感器的小型化、薄膜化、集成化和多功能化。

有的传感器使用磁性材料。目前,磁性材料正向着非晶化、薄膜化方向发展。非晶磁性材料磁导率高、电阻率高、耐腐蚀、硬度大,由于其突出的优点,必将获得广泛的应用。

智能材料是指通过控制材料的物理、化学、机械等参数，使其具有生物体特性或优于生物体性能的人造材料。现在，业界普遍认为，智能材料应该具有以下功能：对环境的判断与自适应功能，自我诊断功能，自我修复功能，自我增强功能。

3）采用新工艺

采用新工艺是开发新型传感器的重要途径。这里的新工艺是指与开发新型传感器密切相关的微细加工技术，它是近年来随着微纳技术、集成电路技术而发展起来的，是把离子束、电子束、分子束、激光束、化学蚀刻等用于微电子加工的技术。目前，已经用于传感器的新工艺包括平面电子工艺、蒸馏、等离子体蚀刻、化学气体沉淀、各向异性腐蚀、光刻、溅射薄膜工艺等。例如，使用薄膜工艺，可以制造出快速响应的气敏传感器、湿度传感器。

4）发掘新功能

发掘传感器的新功能主要是指实现传感器的多功能化。多功能化就是增强传感器的功能，把多个功能不同的传感器集成在一起，使其能够同时测量多个参数。多功能传感器除了能够同时测量多个参数之外，还能够对这些参数值进行综合处理，通过数据融合，全面反映被测对象的整体状态。另外，多功能化还可以降低成本，减小传感器的体积，提高传感器的稳定性、可靠性等性能指标。

2. 改善传感器的性能

改善传感器性能的途径主要有平均技术、差动技术、补偿与修正技术、干扰抑制技术、稳定性处理等。

所谓平均技术，就是使用几个同样的传感器，同时感受被测量，用这几个传感器测量值的平均值作为输出。平均技术可以产生平均效应，有助于减小误差，增大信号量，提高传感器的灵敏度。

差动技术是传感器中普遍使用的技术，它可以克服外界干扰对传感器测量精度的影响，抵消共模误差，减小非线性误差，有助于提高传感器的灵敏度。

补偿与修正技术主要针对两种情况：一是针对传感器本身特性，找出误差的规律，测出误差的大小与方向，采取适当的方法进行补偿或修正；二是针对传感器的测量环境，找出外界因素对测量结果影响的规律，引入补偿措施。

干扰抑制技术主要有两种方法：一是减小传感器对干扰因素的灵敏度；二是屏蔽、隔离干扰因素，降低干扰因素对传感器实际作用的强度。

随着使用时间的增加以及测量环境的变化，传感器的稳定性会变差。为了提高传感器的稳定性，针对时间老化、温度老化、机械老化等情况，应该对传感器的材料、元件和传感器的整体进行稳定性处理。

1.6.2　传感器的发展趋势

1. 微型化

随着微电子技术的进步，微机电系统（Micro-Electro-Mechanical System，MEMS）发展起来了。微机电系统也叫微电子机械系统，指尺寸仅几毫米甚至更小的高科技电子机械器件。微机电系统将机械、电子元器件集成在一个基片上,内部元件一般在微米甚至纳米量级,是一个独立的智能系统。

随着 MEMS 技术的广泛应用,其得到了快速的发展。常见的微型传感器包括 MEMS 加速度计、MEMS 光学传感器、MEMS 压力传感器、MEMS 陀螺仪、MEMS 湿度传感器、MEMS 气体传感器等。

微型传感器具有体积小、重量轻、功耗低、可靠性高等优点,在汽车电子、航空航天、移动通信、医疗卫生、国防军事等领域得到了广泛的关注。

2. 集成化

传感器集成化包含三种情况。一是具有同样功能传感器的集成,即将同一类型的单个传感元件用集成工艺在一个平面上排列起来,从而使对一个点的测量变成对一个面和空间的测量。例如,把若干个电荷耦合器件排列成一行,就得到了线性 CCD,把若干个电荷耦合器件排列成矩阵形式,就得到了摄像头。二是不同功能传感器的集成,即将具有不同功能的传感器一体化,从而使一个传感器可以同时测量不同种类的多个参数。例如,把温度传感器与湿度传感器集成在一起,就得到一体化的温湿度传感器。三是把传感器与测量电路(包括放大、运算、补偿等环节)集成,组装成一个器件,这有助于提高灵敏度,降低干扰,方便使用。

3. 智能化

传感器与微处理器、模糊算法、知识发现等结合,使其不仅能够进行检测,还具有信息处理、逻辑判断、思维等人工智能,这就是传感器的智能化。

智能化的传感器使用微处理器作为控制单元,使传感器内部各个部件协调工作,让传感器兼有检测、判断、数据处理、故障诊断等功能,提高了仪器仪表的自动化程度。

目前,各行各业对智能化仪器仪表的需求不断提升,促使传感器不断突破,智能传感器已经成为 21 世纪最具有影响力的高新技术。

4. 网络化

传感器的网络化主要表现在两个方面:一是为了解决现场总线的多样性问题,IEEE 1451.2 工作组建立了智能传感器接口模块标准,该标准描述了传感器网络适配器与微处理器之间的硬件接口和软件接口,为传感器与各种网络连接提供了方便;二是以 IEEE 802.15.4 (ZigBee)为基础的无线传感器网络技术得以迅速发展,它以数据为中心,组网方便灵活,低功耗,低成本,是物联网的关键技术之一,在智能家居、环境监测、健康医疗、科学研究等领域具有广泛的应用前景。

习题 1

1. 填空。

(1) 传感器通常由敏感元件和转换元件两部分组成,敏感元件完成_____功能,转换元件完成_____功能。

（2）按照传感器的工作原理进行分类，可以把传感器分为_____、_____、_____、磁电式传感器、压电式传感器、热电式传感器、光电式传感器等。

（3）衡量传感器静态特性的主要指标有_____、_____、_____、精度、迟滞、重复性和漂移等。

（4）传感器的精度是指在一定实验条件下，多次测定的平均值与_____相符合的程度。它与误差的大小相对应，因此，可用误差大小来表示精度的高低。若误差小，则精度_____；若误差大，则精度_____。

（5）传感器的静态标定，是在输入信号不随时间变化的静态标准条件下，确定传感器的静态特性指标，如线性度、灵敏度、分辨率、_____、_____、_____等。

（6）传感器动态标定的目的是确定传感器的动态特性指标，如_____、_____、_____和阻尼比等。

（7）传感器业界普遍认为，智能材料应该具有以下功能：对环境的判断与_____，_____，_____，自我增强功能。

2. 名词解释。

（1）传感器

（2）有源传感器

（3）传感器的非线性误差

（4）传感器的标定

（5）传感器的校准

3. 传感器的共性是什么？

4. 简述传感器的组成。

5. 按照传感器输入量的类型进行分类，传感器可以分为哪几类？

6. 简述传感器灵敏度的定义，并说明其内涵。

7. 简述传感器的分辨力与分辨率的联系与区别。

8. 我们希望传感器具有良好的重复性，为什么？

9. 对于直流电压输出型电桥，全桥工作方式电桥的灵敏度比单臂工作方式电桥有明显提高。试用式简要说明之。

10. 简述传感器的用途。

11. 说明传感器的应用领域。

12. 简述传感器技术的发展趋势。

13. 简述传感器的发展趋势。

14. 传感器集成化的含义是什么？

15. 改善传感器的性能的主要途径有哪些？

16. 列举三个现实生活中传感器的实例，并简要说明各个传感器的功能。

第 2 章
CHAPTER 2 | 应变电阻式传感器

通过弹性元件的传递,将被测量引起的形变转换为传感器敏感元件的电阻值的变化,这种传感器称为应变电阻式传感器。应变电阻式传感器常用于测量应变、力、力矩、加速度、差压、液体压强等非电物理量。应变电阻式传感器结构简单、使用方便,但是,容易受环境温度的影响。

2.1 应变电阻式传感器的工作原理

2.1.1 应变与应力

物体在外力作用下发生形变的现象,称为应变(Strain)。当外力去除后,物体能够完全恢复其尺寸和形状的应变,称为弹性应变(Elastic Strain)。具有弹性应变特性的物体,称为弹性元件(Elastic Element)。

假设一个试件受到外力 F 的作用,根据牛顿第三运动定律,试件将产生一个反作用力,即应力(Stress)。应力 σ 与外力 F、试件的横截面积 A 的关系为

$$\sigma = \frac{F}{A} \tag{2.1}$$

从式(2.1)容易看出,只要测量出应力 σ 的大小,就可以计算出外力 F 的大小。

试件的应力与其应变之间的关系为

$$\sigma = E\varepsilon \tag{2.2}$$

其中,σ 为试件的应力;E 为试件的弹性模量;ε 为试件在外力作用下所产生的应变。

例 2.1 把应变片贴在弹性试件上,试件的横截面积 $A = 0.4 \times 10^{-4}\,\mathrm{m}^2$,弹性模量 $E = 3 \times 10^{11}\,\mathrm{N/m}^2$。若试件受到的拉力 $F = 6 \times 10^4\,\mathrm{N}$,求试件的应变。

解 试件的应力为

$$\sigma = \frac{F}{A} = \frac{6 \times 10^4}{0.4 \times 10^{-4}} = 1.5 \times 10^9\,(\mathrm{N/m}^2)$$

试件产生的应变为

$$\varepsilon = \frac{\sigma}{E} = \frac{1.5 \times 10^9}{3 \times 10^{11}} = 0.005$$

2.1.2 电阻应变效应

在外力的作用下,导体或半导体材料产生形变,其电阻值发生相应的变化,这种现象称为电阻应变效应(Resistance-Strain Effect)。

应变电阻式传感器的工作原理:被测量作用在弹性元件上,弹性元件在力、力矩的作用下发生形变,产生应变,并把应变传递给与之相连的电阻应变片,引起敏感元件电阻值的变化,通过测量电路转换为电压量输出,输出电压的大小反映了被测量的大小。

下面详细讨论电阻应变效应。如图 2.1 所示,一根圆柱形电阻丝,在未受力时,原始电阻值为

$$R = \frac{\rho L}{A} \tag{2.3}$$

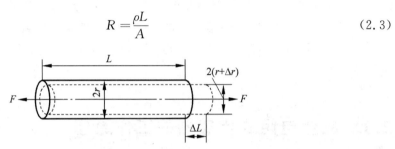

图 2.1 电阻应变效应

当电阻丝受到拉力 F 作用时,将伸长 ΔL,横截面积相应减小 ΔA,电阻率因材料晶格发生变形而改变了 $\Delta \rho$,从而引起电阻值变化量为 ΔR。

当这些增量很小时,可以用微分近似代替,得到如下式

$$\mathrm{d}R = \frac{L}{A}\mathrm{d}\rho + \frac{\rho}{A}\mathrm{d}L - \frac{\rho L}{A^2}\mathrm{d}A \tag{2.4}$$

电阻的相对变化量为

$$\frac{\mathrm{d}R}{R} = \frac{\mathrm{d}\rho}{\rho} + \frac{\mathrm{d}L}{L} - \frac{\mathrm{d}A}{A} \tag{2.5}$$

在式(2.5)中,$\mathrm{d}L/L$ 为长度的相对变化量,用轴向应变 ε 表示,即

$$\varepsilon = \frac{\mathrm{d}L}{L} \tag{2.6}$$

$\mathrm{d}A/A$ 为圆柱形电阻丝截面积的相对变化量。设 r 为电阻丝的半径,则 $A = \pi r^2$,微分可得 $\mathrm{d}A = 2\pi r\,\mathrm{d}r$,则

$$\frac{\mathrm{d}A}{A} = 2\,\frac{\mathrm{d}r}{r} \tag{2.7}$$

在电阻丝的拉伸弹性范围内,金属丝受拉力时,沿轴向伸长,沿径向缩短,径向应变和轴向应变的关系为

$$\frac{\mathrm{d}r}{r} = -\mu\,\frac{\mathrm{d}L}{L} = -\mu\varepsilon \tag{2.8}$$

其中,μ 为电阻丝材料的泊松比,负号表示径向应变与沿轴应变的方向相反。

把式(2.6)~式(2.8)代入电阻的相对变化量式(2.5),得

$$\frac{dR}{R} = \frac{d\rho}{\rho} + (1+2\mu)\varepsilon \tag{2.9}$$

因为这些增量很小,因此 dR 和 $d\rho$ 分别用 ΔR 和 $\Delta\rho$ 代替,从而得

$$\frac{\Delta R}{R} = \frac{\Delta\rho}{\rho} + (1+2\mu)\varepsilon \tag{2.10}$$

单位轴向应变所引起的电阻的相对变化量,称为电阻丝的灵敏度系数,记为 K,即

$$K = \frac{\Delta R/R}{\varepsilon} = \frac{\Delta\rho}{\rho\varepsilon} + (1+2\mu) \tag{2.11}$$

从式(2.11)容易看出,影响电阻丝灵敏度系数 K 的因素有两个:一个是应变片受力后材料电阻率的变化,即 $\Delta\rho/(\rho\varepsilon)$;另一个是应变片受力后,材料几何尺寸的变化,即 $1+2\mu$。

对于金属材料而言,$1+2\mu \gg \dfrac{\Delta\rho}{\rho\varepsilon}$,因此,$K \approx 1+2\mu$。实验证明,在电阻丝的拉伸弹性范围内,$K$ 约等于常数。

对于半导体材料而言,$\dfrac{\Delta\rho}{\rho\varepsilon} \gg 1+2\mu$,因此,$K \approx \dfrac{\Delta\rho}{\rho\varepsilon}$。即半导体电阻丝的灵敏度系数主要由应变片受力后材料电阻率的相对变化决定。

例 2.2　把 120Ω 的电阻应变片贴在柱形弹性试件上,试件的横截面积 $A = 0.5 \times 10^{-4}\,\mathrm{m}^2$,弹性模量 $E = 2 \times 10^{11}\,\mathrm{N/m}^2$。若试件受到的拉力 $F = 5 \times 10^4\,\mathrm{N}$,引起应变片电阻变化为 1.2Ω,求该电阻应变片的灵敏度系数。

解　试件所受的应力为

$$\sigma = \frac{F}{A} = \frac{5 \times 10^4}{0.5 \times 10^{-4}} = 1.0 \times 10^9 \,(\mathrm{N/m}^2)$$

试件产生的应变为

$$\varepsilon = \frac{\sigma}{E} = \frac{1.0 \times 10^9}{2 \times 10^{11}} = 0.005$$

应变片电阻的相对变化为

$$\frac{\Delta R}{R} = \frac{1.2}{120} = 0.01$$

因此,该电阻应变片的灵敏度系数为

$$K = \frac{\Delta R/R}{\varepsilon} = \frac{0.01}{0.005} = 2$$

2.1.3　应变片的种类

电阻应变片有金属电阻应变片和半导体电阻应变片两种。

1. 金属电阻应变片

金属电阻应变片的应变效应主要是由电阻丝几何尺寸的变化而引起的,电阻的相对变化量主要取决于电阻丝几何尺寸的变化。

金属电阻应变片由应变敏感元件、基片和覆盖层、引出线三部分组成,如图 2.2 所示。

应变敏感元件一般制成金属丝、金属箔(高电阻系数材料)的形式,它把机械的形变转换为电阻的变化。基片和覆盖层起到传递应变、电气绝缘固定和保护敏感元件的作用。

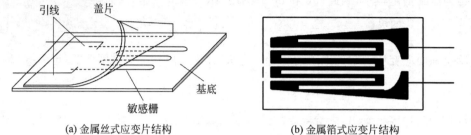

(a) 金属丝式应变片结构　　　　　(b) 金属箔式应变片结构

图 2.2　金属电阻应变片的结构

与金属丝式应变片相比,金属箔式应变片具有如下优点。

(1) 当箔材和丝材具有同样的截面积时,由于箔材与黏接层的接触面积比丝材大,因此它能够更好地与试件协同工作,它所感受的应力与试件表面的应力很接近。

(2) 箔栅的端部较宽,横向效应较小,提高了应变测量的精度。

(3) 箔材表面积大,散热条件好,允许通过较大的电流,可以输出较大的信号,测量灵敏度较高。

(4) 箔栅的尺寸准确、均匀,而且能制成任意形状,扩大了应变片的使用范围。

(5) 金属箔式应变片便于成批生产。

金属箔式应变片存在如下缺点。

(1) 产品的一致性较差,电阻值分散性大,有的相差几十欧姆,需要进行阻值调整。

(2) 引出线的焊点采用锡焊,不适合高温环境下测量。

(3) 生产工序复杂,价格较高。

2. 半导体电阻应变片

半导体电阻应变片由半导体敏感条、衬底和引线三部分组成,如图 2.3 所示。

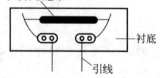

图 2.3　半导体电阻应变片的结构

半导体电阻应变片的应变效应主要由半导体敏感条电阻率的变化而引起,电阻的相对变化量主要取决于半导体敏感条电阻率的变化。

下面分析半导体应变片的灵敏度系数。

当半导体应变片受轴向力作用时,半导体应变片的电阻率相对变化量与所受的应力有关,即

$$\frac{\Delta\rho}{\rho}=\pi\sigma \tag{2.12}$$

其中,π 为半导体材料的压阻系数;σ 为被测材料所受到的应力。因此

$$\frac{\Delta\rho}{\rho}=\pi E\varepsilon \tag{2.13}$$

其中,E 为被测材料的弹性模量;ε 为半导体材料在应力作用下所产生的应变。把式(2.13)代入式(2.9),得

$$\frac{\Delta R}{R} = (1 + 2\mu + \pi E)\varepsilon \tag{2.14}$$

实验证明,对于半导体材料而言,πE 比 $1 + 2\mu$ 大上百倍,因此,$1 + 2\mu$ 可以忽略,从而可得半导体应变片的灵敏度系数近似为

$$K = \frac{\Delta R}{R} \bigg/ \varepsilon \approx \frac{\pi E \varepsilon}{\varepsilon} = \pi E \tag{2.15}$$

结合式(2.2)、式(2.15),得

$$\sigma = E\varepsilon = \frac{1}{\pi} \cdot K\varepsilon = \frac{1}{\pi} \cdot \frac{\Delta R}{R} \tag{2.16}$$

式(2.16)表明,应力与电阻值的相对变化量成正比。由此可得利用半导体电阻应变片测量应力的原理:在外力作用下,被测对象产生微小的形变,应变片随着发生相同的形变,同时,应变片电阻值也发生相应的变化。当测得应变片电阻值的变化量为 ΔR 时,根据式(2.16)便可得到应力 σ 的值。

2.1.4　电阻应变片的温度误差

1. 电阻应变片温度误差分析

由于测量现场环境温度的改变而给测量带来的附加误差,称为应变片的温度误差。

导致应变片产生温度误差的主要因素有电阻温度系数、试件材料和电阻丝材料的线膨胀系数。

(1) 电阻温度系数的影响。电阻丝的阻值随温度变化的关系式为

$$R_t = R_0(1 + \alpha_0 \Delta t) \tag{2.17}$$

其中,R_t 为温度 t 时的电阻值;R_0 为温度 t_0 时的电阻值;α_0 为温度 t_0 时金属丝的电阻温度系数;Δt 为温度的变化值,$\Delta t = t - t_0$。

当温度变化 Δt 时,电阻丝电阻的变化值为

$$\Delta R_\alpha = R_t - R_0 = \alpha_0 R_0 \Delta t \tag{2.18}$$

(2) 试件材料和电阻丝材料的线膨胀系数的影响。如果试件与电阻丝材料的线膨胀系数相同,那么,环境温度变化不会产生附加变形。但是,如果试件与电阻丝材料的线膨胀系数不相同,那么,当环境温度变化时,会导致电阻丝产生附加变形,从而产生附加电阻变化。

设电阻丝和试件在温度 0℃时的长度均为 l_0,它们的线膨胀系数分别为 β_s 和 β_g。

若两者不粘贴,则它们的长度分别为

$$l_s = l_0 + l_0 \beta_s \Delta t, \quad l_g = l_0 + l_0 \beta_g \Delta t \tag{2.19}$$

当两者粘贴在一起时,电阻丝产生的附加变形 Δl 为

$$\Delta l = l_g - l_s = l_0(\beta_g - \beta_s)\Delta t \tag{2.20}$$

电阻丝产生的附加应变 ε_β 为

$$\varepsilon_\beta = \frac{\Delta l}{l_0} = (\beta_g - \beta_s)\Delta t \tag{2.21}$$

电阻丝产生的附加电阻变化 ΔR_β 为

$$\Delta R_\beta = K_0 R_0 \varepsilon_\beta = K_0 R_0 (\beta_g - \beta_s) \Delta t \tag{2.22}$$

结合式(2.18)和式(2.22)可得,由于温度变化而引起的应变片电阻的总变化量为

$$\Delta R_t = \Delta R_\alpha + \Delta R_\beta = R_0 [\alpha_0 + K_0 (\beta_g - \beta_s)] \Delta t \tag{2.23}$$

由于温度变化而引起的应变片电阻的总相对变化量为

$$\frac{\Delta R_t}{R_0} = [\alpha_0 + K_0 (\beta_g - \beta_s)] \Delta t \tag{2.24}$$

从式(2.24)可见,因环境温度变化而引起的附加电阻的相对变化量,除了与环境温度有关外,也与应变片自身的性能参数 K_0、α_0、β_s 有关,另外还与被测试件的线膨胀系数 β_g 有关。

2. 电阻应变片温度误差补偿

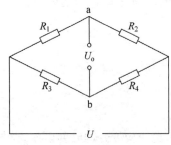

图 2.4　惠斯通电桥

通常采用惠斯通电桥进行电阻应变片温度误差的补偿,如图 2.4 所示。其中,R_1 是工作应变片,R_2 是补偿应变片。在工程中,一般按 $R_1 = R_2 = R_3 = R_4$ 选取桥臂电阻。

下面分析惠斯通电桥的电路。

$$U_o = U_a - U_b = \left(\frac{R_1}{R_1 + R_2} - \frac{R_3}{R_3 + R_4} \right) U$$

$$= \frac{R_1 R_4 - R_2 R_3}{(R_1 + R_2)(R_3 + R_4)} U \tag{2.25}$$

由式(2.25)可知,当 R_3、R_4 为常数时,R_1 和 R_2 对输出电压 U_o 的作用效果相反。基于这个关系,可以实现对温度的补偿。

当被测试件不承受应变时,R_1、R_2 处于同一个环境温度为 t 的温度场中,此时有

$$U_o = \frac{R_1 R_4 - R_2 R_3}{(R_1 + R_2)(R_3 + R_4)} U = 0 \tag{2.26}$$

电桥处于平衡状态。

当温度改变 $\Delta t = t - t_0$ 时,两个应变片 R_1、R_2 因温度变化而引起的电阻变化量相等,即 $\Delta R_1 = \Delta R_2$,此时有

$$U_o = \frac{(R_1 + \Delta R_1) R_4 - (R_2 + \Delta R_2) R_3}{[(R_1 + \Delta R_1) + (R_2 + \Delta R_2)](R_3 + R_4)} U = 0 \tag{2.27}$$

电桥仍处于平衡状态,因此,可以不考虑温度对测量结果的影响,即实现了温度补偿。

为了保证温度补偿的效果,应该满足下面几个条件。

(1) 在应变片工作过程中,$R_3 = R_4$。

(2) 两个应变片 R_1、R_2 具有相同的电阻温度系数 α、线膨胀系数 β、灵敏度系数 K 和初始电阻值。

(3) 粘贴补偿片的材料和被测试件材料必须一样,两者线膨胀系数相同。

(4) 两个应变片 R_1、R_2 处于同一温度场中。

例 2.3　在如图 2.4 所示的电桥测量电路中,R_1 为应变片,R_2、R_3、R_4 为普通精密电阻。在 0℃时,$R_1 = R_2 = R_3 = R_4 = 100\Omega$,电源电压 $U = 10\text{V}$。假设在应变片不受力的情况

下,该测量电路工作了 10min,且应变片 R_1 消耗的能量全部转化为温升,设每焦耳能量导致应变片温度升高 $0.1℃$,R_1 的电阻温度特性为 $R_t = R_0(1 + \alpha \Delta t)$,$\alpha = 4.28 \times 10^{-3}/℃$,不考虑 R_2、R_3、R_4 的温升。

(1) 求此时测量电路的输出电压 U_o。

(2) 针对上述情况,分析减小温度误差的方法。

解 (1) 通过 R_1 的电流为

$$I = \frac{U}{R_1 + R_2} = \frac{10}{100 + 100} = 0.05(\text{A})$$

R_1 消耗的能量为

$$W = I^2 R t = 0.05^2 \times 100 \times 10 \times 60 = 150(\text{J})$$

R_1 的温升为

$$\Delta t = 150 \times 0.1 = 15(℃)$$

电阻 R_1 将变为

$$R_1 = R_0(1 + \alpha_0 \Delta t) = 100 \times (1 + 4.28 \times 10^{-3} \times 15) = 101.0642(\Omega)$$

因此,测量电路的输出电压为

$$
\begin{aligned}
U_o &= \frac{(R_1 + \Delta R_1)R_4 - R_2 R_3}{[(R_1 + \Delta R_1) + R_2](R_3 + R_4)} U \\
&= \frac{101.0642 \times 100 - 100 \times 100}{(101.0642 + 100) \times (101 + 100)} \times 10 \\
&= 0.0265(\text{V})
\end{aligned}
$$

(2) 由(1)的计算可知,当应变片 R_1 长时间工作时,即使应变片未受到外力,并未产生应变,也会因为温度的变化而使测量电路输出一定的电压,这就是电阻应变片的温度误差。为了减小温度误差,应该尽量不要长时间测量,或者对电阻 R_1 采取恒温措施。当然,最有效的方法还是采用惠斯通电桥进行温度误差补偿,把 R_1、R_2 放到同样的温度场中,就可以从理论上消除温度误差。

2.1.5 应变的测量

上面的分析表明,惠斯通电桥可以进行电阻应变片温度误差的补偿。因此,下面就用惠斯通电桥来测量应变,并且可以不考虑温度变化对测量结果的影响。

在如图 2.4 所示的惠斯通电桥中,假设被测试件在外力作用下产生应变 ε,工作应变片电阻 R_1 产生增量 $\Delta R_1 = K R_1 \varepsilon$;补偿应变片 R_2 不承受应变,未产生增量;R_3、R_4 为普通精密电阻,电阻值保持不变。此时,电桥的输出电压为

$$U_o = \frac{(R_1 + \Delta R_1)R_4 - R_2 R_3}{[(R_1 + \Delta R_1) + R_2](R_3 + R_4)} U \tag{2.28}$$

选取桥臂电阻 $R_1 = R_2 = R_3 = R_4$,并且一般有 $\Delta R_1 / R_1 \ll 1$,此时,电桥的输出电压为

$$U_o = \frac{\Delta R_1 R_1}{(2R_1 + \Delta R_1) \cdot 2R_1} U \approx \frac{\Delta R_1}{4R_1} U = \frac{1}{4} K \varepsilon U \tag{2.29}$$

由式(2.29)可见,电桥的输出电压 U_o 与被测试件的应变 ε 有关,因此,根据输出电压

U_o,就可以计算出被测试件的应变 ε,从而实现对应变的测量。

例 2.4 在如图 2.4 所示的电桥测量电路中,R_1 为应变片,R_2、R_3、R_4 为普通精密电阻,$R_1=R_2=R_3=R_4=100\Omega$。已知应变片的灵敏度 $K=2.0$,电源电压 $U=10\text{V}$。把应变片 R_1 贴在弹性试件上,在外力作用下试件所产生的应变 $\varepsilon=0.005$,求测量电路的输出电压 U_o。

解 $\Delta R_1=R_1K\varepsilon=100\times2.0\times0.005=1(\Omega)$

根据式(2.28),得测量电路的输出电压为

$$U_o=\frac{(100+1)\times100-100\times100}{(100+1+100)\times(100+100)}\times10=0.0249(\text{V})$$

由于 $\Delta R_1/R_1\ll1$,因此,也可以根据式(2.29)计算测量电路输出电压的近似值,得

$$U_o\approx\frac{1}{4}K\varepsilon U=\frac{1}{4}\times2.0\times0.005\times10=0.025(\text{V})$$

由此可见,当 $\Delta R_1/R_1\ll1$ 时,根据式(2.29)计算所得的输出电压与根据式(2.28)计算所得的输出电压相差很小。

2.2 应变电阻式传感器的测量电路

应变电阻式传感器是利用导体或半导体材料的应变效应制成的测量器件,用于测量微小的机械变化量。常用的电阻应变片的灵敏度系数 $K\approx2$;应变电阻 R 一般在 100Ω 左右;应变片的机械应变 ε 一般都很小,在 $10^{-6}\sim10^{-3}$ 内。由 $\Delta R=KR\varepsilon$ 知,应变电阻的变化范围很小,约在 $10^{-4}\sim10^{-1}\,\Omega$ 数量级。要把这么微小的电阻变化精确地测量出来,需要采用特别设计的测量电路。通常采用直流电桥或交流电桥作为测量电路。

2.2.1 直流电桥

1. 直流电桥的输出电压

应变片工作时,电阻值变化很小,电桥相应输出电压也很小,一般需要通过放大器进行放大。由于放大器的输入阻抗比桥路输出阻抗高很多,因此,可以把电桥看成是开路。

在图 2.4 中,R_1 在外力的作用下产生应变,若应变片电阻变化为 ΔR_1,$\Delta R_1\ll R_1$,其他桥臂固定不变,并且满足电桥的平衡条件,则输出电压为

$$U_o=\frac{(R_1+\Delta R_1)R_4-R_2R_3}{[(R_1+\Delta R_1)+R_2](R_3+R_4)}U=\frac{\Delta R_1R_4}{[R_1+\Delta R_1+R_2](R_3+R_4)}U$$

$$=\frac{\dfrac{R_4}{R_3}\dfrac{\Delta R_1}{R_1}}{\left(1+\dfrac{\Delta R_1}{R_1}+\dfrac{R_2}{R_1}\right)\left(1+\dfrac{R_4}{R_3}\right)}U\approx\frac{\dfrac{R_4}{R_3}\dfrac{\Delta R_1}{R_1}}{\left(1+\dfrac{R_2}{R_1}\right)\left(1+\dfrac{R_4}{R_3}\right)}U \tag{2.30}$$

设桥臂比 $n=R_2/R_1$,并考虑到平衡条件 $R_2/R_1=R_4/R_3$,则上式可以写为

$$U_o=\frac{n}{(1+n)^2}\frac{\Delta R_1}{R_1}U \tag{2.31}$$

从式(2.31)可以看出,如果桥臂比 n、电源电压 U 固定,那么,直流电桥的输出电压与应变片电阻的相对变化量 $\Delta R_1/R_1$ 成正比。

2. 直流电桥输出电压的灵敏度

直流电桥输出电压的灵敏度定义为

$$K_U = \frac{U_o}{\Delta R_1/R_1} = \frac{n}{(1+n)^2}U \tag{2.32}$$

从式(2.32)不难看出,电桥输出电压的灵敏度与电源电压 U 成正比,U 越高,电桥的输出电压灵敏度越高。但是,受到应变片最大允许功率的限制,供电电压不能无限制地提高,而要进行适当的选择。

当供电电压 U 确定下来之后,电桥的输出电压灵敏度就是桥臂比 n 的一元函数,应该恰当选择桥臂比 n 的值,使电桥具有较高的输出电压灵敏度。为此,令

$$\frac{\mathrm{d}K_U}{\mathrm{d}n} = \frac{1-n^2}{(1+n)^4}U = 0 \tag{2.33}$$

根据一元函数的最大值、最小值定理,当 $n=1$ 时,K_U 取得最大值。换句话说,在电桥的供电电压确定之后,当 $R_1 = R_2$、$R_3 = R_4$ 时,电桥的输出电压灵敏度最高,此时有

$$U_o = \frac{U}{4}\frac{\Delta R_1}{R_1} \tag{2.34}$$

$$K_U = \frac{U}{4} \tag{2.35}$$

从式(2.34)和式(2.35)可以得出如下结论:当电源电压、电阻相对变化量 $\Delta R_1/R_1$ 一定时,电桥的输出电压、电桥的输出电压灵敏度都是定值,与各桥臂的电阻值无关。

3. 直流电桥输出电压的相对非线性误差

在式(2.31)中,直流电桥的输出电压与应变片电阻的相对变化量 $\Delta R_1/R_1$ 呈线性关系,但是,式(2.31)是在式(2.30)的分母中略去一个较小量 $\Delta R_1/R_1$ 而得到的,而实际的直流电桥的输出电压为

$$U'_o = \frac{n\Delta R_1/R_1}{(1+n+\Delta R_1/R_1)(1+n)}U \tag{2.36}$$

即实际的直流电桥的输出电压与应变片电阻的相对变化量 $\Delta R_1/R_1$ 是非线性关系,而相对非线性误差为

$$\gamma_L = \frac{U_o - U'_o}{U'_o} = \frac{\Delta R_1/R_1}{1+n} \tag{2.37}$$

对于等臂电桥,$R_1 = R_2 = R_3 = R_4$,$n=1$,因此

$$\gamma_L = \frac{\Delta R_1/R_1}{2} \tag{2.38}$$

例 2.5　在如图 2.4 所示的电桥测量电路中,R_1 为应变片,R_2、R_3、R_4 为普通精密电阻。$R_1 = R_2 = R_3 = R_4 = 100\Omega$。已知应变片的灵敏度 $K = 2.0$。把应变片 R_1 贴在弹性试件上,在外力作用下试件所产生的应变 $\varepsilon = 0.005$,求测量电路输出电压的相对非线性误差。

解　由题意知,$n=1$,而且

$$\Delta R_1/R_1 = K\varepsilon = 2.0 \times 0.005 = 0.01$$

根据式(2.38),得测量电路输出电压的相对非线性误差为

$$\gamma_L = \frac{\Delta R_1/R_1}{2} = \frac{0.01}{2} = 0.5\%$$

正如例 2.5 所示,对于一般的电阻应变片,在外力作用下所产生的应变 ε 通常在 5×10^{-3} 以下,而灵敏度系数 $K \approx 2$,因此,$\Delta R_1/R_1 = K\varepsilon \approx 0.01$。根据式(2.38),得测量电路输出电压的相对非线性误差 $\approx 0.5\%$,在可接受的范围内。

对于半导体应变片,其灵敏度系数 K 比较大。例如,若 $K = 130$,$\varepsilon = 0.001$,则 $\Delta R_1/R_1 = 0.13$。根据式(2.38),得测量电路输出电压的相对非线性误差为 6.5%。此时,就不能再用式(2.31)来近似计算直流电桥的输出电压,只能用式(2.36)来计算直流电桥的输出电压。然而,式(2.36)又不易计算。为了解决这个问题,应该想办法减小或消除测量电路输出电压的相对非线性误差。

4. 直流电桥非线性误差补偿方法

从式(2.37)容易看出,要减小或消除测量电路输出电压的相对非线性误差,理论上有两种办法。一种办法是加大桥臂比 n。但是,从式(2.32)可知,加大桥臂比 n,会降低电桥的电压灵敏度,因此,这不是一种好办法;另一种办法是采用差动电桥。差动电桥包括半桥差动与全桥差动两种,如图 2.5 所示。

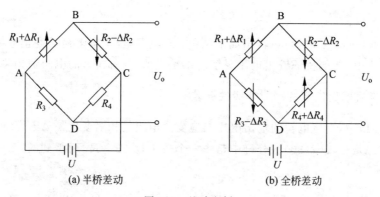

(a) 半桥差动　　　　　　　(b) 全桥差动

图 2.5　差动电桥

1) 半桥差动

如图 2.5(a)所示,在电桥的两个相邻桥臂上安装两个应变片,一个受拉应变,一个受压应变。该电桥输出电压为

$$U_o = \left(\frac{\Delta R_1 + R_1}{(R_1 + \Delta R_1) + (R_2 - \Delta R_2)} - \frac{R_3}{R_3 + R_4} \right) U \qquad (2.39)$$

若 $R_1 = R_2$,$R_3 = R_4$,$\Delta R_1 = \Delta R_2$,则

$$U_o = \frac{U}{2} \frac{\Delta R_1}{R_1} \qquad (2.40)$$

$$K_U = \frac{U}{2} \qquad (2.41)$$

从式(2.40)可以看出,U_o 与 $\Delta R_1/R_1$ 呈线性关系,没有非线性误差。从式(2.41)可以

看出,电桥的输出电压灵敏度 $K_U = U/2$,是单臂工作时的 2 倍。

2) 全桥差动

如图 2.5(b)所示,在电桥的四个桥臂接上安装四片应变片,两个受拉应变,两个受压应变,将两个应变性质相同的应变片安装在相对的桥臂上。该电桥输出电压为

$$U_\circ = \left(\frac{R_1 + \Delta R_1}{(R_1 + \Delta R_1) + (R_2 - \Delta R_2)} - \frac{R_3 - \Delta R_3}{(R_3 - \Delta R_3) + (R_4 + \Delta R_4)} \right) U \qquad (2.42)$$

若 $R_1 = R_2 = R_3 = R_4$, $\Delta R_1 = \Delta R_2 = \Delta R_3 = \Delta R_4$,则

$$U_\circ = U \frac{\Delta R_1}{R_1} \qquad (2.43)$$

$$K_U = U \qquad (2.44)$$

从式(2.43)可以看出,$U_\circ$ 与 $\Delta R_1/R_1$ 呈线性关系,没有非线性误差。从式(2.44)可以看出,电桥的输出电压灵敏度 $K_U = U$,是单臂工作时的 4 倍。

2.2.2　交流电桥

在应变测量时,电桥输出电压很小,一般都要加放大器,而直流放大器容易产生零漂,因此,应变测量电桥多采用交流电桥,如图 2.6(a)所示。工作应变片和补偿应变片分别安装两个相邻桥臂 Z_1、Z_2 上,另外两个桥臂 Z_3、Z_4 安装固定无感性精密电阻。

由于电源为交流电,电阻应变片引线的寄生电容使得应变片呈现复阻抗特性,相当于两只应变片各并联了一个电容 C_1、C_2。交流电桥的等效电路如图 2.6(b)所示。

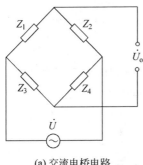
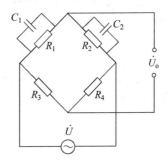

(a) 交流电桥电路　　　　　　　　　(b) 交流电桥的等效电路

图 2.6　交流电桥

由 1.3 节可知,每个桥臂上复阻抗分别为

$$Z_1 = \frac{R_1}{1 + j\omega R_1 C_1}, \quad Z_2 = \frac{R_2}{1 + j\omega R_2 C_2}, \quad Z_3 = R_3, \quad Z_4 = R_4 \qquad (2.45)$$

交流电桥的开路输出电压为

$$\dot{U}_\circ = \dot{U} \frac{Z_1 Z_4 - Z_2 Z_3}{(Z_1 + Z_2)(Z_3 + Z_4)} \qquad (2.46)$$

电桥平衡条件为 $Z_1 Z_4 = Z_2 Z_3$,即

$$\frac{R_1 R_4}{1 + j\omega R_1 C_1} = \frac{R_2 R_3}{1 + j\omega R_2 C_2} \qquad (2.47)$$

$$R_1 R_4 + j\omega R_1 R_2 R_4 C_2 = R_2 R_3 + j\omega R_1 R_2 R_3 C_1 \qquad (2.48)$$

令实部、虚部分别相等,得交流电桥的平衡条件

$$\frac{R_2}{R_1}=\frac{R_4}{R_3}, \qquad \frac{R_2}{R_1}=\frac{C_1}{C_2} \tag{2.49}$$

为了满足交流电桥的平衡条件,需要在桥路上设置电阻平衡调节,如图 2.7 所示;还要在桥路上设置电容平衡调节,如图 2.8 所示。

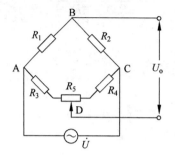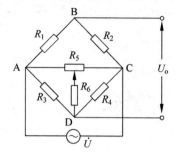

图 2.7　交流电桥的电阻调节

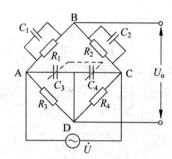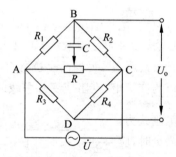

图 2.8　交流电桥的电容调节

在图 2.6(b)中,采用半桥差动结构,当被测应力变化时,工作应变片电阻值 R_1 变化为 $R_1+\Delta R_1$,补偿应变片电阻值 R_2 变化为 $R_2-\Delta R_2$,此时,复阻抗分别为

$$Z_1'=\frac{R_1+\Delta R_1}{1+\mathrm{j}\omega(R_1+\Delta R_1)C_1} \tag{2.50}$$

$$Z_2'=\frac{R_2-\Delta R_2}{1+\mathrm{j}\omega(R_2-\Delta R_2)C_2} \tag{2.51}$$

复阻抗的增量分别为

$$\Delta Z_1=Z_1'-Z_1=\frac{R_1+\Delta R_1}{1+\mathrm{j}\omega(R_1+\Delta R_1)C_1}-\frac{R_1}{1+\mathrm{j}\omega R_1 C_1}\approx\frac{\Delta R_1}{1+\mathrm{j}\omega R_1 C_1} \tag{2.52}$$

$$\Delta Z_2=Z_2'-Z_2=\frac{R_2-\Delta R_2}{1+\mathrm{j}\omega(R_2+\Delta R_2)C_2}-\frac{R_2}{1+\mathrm{j}\omega R_2 C_2}\approx-\frac{\Delta R_2}{1+\mathrm{j}\omega R_2 C_2} \tag{2.53}$$

由于 Z_1、Z_2 的变化,电桥的平衡被打破,此时电桥的输出为

$$\dot{U}_o=\dot{U}\,\frac{Z_1'Z_4-Z_2'Z_3}{(Z_1'+Z_2')(Z_3+Z_4)} \tag{2.54}$$

由于导线的寄生电容很小,因此,$\omega R_1 C_1\ll1$,$\omega R_2 C_2\ll1$,$\omega(R_1+\Delta R_1)C_1\ll1$,$\omega(R_2-\Delta R_2)C_2\ll1$,从而,$Z_1\approx R_1$、$Z_2\approx R_2$、$\Delta Z_1\approx\Delta R_1$、$\Delta Z_2\approx-\Delta R_2$。电桥满足初始平衡条件,即 $R_1=R_2$、$R_3=R_4=Z_3=Z_4$、$C_1=C_2$、$Z_1=Z_2$。根据差动的含义,有 $\Delta R_1=\Delta R_2$。

把这些条件代入式(2.54)中,整理得

$$\dot{U}_\circ = \frac{\dot{U}}{2} \frac{\Delta R_1}{R_1} \tag{2.55}$$

由式(2.55)可见,交流差动电桥的输出电压与 $\Delta R_1/R_1$ 呈线性关系。

2.3　应变电阻式传感器应用举例

电阻应变片能将应变转换为电阻的变化。在测量试件的应变时,可以将电阻应变片粘贴在试件上进行测量。

如果要测量其他物理量,例如,力、加速度等,需要先将这些物理量转换为应变,然后再进行测量。此时,多了一个转换过程,完成这种转换的元件称为弹性元件。因此,应变电阻式传感器一般由弹性元件、应变片、附件组成,其中,附件包括补偿元件和保护罩等。

2.3.1　应变电阻式力传感器

应变电阻式力传感器可以测量力、荷重等物理量,主要用于电子秤、发动机推力测试、水坝坝体承压状况监测等。对力、荷重的测量在工业中应用非常广泛,其中绝大多数应用采用应变电阻式力传感器。应变电阻式力传感器的量程一般从几克到几十万千克,例如,我国 BLR-1 应变电阻式力传感器的量程为 $100\sim100\,000$ kg。

在实际测量时,应变电阻式力传感器变量间的转换关系如图 2.9 所示。

$$\xrightarrow{\text{测量}} U_\circ \xrightarrow{U_\circ = f\left(\frac{\Delta R}{R}\right)} \frac{\Delta R}{R} \xrightarrow{\frac{\Delta R}{R} = K\varepsilon} \varepsilon \xrightarrow{\varepsilon = f(F)} F$$

图 2.9　应变电阻式力传感器变量间的转换关系

应变电阻式力传感器的弹性元件有柱式、筒式、环式、悬臂梁式等形式。

1. 柱(筒)式力传感器

柱式力传感器与筒式力传感器的外形相似,只不过柱式力传感器为实心的,而筒式力传感器为空心的,如图 2.10 所示。

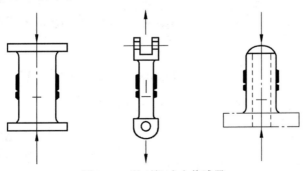

图 2.10　柱(筒)式力传感器

柱(筒)式力传感器的电阻分布及电桥连接如图 2.11 所示。把多片电阻应变片对称地粘贴在弹性体的外壁，R_1 与 R_3 串接，R_2 与 R_4 串接，并置于桥路的相对桥臂上以减小弯矩的影响，横向贴片 R_5、R_6、R_7 和 R_8 用作温度补偿。

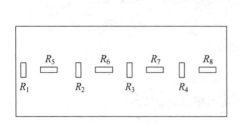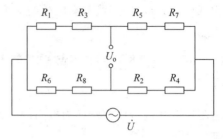

图 2.11　柱(筒)式力传感器的电阻分布及电桥连接

柱(筒)式力传感器主要用于电子秤、电子天平与地秤等。图 2.12 所示的是基于应变电阻式力传感器的电子秤和电子天平，其中，电子天平的精度可达 10^{-4} g。

图 2.12　基于应变电阻式力传感器的电子秤和电子天平

图 2.13 所示的是基于应变电阻式力传感器的具有不同用途的吊钩秤。

图 2.13　基于应变电阻式力传感器的吊钩秤

图 2.14 所示的是基于应变电阻式力传感器的地秤。

2. 环式力传感器

环式力传感器的结构与应力分布如图 2.15 所示。从应力分布图可以看出，C 处的电阻

图 2.14　基于应变电阻式力传感器的地秤

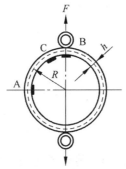

(a) 环式力传感器的结构　　　　(b) 环式力传感器的应力分布图

图 2.15　环式力传感器

应变片的应变为 0,它起温度补偿的作用。

　　假设在 A、B 两处的内侧和外侧都贴上电阻应变片,F 是载荷,R 为圆环的半径,h 为圆环的厚度,b 为圆环的宽度,E 为圆环材料的弹性模量,那么,在如图 2.15 所示的拉力的作用下,A 处的应变为

$$\varepsilon_A = \pm \frac{3F[R-h/2]}{bh^2E}\left(1-\frac{2}{\pi}\right) \tag{2.56}$$

内贴片取+,外贴片取-。

　　B 处的应变为

$$\varepsilon_B = \pm \frac{3F[R-h/2]}{bh^2E}\frac{2}{\pi} \tag{2.57}$$

内贴片取-,外贴片取+。

　　从式(2.56)和式(2.57)可以看出,只要测出 A、B 两处的应变,就可以计算出载荷 F 的大小。

　　对 R/h>5 的小曲率圆环,可以忽略式(2.56)和式(2.57)中的 h/2,从而得到 A、B 两处应变的近似式

$$\varepsilon_A \approx \pm \frac{1.09FR}{bh^2E}, \quad \varepsilon_B \approx \pm \frac{1.91FR}{bh^2E} \tag{2.58}$$

3. 悬臂梁式力传感器

　　悬臂梁是一端固定而另一端自由的弹性元件。悬臂梁式力传感器结构简单、加工方便,用于对较小力的测量。根据梁的截面形状,可分为变截面梁和等截面梁。

采用变截面梁,主要是为了制作等强度梁,如图 2.16 所示。悬臂梁较粗的一端固定,另一端自由。载荷 F 作用于梁的自由端,梁内各断面产生的应力是相等的,因此,梁上表面各点的应变也相等。

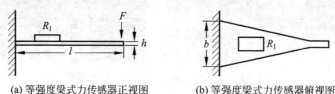

(a) 等强度梁式力传感器正视图　　　(b) 等强度梁力传感器俯视图

图 2.16　等强度梁式力传感器

等强度梁各点的应变值为

$$\varepsilon = \frac{6Fl}{bh^2E} \tag{2.59}$$

其中,F 为载荷;l 为梁的长度;h 为梁的厚度;b 为梁的固定端的宽度;E 为材料的弹性模量。

图 2.16 中 R_1 是电阻应变片,与悬臂梁的纵向保持平行,可以贴在悬臂梁上的任何位置。载荷 F 作用在悬臂梁上,使悬臂梁发生形变,该形变将传递给与之相连的电阻应变片,导致电阻应变片产生相同的应变,从而使其电阻值发生变化。将该电阻应变片接入测量电桥,根据电桥输出电压的变化就可以实现对载荷的测量。

等截面梁如图 2.17 所示。悬臂梁上不同部位所产生的应变不相等,应力分布比较复杂,因此,在粘贴电阻应变片时,对粘贴位置要求较高。

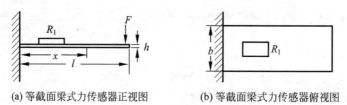

(a) 等截面梁式力传感器正视图　　　(b) 等截面梁式力传感器俯视图

图 2.17　等截面梁式力传感器

设等截面梁的截面积为 A,则在距离固定端为 x 处的应变值为

$$\varepsilon_x = \frac{6F(l-x)}{bh^2E} = \frac{6F(l-x)}{AhE} \tag{2.60}$$

等截面悬臂梁式力传感器如图 2.18 所示。传感器的右端是固定端,左端是自由端,测量电桥的测量结果通过导线输出。

图 2.18　等截面悬臂梁式力传感器实物

2.3.2　应变电阻式压力传感器

应变电阻式压力传感器主要用于测量流动介质的动态压力或静态压力。这种传感器通常采用膜片作为弹性元件,应变片粘贴于膜片的内壁,如图 2.19 所示。

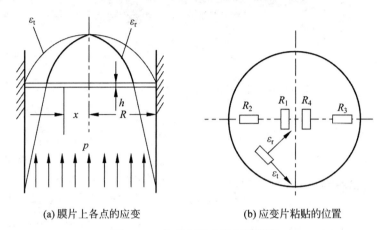

(a) 膜片上各点的应变　　　　　　(b) 应变片粘贴的位置

图 2.19　应变电阻式压力传感器

在压力 p 的作用下,膜片产生径向应变 ε_r 和切向应变 ε_t,它们的表达式分别为

$$\varepsilon_r = \frac{3p(1-\mu^2)(R^2-3x^2)}{8h^2E} \tag{2.61}$$

$$\varepsilon_t = \frac{3p(1-\mu^2)(R^2-x^2)}{8h^2E} \tag{2.62}$$

其中,R 为膜片的半径;h 为膜片的厚度;x 为离圆心的径向距离;μ 为材料的泊松比;E 为材料的弹性模量。

从式(2.61)和式(2.62)可以看出膜片上各点处的应变具有如下特点。

(1) 当 $x=0$ 时,即在膜片的中心位置,径向应变 ε_r 和切向应变 ε_t 取得最大值,并且

$$\varepsilon_r = \varepsilon_t = \frac{3p(1-\mu^2)R^2}{8h^2E} \tag{2.63}$$

(2) 当 $x=R$ 时,即在膜片的边缘位置,$\varepsilon_t=0$,而 ε_r 为负值,并且绝对值最大,即

$$\varepsilon_r = -\frac{3p(1-\mu^2)R^2}{4h^2E} \tag{2.64}$$

(3) 当 $x=R/\sqrt{3}$ 时,$\varepsilon_r=0$。

根据上述特点,在粘贴应变片时,一般在膜片圆心处沿径向粘贴两个应变片 R_1、R_4,用于感受切向应变,在边缘处沿径向贴两个应变片 R_2、R_3,用于感受径向应变,并把 R_1、R_2、R_3、R_4 连接成全桥测量电路,以提高灵敏度并实现误差补偿。应变片的粘贴方式如图 2.19 所示。应该避开 $x=R/\sqrt{3}$ 位置,因为此处的径向应变为 0,感受不到径向应变。

2.3.3　应变电阻式力矩传感器

图 2.20 所示为应变电阻式力矩传感器,可用于汽车、摩托车、飞机、内燃机、机械制造和

家用电器等领域,准确控制紧固螺纹的装配扭矩。量程为 $2\sim500\mathrm{N\cdot m}$,耗电量 $\leqslant10\mathrm{mA}$,有公制/英制单位转换、峰值保持、自动断电等功能。

图 2.20 应变电阻式力矩传感器

2.3.4 应变电阻式液体压强传感器

应变电阻式液体压强传感器的结构如图 2.21 所示。传压杆的下端安装感压膜,用于感受液体的压强,传压杆的上端安装微压传感器。在测量时,把传感器插入液体内。

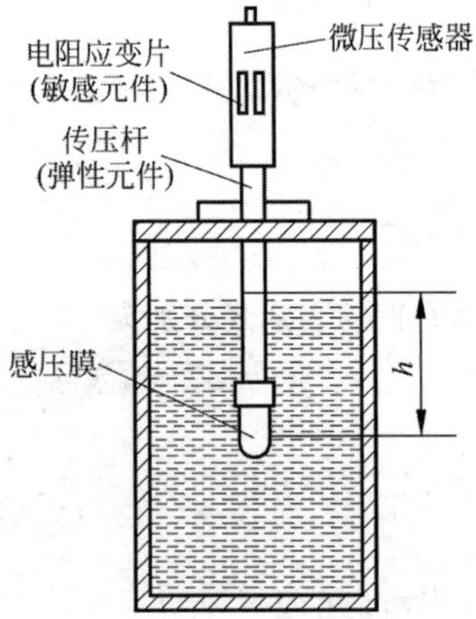

电阻应变片 (敏感元件)
微压传感器
传压杆 (弹性元件)
感压膜

图 2.21 应变电阻式液体压强 传感器的结构

将传感器接入电桥的一个桥臂,则输出电压为

$$U_{\mathrm{o}} = S \cdot \rho g h \tag{2.65}$$

其中,S 为传感器传输系数;ρ 为液体的密度;g 为重力加速度;h 为感压膜所处的深度。

根据式(2.65),就可以得到感压膜所处位置液体的压强,即

$$\rho g h = \frac{U_{\mathrm{o}}}{S} \tag{2.66}$$

如果知道溶液的密度,还可以计算出液面高度,即

$$h = \frac{U_{\mathrm{o}}}{S \rho g} \tag{2.67}$$

假设盛装液体的是等截面的柱形容器,截面积为 A,则容易计算出感压膜所处位置上方液体的质量 Q,即

$$Q = \rho g h \cdot A = \frac{U_{\mathrm{o}}}{S} \cdot A \tag{2.68}$$

2.3.5 应变电阻式差压传感器

应变电阻式差压传感器主要用于气动测量,常称为气动量仪。气动测量是通过空气流量和压力的变化来测量工件尺寸的一种技术,在机械制造业得到了广泛的应用。

气动量仪的结构如图 2.22 所示。以制作成一定形状的 N 型单晶硅膜片作为弹性元件,通过半导体扩散工艺,在膜片上扩散出四个具有一定晶向的 P 型电阻作为转化元件,连接四个应变电阻,构成惠斯通电桥。

气动量仪的工作原理如图 2.23 所示。被调压后的气流通过调节器到达喷嘴处,在调节器和喷嘴之间存在压力,称为背压。如果喷嘴孔对着大气,通过喷嘴孔的流量最大,背压最

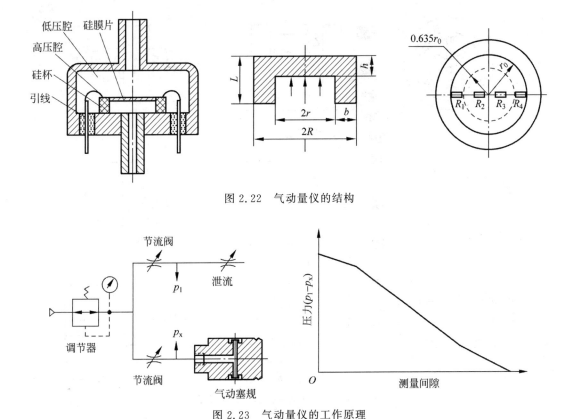

图 2.22　气动量仪的结构

图 2.23　气动量仪的工作原理

小。当障碍物由远及近靠近喷嘴孔时,喷出的空气流量会逐渐减少,同时背压升高;当喷嘴孔被完全挡住后,背压将与调节器的出口压力相等。在测量间隙—压力曲线上,除压力的初始阶段和饱和阶段外,其他部分呈直线。在直线测量范围内,根据背压值,可以测量喷嘴孔与障碍物间的间隙,或测头到被测零件表面的间隙。

气动量仪与不同的气动测头搭配,可以实现多种参数的测量。例如,可以测量孔的内径和外径、槽宽、圆度、锥度、直线度、平面度、平行度、垂直度等。

常用气动测头的样式与功能如图 2.24 所示。

图 2.24(a)的气动测头用于测量孔的内径和外径。图 2.24(b)的气动测头用于测量圆度。图 2.24(c)的气动测头用于测量孔的垂直度。图 2.24(d)的气动测头用于测量孔的锥度。图 2.24(e)的气动测头用于测量孔的直线度或弯曲度。图 2.24(f)的气动测头用于测量沟槽的槽宽和槽面的平行度。图 2.24(g)的气动测头用于测量平面度,气动喷嘴位置固定,被测工件在喷嘴上方移动,可以方便快速地测量工件的平面度。

2.3.6　应变电阻式加速度传感器

应变电阻式加速度传感器用于测量物体的加速度,主要用于测量低频(10~60Hz)的振动和冲击,其结构如图 2.25 所示。等强度梁的一端固定在壳体上,自由端安装质量块,梁上粘贴四个电阻应变片,壳体内充满硅油,以调节系统的阻尼系数。

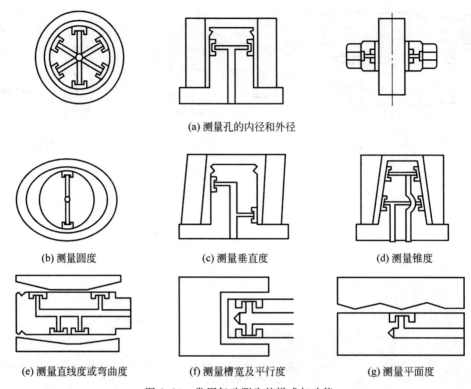

(a) 测量孔的内径和外径

(b) 测量圆度　　　　　(c) 测量垂直度　　　　　(d) 测量锥度

(e) 测量直线度或弯曲度　　　(f) 测量槽宽及平行度　　　(g) 测量平面度

图 2.24　常用气动测头的样式与功能

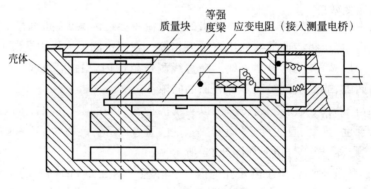

图 2.25　应变电阻式加速度传感器的结构图

加速度是运动参数而不是力,因此,首先需要经过质量惯性系统,将加速度转换为力,再作用于弹性元件上来实现测量。即根据牛顿第二运动定律

$$a = F/m \tag{2.69}$$

把对加速度的测量转换为对力的测量。

测量时,将传感器壳体与被测对象刚性连接。当被测物体以加速度运动时,质量块受到一个与加速度方向相反的惯性力作用,使悬臂梁变形,导致其上的应变片产生应变,从而使应变片的电阻值发生变化,引起测量电桥不平衡而输出电压。根据输出电压的大小,即可计算出惯性力的大小,根据式(2.69),即可得到加速度的大小。

习题 2

1. 填空。

(1) 金属电阻应变片的应变效应主要是由电阻丝_____的变化而引起的。

(2) 半导体电阻应变片的应变效应主要是由半导体敏感条_____的变化而引起的。

(3) 对于应变电阻式传感器的直流电桥测量电路,要减小或消除测量电路输出电压的相对非线性误差,理论上有两种办法:一种办法是_____;另一种办法是_____。

(4) 应变式电阻传感器一般由_____、_____、附件组成,其中,附件包括补偿元件和保护罩等。

(5) 如果用应变电阻式传感器测量应变之外的其他物理量,例如,力、加速度等,需要先将这些物理量转换为_____,然后再进行测量。此时,多了一个转换过程,完成这种转换的元件称为_____。

(6) 悬臂梁是一端固定而另一端自由的弹性元件。悬臂梁式力传感器结构简单、加工方便,用于对较小力的测量。根据梁的截面形状,可分为_____和_____。

2. 名词解释。

(1) 应变

(2) 弹性应变

(3) 弹性元件

(4) 电阻应变效应

(5) 应变电阻式传感器

(6) 应变片的温度误差

(7) 直流电桥输出电压的灵敏度

3. 把 100Ω 的电阻应变片粘贴在弹性试件上,试件的横截面积 $A=0.5\times10^{-4}\,\mathrm{m}^2$,弹性模量 $E=2\times10^{11}\,\mathrm{N/m}^2$。若由 $F=5\times10^4\,\mathrm{N}$ 的拉力引起应变片电阻变化为 1Ω,求该电阻应变片的灵敏度系数。

4. 电阻应变片有哪些种类?各有什么特点?

5. 引起电阻应变片产生温度误差的原因是什么?

6. 简述电阻应变片温度误差的补偿方法。

7. 什么是直流电桥输出电压的相对非线性误差?

8. 简述应变电阻式传感器的工作原理。

9. 说明差动测量电路在应变电阻式传感器测量时的优点。

10. 在如图 2.4 所示的电桥测量电路中,桥臂比 $n=1$,电桥电源为直流电压 3V。已知应变片 R_1 的灵敏度 $K=2.0$,未受应变时,$R_1=120\Omega$。把应变片 R_1 粘贴在弹性试件上,在外力作用下试件所产生的应变 $\varepsilon=0.0008$。

(1) 求 $\Delta R_1/R_1$ 和 ΔR_1。

(2) 将电阻应变片 R_1 置于单臂测量电桥,求测量电路输出电压、输出电压的灵敏度、输出电压的相对非线性误差。

（3）将电阻应变片 R_1 置于全桥差动测量电路,求测量电路输出电压、输出电压的灵敏度、输出电压的相对非线性误差。

（4）如果要减小输出电压的相对非线性误差,应该采取什么措施?

11. 在如图 2.4 所示的电桥测量电路中,设负载电阻为无穷大,$R_1 = R_2 = R_3 = R_4 = 100\Omega$,电源电压 $U = 10V$。

（1）R_1 为电阻应变片,R_2、R_3、R_4 为普通精密电阻。当 R_1 的增量 $\Delta R_1 = 1.0\Omega$ 时,求测量电路的输出电压 U_o。

（2）R_1、R_2 为电阻应变片,感应应变的极性和大小都相同,R_3、R_4 为普通精密电阻。当 $\Delta R_1 = \Delta R_2 = 1.0\Omega$ 时,求测量电路的输出电压 U_o。

（3）R_1、R_2 为电阻应变片,感应应变的大小相同,但极性相反,R_3、R_4 为普通精密电阻。当 $\Delta R_1 = \Delta R_2 = 1.0\Omega$ 时,求测量电路的输出电压 U_o。

12. 对照图 2.25,说明应变电阻式加速度传感器测量物体加速度的工作原理。

第3章
CHAPTER 3 | 电容式传感器

电容式传感器将非电物理量的变化转换为电容量的变化,从而实现对非电物理量的测量。电容式传感器常用于测量位移、速度、加速度、角位移、角速度、角加速度、振动、压力、差压、液面高度、物质成分等非电物理量。电容式传感器结构简单、体积小、分辨率高,可实现非接触式测量,动态响应好,能在高温、辐射和强振动等恶劣条件下工作。但是,电容式传感器的电容量小、功率小、输出阻抗高、负载能力差,易受外界的干扰。

3.1 电容式传感器的工作原理

3.1.1 电容式传感器简介

常见的电容有平板形状和圆筒形状,相应的电容式传感器分别称为平板电容式传感器和圆筒电容式传感器。

1. 平板电容式传感器

平板电容式传感器的结构如图 3.1 所示。

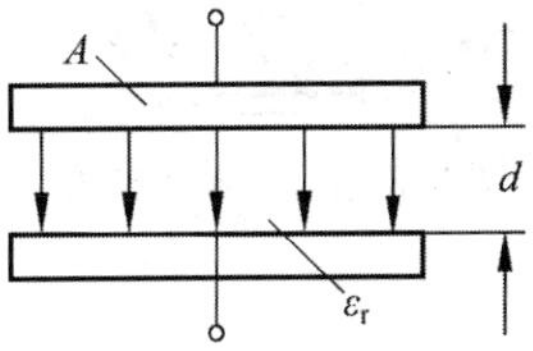

如果不考虑边缘效应,那么,平板电容的电容量 C 为

$$C = \frac{\varepsilon \cdot A}{d} = \frac{\varepsilon_0 \varepsilon_r A}{d} \qquad (3.1)$$

图 3.1 平板电容式传感器的结构

其中,ε 是电容极板间介质的介电常数;ε_r 是介质的相对介电常数;ε_0 是真空的介电常数,$\varepsilon_0 = 8.854 \times 10^{-12}\mathrm{F/m}$,$A$ 是两块极板覆盖的面积;d 是两块极板之间的距离。

从式(3.1)可见,电容 C 随着参数 A、d 和 ε_r 的变化而变化。在实际使用中,通常使其中两个参数保持不变,只改变其中一个参数,把该参数的变化转换为电容量的变化,通过测量电路转换为电量输出。

平板电容式传感器可分为三种:改变极板覆盖面积的变面积型、改变极板间距离的变极距型和改变介质介电常数的变介质型。

2. 圆筒电容式传感器

圆筒电容式传感器的结构如图 3.2 所示。如果不考虑边缘效应,那么,圆筒电容的电容

量 C 为

$$C = \frac{2\pi\varepsilon_0\varepsilon_r l}{\ln(R/r)} \qquad (3.2)$$

其中，ε_r、ε_0 的意义与平板电容式传感器相同；l 是内外极板覆盖的高度；R 是外极板的半径；r 是内极板的半径。

从式(3.2)可见，电容 C 随着参数 l、ε_r 的变化而变化。在实际使用中，通常使其中一个参数保持不变，只改变另一个参数，把该参数的变化转换为电容量的变化，通过测量电路转换为电量输出。

圆筒电容式传感器可分为两种：改变极板间覆盖高度的变面积型和改变介质介电常数的变介质型。

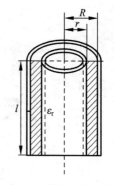

图 3.2　圆筒电容式传感器的结构

3.1.2　变面积型电容式传感器

1. 平板电容式线位移传感器

平板电容式线位移传感器如图 3.3 所示。下面的极板保持固定，称为定极板。上面的极板与被测量绑定在一起，称为动极板。极板的长为 a，宽为 b，两极板之间的距离为 d。

当两个极板上下对齐时，初始电容量为

$$C_0 = \frac{\varepsilon_0\varepsilon_r ab}{d} \qquad (3.3)$$

当被测量移动时，带动动极板移动，两块极板覆盖的面积发生变化，导致电容发生变化。设动极板相对定极板平移距离为 Δx，则电容量为

$$C = \frac{\varepsilon_0\varepsilon_r(a - \Delta x)b}{d} \qquad (3.4)$$

电容的增量为

$$\Delta C = C - C_0 = -\frac{\varepsilon_0\varepsilon_r \Delta x b}{d} \qquad (3.5)$$

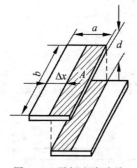

图 3.3　平板电容式线位移传感器

电容的相对增量为

$$\frac{\Delta C}{C_0} = -\frac{\Delta x}{a} \qquad (3.6)$$

从式(3.6)可见，电容的相对增量与位移 Δx 呈线性关系。如果测量出了电容的相对增量，那么，就得到了位移的值。这就是平板电容式线位移传感器的工作原理。

2. 圆筒电容式线位移传感器

圆筒电容式线位移传感器如图 3.4 所示。外面的极板是定极板，里面的极板是动极板，被测量与动极板绑定在一起，l 是内外极板的高度，R 是外极板的半径，r 是内极板的半径。

当两个极板对齐时，初始电容量为

$$C_0 = \frac{2\pi\varepsilon_0\varepsilon_r l}{\ln(R/r)} \tag{3.7}$$

当被测量移动时,带动动极板移动,两块极板覆盖的面积发生变化,导致电容发生变化。设动极板相对定极板平移距离为 Δx,则电容量为

$$C = \frac{2\pi\varepsilon_0\varepsilon_r(l - \Delta x)}{\ln(R/r)} \tag{3.8}$$

电容的增量为

$$\Delta C = C - C_0 = -\frac{2\pi\varepsilon_0\varepsilon_r \Delta x}{\ln(R/r)} \tag{3.9}$$

电容的相对增量为

$$\frac{\Delta C}{C_0} = -\frac{\Delta x}{l} \tag{3.10}$$

从式(3.10)可见,电容的相对增量与位移 Δx 呈线性关系。如果测量出了电容的相对增量,那么就得到了位移的值。这就是圆筒电容式线位移传感器的工作原理。

3. 平板电容式角位移传感器

平板电容式角位移传感器如图 3.5 所示。下面的极板是定极板,上面的极板是动极板,被测量与动极板绑定在一起,极板的面积为 A_0,上下两块极板的距离为 d。

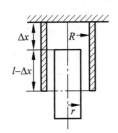

图 3.4 圆筒电容式线位移传感器

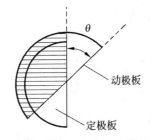

图 3.5 平板电容式角位移传感器

当两个极板对齐时,初始电容量为

$$C_0 = \frac{\varepsilon_0\varepsilon_r A_0}{d} \tag{3.11}$$

当被测量转动时,带动动极板转动,两块极板覆盖的面积发生变化,导致电容发生变化。设动极板相对定极板转动的角度为 θ,则上下两块极板相互覆盖的面积为

$$A = A_0\left(1 - \frac{\theta}{\pi}\right) \tag{3.12}$$

此时,电容量为

$$C = \frac{\varepsilon_0\varepsilon_r A}{d} = \frac{\varepsilon_0\varepsilon_r A_0}{d}\left(1 - \frac{\theta}{\pi}\right) = C_0\left(1 - \frac{\theta}{\pi}\right) = C_0 - C_0 \cdot \frac{\theta}{\pi} \tag{3.13}$$

电容的增量为

$$\Delta C = C - C_0 = -C_0 \cdot \frac{\theta}{\pi} \tag{3.14}$$

电容的相对增量为

$$\frac{\Delta C}{C_0} = -\frac{\theta}{\pi}$$ (3.15)

从式(3.15)可见,电容的相对增量与角位移 θ 呈线性关系。如果测量出了电容的相对增量,那么就得到了角位移的值。这就是平板电容式角位移传感器的工作原理。

3.1.3 变极距型电容式传感器

1. 变极距型电容式传感器的工作原理

参考图 3.1,对于平板电容式传感器,设介质的介电常数、极板的面积 A 都为常数,上下两块极板的初始距离为 d_0,则初始电容量为

$$C_0 = \frac{\varepsilon_0 \varepsilon_r A}{d_0}$$ (3.16)

在测量时,把一个极板作为定极板,另一个极板作为动极板,与被测量绑定在一起,随被测量的移动而移动。设因动极板的移动而导致电容器极板间距产生增量 Δd,则此时的电容量为

$$C = \frac{\varepsilon_0 \varepsilon_r A}{d_0 + \Delta d}$$ (3.17)

电容的增量为

$$\Delta C = C - C_0 = \frac{\varepsilon_0 \varepsilon_r A}{d_0 + \Delta d} - \frac{\varepsilon_0 \varepsilon_r A}{d_0} = -C_0 \frac{\Delta d}{d_0 + \Delta d}$$ (3.18)

电容的相对增量为

$$\frac{\Delta C}{C_0} = -\frac{\Delta d}{d_0 + \Delta d}$$ (3.19)

在式(3.19)中,负号表示电容增量与极板间距增量成反向关系。当极板间距增加时,电容量减小;当极板间距减小时,电容量增加。

如果极板间距增量很小,即 $\Delta d / d_0 \ll 1$,那么,式(3.19)可以近似表达为

$$\frac{\Delta C}{C_0} \approx -\frac{\Delta d}{d_0}$$ (3.20)

从式(3.20)可见,电容的相对增量与极板间距增量 Δd 近似呈线性关系。如果测量出了电容的相对增量,那么就得到了极板间距的增量。这就是变极距型电容式传感器的工作原理。

2. 变极距型电容式传感器的灵敏度

极板间距的单位变化所引起的电容量相对变化的绝对值,称为变极距型电容传感器的灵敏度,记为 K,即

$$K = \left| \frac{\Delta C / C_0}{\Delta d} \right| = \frac{1}{d_0 + \Delta d}$$ (3.21)

当 $\Delta d / d_0 \ll 1$ 时,灵敏度的近似值为

$$K \approx \frac{1}{d_0} \tag{3.22}$$

从式(3.22)可见,变极距型电容传感器的灵敏度与 d_0 成反比。

3. 变极距型电容式传感器的击穿问题

上面的分析表明,当 d_0 较小时,传感器的灵敏度高。但是,d_0 过小时,电容很大,容易引起电容器击穿。因此,通常在极板之间加入云母等高介电常数的材料,如图 3.6 所示。

该传感器相当于两个电容式传感器的串联,其中一个传感器的介质是云母,另一个传感器的介质是空气。两个电容的电容量分别为

$$C_g = \frac{\varepsilon_0 \varepsilon_g A}{d_g} \tag{3.23}$$

$$C_0 = \frac{\varepsilon_0 \varepsilon_r A}{d_0} \tag{3.24}$$

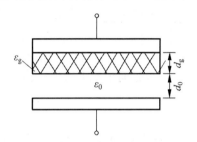

图 3.6　加入云母的平板电容式传感器

其中,云母的相对介电常数 ε_g 约为 $6 \sim 8.5$,空气的相对介电常数 ε_r 约为 1。

它们串联的总电容为

$$C = \frac{C_g C_0}{C_g + C_0} = \frac{\varepsilon_g \varepsilon_r}{d_g \varepsilon_r + d_0 \varepsilon_g} \varepsilon_0 A \tag{3.25}$$

由于云母的介电常数比空气的介电常数大很多,因此,该电容式传感器的总电容量比单纯空气介质电容式传感器增加了很多,其击穿电压也提高了很多,从而使得极板间距可以做得很小。一般极板间距在 $25 \sim 200 \mu m$ 范围内,而最大位移应小于极板间距的 1/10,因此,这种电容式传感器主要用于测量微位移。

4. 变极距型电容式传感器的线性度

在式(3.19)中,当 $|\Delta d|/d_0 < 1$ 时,根据几何级数理论,得

$$\begin{aligned}
\frac{\Delta C}{C_0} &= -\frac{\Delta d}{d_0 + \Delta d} = -\frac{\Delta d}{d_0} \frac{1}{1 + \frac{\Delta d}{d_0}} \\
&= -\frac{\Delta d}{d_0} \left[1 - \left(\frac{\Delta d}{d_0} \right) + \left(\frac{\Delta d}{d_0} \right)^2 - \left(\frac{\Delta d}{d_0} \right)^3 + \cdots \right] \\
&= -\left(\frac{\Delta d}{d_0} \right) + \left(\frac{\Delta d}{d_0} \right)^2 - \left(\frac{\Delta d}{d_0} \right)^3 + \cdots
\end{aligned} \tag{3.26}$$

从式(3.26)可见,电容的相对增量与 Δd 呈非线性关系。对式(3.25)进行线性化处理,即只保留线性项,就是式(3.19)。如果在式(3.26)中只保留线性项和二次项,去掉高次项,则得

$$\frac{\Delta C}{C_0} \approx -\frac{\Delta d}{d_0} + \left(\frac{\Delta d}{d_0} \right)^2 \tag{3.27}$$

式(3.27)中的二次项可以看成是对式(3.26)进行线性化处理时所产生的误差,因此,传感器的相对非线性误差为

$$\delta = \frac{(\Delta d/d_0)^2}{|\Delta d/d_0|} \times 100\% = \frac{|\Delta d|}{d_0} \times 100\% \tag{3.28}$$

从式(3.22)知,要提高灵敏度,应该减小极板间距 d_0,但是,从式(3.28)可见,这将使非线性误差增大。即灵敏度与非线性误差对极板间距的要求是矛盾的。为了解决这个问题,通常采用差动结构的电容式传感器。

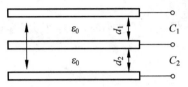

图 3.7　差动结构的电容式传感器

如图 3.7 所示,上下两个极板是定极板,中间的极板是动极板,三块极板构成两个电容器 C_1 和 C_2,把 C_1 和 C_2 的差作为测量的输出。这就是"差动"的含义。

初始时,动极板处在中间位置,两个电容器 C_1 和 C_2 的初始电容量都是 C_0。当动极板向上移动 Δd 时,电容器 C_1 的极板间距产生增量 $-\Delta d$,根据式(3.19),得电容 C_1 的相对增量为

$$\frac{\Delta C_1}{C_0} = -\frac{-\Delta d}{d_0 + (-\Delta d)} = \frac{\Delta d}{d_0 - \Delta d} \tag{3.29}$$

电容器 C_2 的极板间距产生增量 Δd,根据式(3.19),得电容 C_2 的相对增量为

$$\frac{\Delta C_2}{C_0} = -\frac{\Delta d}{d_0 + \Delta d} \tag{3.30}$$

从而,测量输出的总相对增量为

$$\begin{aligned}
\frac{\Delta C}{C_0} &= \frac{\Delta C_1 - \Delta C_2}{C_0} = \frac{\Delta C_1}{C_0} - \frac{\Delta C_2}{C_0} \\
&= \frac{\Delta d}{d_0 - \Delta d} + \frac{\Delta d}{d_0 + \Delta d} = 2\frac{\Delta d}{d_0} \frac{1}{1 - (\Delta d/d_0)^2} \\
&= 2\frac{\Delta d}{d_0} \left[1 + \left(\frac{\Delta d}{d_0}\right)^2 + \left(\frac{\Delta d}{d_0}\right)^4 + \left(\frac{\Delta d}{d_0}\right)^6 + \cdots \right] \\
&= 2 \left[\frac{\Delta d}{d_0} + \left(\frac{\Delta d}{d_0}\right)^3 + \left(\frac{\Delta d}{d_0}\right)^5 + \left(\frac{\Delta d}{d_0}\right)^7 + \cdots \right]
\end{aligned} \tag{3.31}$$

当 $\Delta d/d_0 \ll 1$ 时,略去高次项,得

$$\frac{\Delta C}{C_0} \approx 2\frac{\Delta d}{d_0} \tag{3.32}$$

比较式(3.32)与式(3.20)可见,电容的相对增量提高了一倍。

此时,灵敏度的近似值为

$$K = \left| \frac{\Delta C/C_0}{\Delta d} \right| \approx \frac{2}{d_0} \tag{3.33}$$

比较式(3.33)与式(3.22)可见,传感器的灵敏度提高了一倍。

如果在式(3.31)中只保留线性项和三次项,去掉高次项,则得

$$\frac{\Delta C}{C_0} \approx 2 \left[\frac{\Delta d}{d_0} + \left(\frac{\Delta d}{d_0}\right)^3 \right] \tag{3.34}$$

因此,传感器的相对非线性误差为

$$\delta = \frac{|2(\Delta d/d_0)^3|}{|2\Delta d/d_0|} \times 100\% = \left(\frac{\Delta d}{d_0}\right)^2 \times 100\% \tag{3.35}$$

比较式(3.35)与式(3.28)可见,传感器的线性度也得到了改善。

综合以上分析可知,把变极距型电容式传感器做成差动结构,对于相同的 d_0 和 Δd,电容的相对增量和传感器的灵敏度提高了一倍,传感器的线性度也得到了改善。而且,把变极距型电容式传感器做成差动结构,设计难度也没有增加多少,所以,在实际测量时,常常采用差动结构。

3.1.4　变介质型电容式传感器

从式(3.1)可知,电容器的电容量与电容极板间介质的介电常数密切相关,当电容极板间介质变化时,电容器的电容量也随之改变。设真空的介电常数 $\varepsilon_0 = 1$,那么,在 106Hz 频率下,一些典型介质的相对介电常数如表 3.1 所示。

表 3.1　一些典型介质的相对介电常数

介质名称	空气	聚乙烯	硅油	金刚石	氧化铝	云母	TiO_2
相对介电常数	≈1	2.26	2.7	5.5	4.5~8.4	6~8.5	14~110

变介质型电容式传感器就是利用不同介质介电常数的不同,通过介质的改变实现对被测量的检测,并通过电容量的变化反映出来。

1. 平板结构变介质型电容式传感器

根据在两个极板之间所加介质位置的不同,可以把平板结构变介质型电容式传感器分为串联型和并联型。

图 3.8 所示的平板结构变介质型电容式传感器,可以看成两个电容传感器的串联。

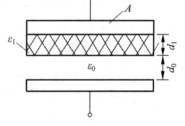

图 3.8　串联型平板结构变介质型电容式传感器

在没有加新介质之前,电容量为

$$C_0 = \frac{\varepsilon_0 A}{d_0 + d_1} \tag{3.36}$$

在介质改变之后,两个电容传感器的电容量分别为

$$C_1 = \frac{\varepsilon_0 \varepsilon_1 A}{d_1}, \quad C_2 = \frac{\varepsilon_0 A}{d_0} \tag{3.37}$$

电容器的总电容为

$$C = \frac{C_1 \cdot C_2}{C_1 + C_2} = \frac{\varepsilon_0 \varepsilon_1 A}{\varepsilon_1 d_0 + d_1} \tag{3.38}$$

电容器电容的增量为

$$\Delta C = C - C_0 = C_0 \cdot \frac{(\varepsilon_1 - 1)d_1}{\varepsilon_1 d_0 + d_1} \tag{3.39}$$

从式(3.39)可见,介质改变后的电容增量与所加介质的相对介电常数 ε_1 呈非线性关系。

图 3.9 所示的平板结构变介质型电容式传感器,可以看成两个电容传感器的并联。

在没有加新介质之前,电容量为

$$C_0 = \frac{\varepsilon_0 (A_1 + A_2)}{d} \tag{3.40}$$

在介质改变之后,两个电容传感器的电容量分别为

$$C_1 = \frac{\varepsilon_0 \varepsilon_1 A_1}{d}, \quad C_2 = \frac{\varepsilon_0 A_2}{d} \tag{3.41}$$

电容器的总电容为

$$C = C_1 + C_2 = \frac{\varepsilon_0 \varepsilon_1 A_1 + \varepsilon_0 A_2}{d} \tag{3.42}$$

电容器电容的增量为

$$\Delta C = C - C_0 = \frac{\varepsilon_0 A_1 (\varepsilon_1 - 1)}{d} \tag{3.43}$$

从式(3.43)可见,介质改变后的电容增量与所加介质的相对介电常数 ε_1 呈线性关系。

2. 圆筒结构变介质型电容式传感器

圆筒结构变介质型电容式传感器如图 3.10 所示,该传感器用于测量液位的高度。设被测液体介质的相对介电常数为 ε_1,传感器测量部分总高度为 H,液面高度为 h,外筒内径为 D,内筒外径为 d。此时,整个电容式传感器可以看成两个电容传感器的并联。

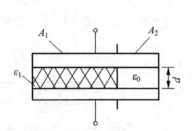
图 3.9　并联型平板结构变介质型电容式传感器

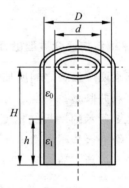
图 3.10　圆筒结构变介质型电容式传感器

在未注入液体前,初始电容为

$$C_0 = \frac{2\pi\varepsilon_0 H}{\ln(D/d)} \tag{3.44}$$

注入液体后,两个电容传感器的电容分别为

$$C_1 = \frac{2\pi\varepsilon_0 (H - h)}{\ln(D/d)}, \quad C_2 = \frac{2\pi\varepsilon_0 \varepsilon_1 h}{\ln(D/d)} \tag{3.45}$$

电容器的总电容为

$$C = C_1 + C_2 = \frac{2\pi\varepsilon_0 (H - h)}{\ln(D/d)} + \frac{2\pi\varepsilon_0 \varepsilon_1 h}{\ln(D/d)}$$

$$= \frac{2\pi\varepsilon_0 H}{\ln(D/d)} + \frac{2\pi\varepsilon_0 h (\varepsilon_1 - 1)}{\ln(D/d)} = C_0 + \frac{2\pi\varepsilon_0 h (\varepsilon_1 - 1)}{\ln(D/d)} \tag{3.46}$$

电容器电容的增量为

$$\Delta C = C - C_0 = \frac{2\pi\varepsilon_0 h (\varepsilon_1 - 1)}{\ln(D/d)} \tag{3.47}$$

从式(3.47)可见,注入液体后的电容增量与液面高度 h 呈线性关系。

3.2 电容式传感器的测量电路

电容式传感器的电容值及其变化值都很微小,必须借助信号调节电路才能将微小的电容变化值转换为与其成正比的电压、电流或频率,从而实现测量结果的显示、记录和传输,最终达到测量的目的。单个电容的测量电路,可以使用运算放大器和调频电路;差动电容的测量电路,可以使用变压器式交流电桥、二极管双 T 型交流电桥和脉冲宽度调制电路。

3.2.1 运算放大器

基于运算放大器的电容式传感器的测量电路如图 3.11 所示。电容式传感器 C_x 跨接在高增益运算放大器的输入端与输出端之间,C_0 是固定电容器。

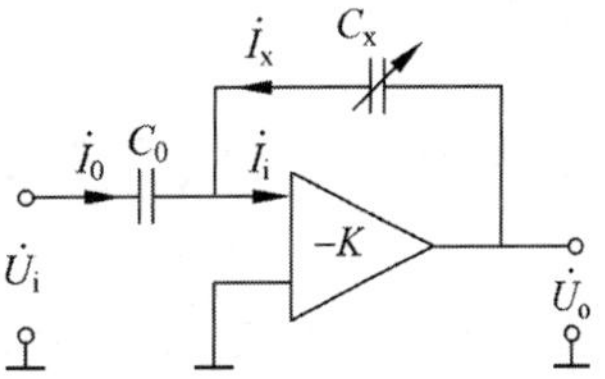

运算放大器的输入阻抗很高,可以看成一个理想运算放大器,其输出电压

$$\dot{U}_o = -\frac{C_0}{C_x}\dot{U}_i \tag{3.48}$$

式(3.48)中的负号表明输出电压与输入电压反相。

如果传感器是变极距型平板电容式传感器,则

$$C_x = \frac{\varepsilon A}{d} \tag{3.49}$$

图 3.11 基于运算放大器的电容式传感器的测量电路

代入式(3.48),则有

$$\dot{U}_o = -\dot{U}_i \frac{C_0}{\varepsilon A}d \tag{3.50}$$

从式(3.50)可见,输出电压与极板间距呈线性关系,克服了变极距型平板电容式传感器的非线性。因此,这种测量电路具有明显的优点。

3.2.2 调频电路

调频电路的工作原理如图 3.12 所示,电容式传感器作为调频振荡器振荡回路的一部分。

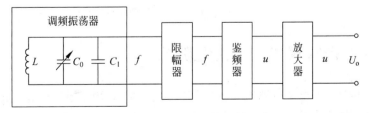

图 3.12 调频电路的工作原理

设 L 为振荡回路的电感，C 为振荡回路的总电容。振荡回路的总电容一般包括传感器电容 $C_0 \pm \Delta C$、振荡回路中的固定电容 C_1 和传感器引线的分布电容 C_c，即 $C = C_0 \pm \Delta C + C_1 + C_c$。

以变极距型电容式传感器为例，当没有被测信号时，$\Delta d = 0$，则 $\Delta C = 0$，振荡器的固有频率为

$$f_0 = \frac{1}{2\pi \sqrt{L(C_0 + C_1 + C_c)}} \tag{3.51}$$

当有被测信号时，$\Delta d \neq 0$，则 $\Delta C \neq 0$，振荡器的频率为

$$f_0 \mp \Delta f = \frac{1}{2\pi \sqrt{L(C_0 \pm \Delta C + C_1 + C_c)}} \tag{3.52}$$

从式(3.52)可见，当被测量导致传感器的电容量发生变化时，振荡器的振荡频率发生变化。此时，虽然频率可以作为测量结果，但是，由于系统是非线性的，不容易对传感器进行标定，因此，需要对测得的频率进行转换。转换的方法是，在振荡回路后加上限幅器、鉴频器和放大器，将频率的变化转换为电压振幅的变化，经过放大后，就可以用仪表指示或用记录仪进行记录了。

3.2.3　变压器式交流电桥

变压器式交流电桥的工作原理如图 3.13 所示，用于差动电容式传感器的测量。电桥的两臂 C_1、C_2 为差动电容式传感器，另外两臂为交流变压器二次绕组阻抗的一半。

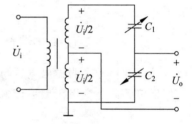

图 3.13　变压器式交流电桥的工作原理

两个电容的容抗分别为

$$Z_1 = \frac{1}{j\omega C_1}, \quad Z_2 = \frac{1}{j\omega C_2} \tag{3.53}$$

当负载为放大器时，阻抗为无穷大，电桥的输出电压为

$$\dot{U}_o = \frac{Z_2 \dot{U}_i}{Z_1 + Z_2} - \frac{\dot{U}_i}{2} = \frac{Z_2 - Z_1}{Z_1 + Z_2} \cdot \frac{\dot{U}_i}{2} = \frac{C_1 - C_2}{C_1 + C_2} \cdot \frac{\dot{U}_i}{2} \tag{3.54}$$

对于变极距型电容式传感器，则有

$$C_1 = \frac{\varepsilon A}{d_0 - \Delta d}, \quad C_2 = \frac{\varepsilon A}{d_0 + \Delta d} \tag{3.55}$$

此时，式(3.54)即为

$$\dot{U}_o = \frac{\dot{U}_i}{2} \cdot \frac{\Delta d}{d_0} \tag{3.56}$$

从式(3.56)可见，在放大器输入阻抗为无穷大时，输出电压与极板位移呈线性关系。

3.2.4　二极管双 T 型交流电桥

二极管双 T 型交流电桥电路原理图如图 3.14(a)所示，用于差动电容式传感器的测量。高频电源 E 提供幅值为 E 的方波，电源频率为 f，周期为 T，如图 3.14(b)所示。D_1、D_2 为

两个特性相同的理想二极管,C_1、C_2 为差动电容式传感器,R_1、R_2 为两个固定电阻,阻值为 R,R_L 为负载电阻。

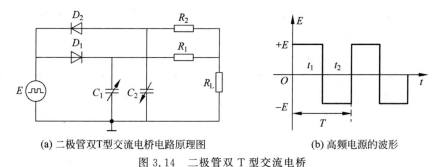

(a) 二极管双T型交流电桥电路原理图　　　　(b) 高频电源的波形

图 3.14　二极管双 T 型交流电桥

当传感器没有输入时,$C_1 = C_2$。

在电源的正半周,D_1 导通,D_2 截止,即对电容器 C_1 充电。在随后的电源负半周,C_1 通过电阻 R_1、负载电阻 R_L 放电,流过负载的电流为 I_1,等效电路如图 3.15(a)所示。

在电源的负半周,D_2 导通,D_1 截止,即对电容器 C_2 充电,在随后的电源正半周,C_2 通过电阻 R_2、负载电阻 R_L 放电,流过负载的电流为 I_2,等效电路如图 3.15(b)所示。

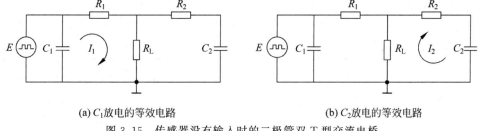

(a) C_1 放电的等效电路　　　　　　(b) C_2 放电的等效电路

图 3.15　传感器没有输入时的二极管双 T 型交流电桥

根据交流电路的条件,有 $I_1 = I_2$,且方向相反,因此,在一个周期内流过负载电阻 R_L 的平均电流为 0。

当传感器有输入时,$C_1 \neq C_2$,负载 R_L 上有信号输出,其输出在一个周期内的平均值为

$$U_0 \approx \frac{R(R + 2R_L)}{(R + R_L)^2} R_L E f(C_1 - C_2) \tag{3.57}$$

从式(3.57)可见,在负载和电源确定的情况下,输出电压是两个电容 C_1、C_2 的差值 $C_1 - C_2$ 的线性函数。

从上面的分析可以看出,二极管双 T 型交流电桥的电路简单,无须相敏检波和整流电路便可得到较高的直流输出电压。输出信号的上升时间取决于负载电阻。对于 $1k\Omega$ 的负载电阻,上升时间为 $20\mu s$ 左右,因此,该测量电路可用于测量高速的机械运动。

3.3　电容式传感器应用举例

电容式传感器具有结构简单、分辨率高、动态响应特性好、耐高温、耐辐射等优点,广泛应用于位移、振动、速度、加速度、压力、差压、金属板材厚度、液位等测量中。

3.3.1 电容式位移传感器

电容式位移传感器的一个应用实例如图 3.16 所示,被测物体的表面作为电容的一个极板,传感器的平面测端作为电容的另一个极板。

在测量时,把传感器夹持在固定的台架上。当被测物因振动而产生位移时,将使电容器的两个极板间距发生变化,从而引起电容器电容量的改变,最终达到测量的目的。它能够测量 $0.05\mu m$ 的位移,可以用于测量物体的微小振动。

3.3.2 电容式加速度传感器

图 3.17 为差动电容式加速度传感器的结构示意图。

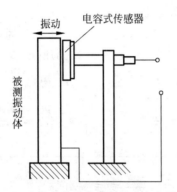

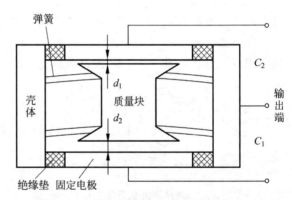

图 3.16 电容式位移传感器的一个应用实例 图 3.17 差动电容式加速度传感器的结构示意

它的上下两面是定极板,中间质量块的两个端面是动极板。传感器被粘贴在被测物体上。当被测物体在垂直方向保持静止或匀速直线运动时,定极板与动极板之间的距离保持不变,为 d_0,电容为 C_0。

当被测物体在垂直方向作直线加速运动时,传感器随着被测物体加速运动,而质量块因惯性保持相对静止,这样就导致动极板与定极板之间的距离发生变化,其中一个距离增加,另一个距离减小。根据 3.1.3 节关于差动结构电容式传感器的分析,有

$$\frac{\Delta C}{C_0} \approx 2\frac{\Delta d}{d_0} \tag{3.58}$$

根据牛顿第二运动定律,位移 s 与加速度 a 之间的关系为

$$s = \Delta d = \frac{1}{2}at^2 \tag{3.59}$$

把式(3.59)代入式(3.58),得

$$\frac{\Delta C}{C_0} \approx 2\frac{\Delta d}{d_0} = \frac{at^2}{d_0} \tag{3.60}$$

从式(3.59)可见,对于固定的观测时间 t,被测物体的加速度 a 与电容的增量 ΔC 成正比。换句话说,只要测出了电容的增量 ΔC,就可以计算出物体的加速度 a。

进一步,对于固定的观测时间 t,如果物体的初速度为 u_0,那么,根据式

$$u = u_0 + at \tag{3.61}$$

可以计算出物体的速度 u。

差动电容式加速度传感器具有结构简单、机械性能好、频率响应快、量程范围大等优点,因此得到了广泛的应用。

3.3.3　电容式差压传感器

图 3.18 为电容式差压传感器的结构示意图。在两个凹形玻璃上的电镀层作为定极板,中间的膜片作为动极板,构成差动结构。定极板与动极板的初始极距为 d。该传感器用于测量两个气门的差压。在膜片的左右两室中充满硅油,用于传递压力。当左右两室分别承受压力 p_L、p_R 时,由于硅油具有不可压缩性和流动性,它能够将压力传递到膜片上。

当左右两室的压力 p_L、p_R 作用于膜片时,使膜片向左或向右鼓出,从而使两个电容 C_L、C_R 一个增加,另一个减小,把电容的变化经测量电路转换为电压或电流输出,就能够得到气压 p_L、p_R 的差压。

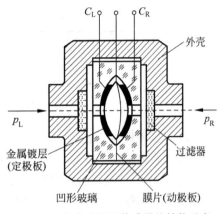

图 3.18　电容式差压传感器的结构示意

当左右两室的压力 p_L、p_R 相等时,即差压 $\Delta p = p_L - p_R = 0$,膜片处于中间位置,$C_L = C_R$,输出的电压或电流为 0。

当左右两室的压力 p_L、p_R 不相等时,如图 3.18 所示,$p_L > p_R$,$\Delta p = p_L - p_R > 0$,膜片向右鼓出,动极板由初始位置向右偏移 δ,结果使 C_L 减小,C_R 增大,即 $C_L < C_R$,它们的电容量分别为

$$C_L = \frac{\varepsilon A}{d + \delta}, \quad C_R = \frac{\varepsilon A}{d - \delta} \tag{3.62}$$

由此可得

$$\frac{\delta}{d} = \frac{C_R - C_L}{C_R + C_L} \tag{3.63}$$

由材料力学知识可知

$$\frac{\delta}{d} = K \Delta p \tag{3.64}$$

其中,K 是与传感器结构有关的常数。

结合式(3.63)和式(3.64)可得

$$\frac{C_R - C_L}{C_R + C_L} = K \Delta P \tag{3.65}$$

根据式(3.63),可以实现差压-电容的转换。

电容式差压传感器具有如下优点:结构简单,灵敏度高,响应速度快(100ms),能测量

微小的差压(0~0.75Pa)。

3.3.4 电容式材料厚度传感器

电容式材料厚度传感器用于检测金属板材在轧制过程中的厚度,其工作原理如图3.19所示。在被测金属板材的上下方放置两块面积相等的极板,把板材也作为一个极板,这样,就构成了两个电容器 C_1、C_2。用导线把上下两个极板连接在一起作为电容的一极,把板材作为电容的另一极,此时,相当于两个电容 C_1、C_2 的并联,总电容为 $C_1=C_1+C_2$。

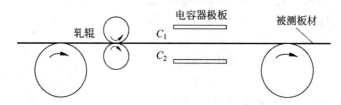

图 3.19 电容式材料厚度传感器的工作原理

在轧制金属板材的过程中,板材不断前行。如果板材厚度有变化,那么,上下两个电容器的极板间距离将发生改变,从而引起电容量的变化。将电容器接入测量电桥时,就会产生不平衡输出,从而实现对板材厚度的检测。

电容式材料厚度传感器结构简单,布置容易,能够实时、连续地检测出金属板材厚度的变化,方便监控,具有突出的优点。

习题 3

1. 填空。

(1) 平板电容式传感器可分为三种:改变极板覆盖面积的_____、改变极板间距离的_____和改变介质介电常数的_____。

(2) 圆筒电容式传感器可分为两种:改变极板间覆盖高度的_____和改变介质介电常数的_____。

(3) 对于变极距型电容式传感器来说,当 d_0 较小时,传感器的灵敏度高。但是,d_0 过小时,电容很大,容易引起_____。因此,通常在极板之间加入云母等_____的材料。

(4) 对于变极距型电容式传感器来说,要提高灵敏度,应该_____极板间距 d_0,但是,这将使非线性误差_____。即灵敏度与非线性误差对极板间距的要求是矛盾的。为了解决这个问题,通常采用_____结构的电容式传感器。

(5) 把变极距型电容式传感器做成差动结构,对于相同的 d_0 和 Δd,电容的相对增量和传感器的_____提高了一倍,传感器的_____也得到了改善。

(6) 单个电容的测量电路,可以使用_____和调频电路;差动电容的测量电路,可以使用_____、二极管双 T 型交流电桥和_____。

2. 名词解释。

(1) 电容式传感器

(2) 圆筒电容式线位移传感器

(3) 平板电容式角位移传感器

(4) 圆筒结构变介质型电容式传感器

3. 根据电容式传感器工作时参数变化的不同,可以将其分为哪几种类型? 各有什么特点?

4. 如图 3.3 所示,一个平板电容式传感器以空气为介质。$a=10\text{mm}$,$b=16\text{mm}$,两极板之间的距离 $d_0=1\text{mm}$。在测量时,动极板在原始位置向左平移了 2mm。已知真空的介电常数 $\varepsilon_0=8.854\times10^{-12}\text{F/m}$,空气的相对介电常数 $\varepsilon_r=1$。求该传感器的电容增量、电容相对增量和位移灵敏度 K。

5. 讨论变极距型电容式传感器的非线性误差,说明改善变极距型电容式传感器线性度的方法。

6. 如图 3.11 所示,变极距型平板电容式传感器的测量电路为运算放大器,运算放大器为一个理想运算放大器。传感器的初始电容 $C_{x0}=20\text{pF}$,$C_0=200\text{pF}$,两个极板的初始极距为 $d_0=1.5\text{mm}$,输入电压 $U_i=5\sin\omega t(\text{V})$。当动极板产生位移 $\Delta d=0.15\text{mm}$ 使 d_0 减小时,求测量电路的输出电压 U_o。

7. 某电容测微仪,其传感器的圆形极板半径 $r=4\text{mm}$,工作初始间隙 $d=0.3\text{mm}$。

(1) 在测量时,若传感器与工件的间隙增量 $\Delta d=2\mu\text{m}$,求电容的增量。

(2) 假设测量电路的灵敏度 $S_1=100\text{mV/pF}$,测量仪表的灵敏度 $S_2=5$ 格/mV,那么,在 $\Delta d=2\mu\text{m}$ 时,仪表的示值变化多少格?

8. 对照图 3.17,说明差动电容式加速度传感器的工作原理。

9. 对照图 3.18,说明电容式差压传感器的工作原理。

10. 有一个直径为 2m、高 5m 的铁桶,往桶内连续注水,当注水量达到桶容量的 80% 时就停止注水,试分析用电容式传感器达到该操作要求的方法。

第 4 章
CHAPTER 4

电感式传感器

电感式传感器的工作基础是电磁感应,可以把位移、振动、压力、流量、密度等非电物理量转换为线圈的自感系数 L 或互感系数 M 的变化,并通过测量电路把 L 或 M 的变化转换为电压或电流的变化,把非电物理量转换为电信号输出,从而实现对非电物理量的测量。

电感式传感器具有灵敏度高、分辨力高、精度高、线性度好、性能稳定、重复性好、工作可靠、寿命长等优点,在工业生产中得到了广泛的应用。

电感式传感器包括变磁阻电感式传感器、螺线管式差动变压器、电涡流电感式传感器和变隙式差动变压器等。下面主要介绍前三种电感式传感器。

4.1 变磁阻电感式传感器

4.1.1 变磁阻电感式传感器的工作原理

1. 变磁阻电感式传感器的结构

变磁阻电感式传感器的结构如图 4.1 所示,由线圈、铁心和衔铁三部分组成,铁心和衔铁由导磁材料制成。

线圈的电感量为

$$L = \frac{N\phi}{I} \tag{4.1}$$

其中,N 为线圈的匝数;ϕ 为穿过线圈的磁通;I 为通过线圈的电流。

根据磁路欧姆定律,有

$$\phi = \frac{IN}{R_m} \tag{4.2}$$

其中,R_m 为磁路的总磁阻,包括铁心的磁阻、衔铁的磁阻和气隙的磁阻三部分。

把式(4.2)代入式(4.1),得

$$L = \frac{N^2}{R_m} \tag{4.3}$$

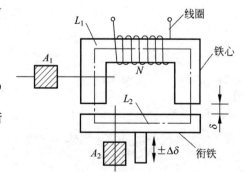

图 4.1 变磁阻电感式传感器的结构

由于气隙很小,可以认为气隙中的磁场是均匀的。如果忽略磁路磁损,那么,磁路总磁阻为

$$R_m = \frac{2\delta}{\mu_0 A_0} + \frac{L_1}{\mu_1 A_1} + \frac{L_2}{\mu_2 A_2} \tag{4.4}$$

其中,L_1 是铁心中心线的长度;L_2 是衔铁中心线的长度;$\mu_0 = 4\pi \times 10^{-7} H/m$,是空气的磁导率;$\mu_1$、$\mu_2$ 是铁心、衔铁的磁导率;A_0、A_1、A_2 是气隙、铁心、衔铁的截面积;δ 是气隙厚度。

通常情况下,气隙的磁阻远大于铁心和衔铁的磁阻,即

$$\frac{2\delta}{\mu_0 A_0} \gg \frac{L_1}{\mu_1 A_1}, \quad \frac{2\delta}{\mu_0 A_0} \gg \frac{L_2}{\mu_2 A_2} \tag{4.5}$$

因此,式(4.4)可以近似为

$$R_m \approx \frac{2\delta}{\mu_0 A_0} \tag{4.6}$$

把式(4.6)代入式(4.3),得

$$L = \frac{N^2 \mu_0 A_0}{2\delta} \tag{4.7}$$

式(4.7)表明,当线圈匝数 N 固定时,电感量 L 是 δ 和 A_0 的函数,改变 δ 或 A_0,都会引起电感量的变化。因此,变磁阻电感式传感器又可分为变气隙厚度传感器和变气隙面积传感器。目前使用最广泛的是变气隙厚度电感式传感器,下面就讨论变气隙厚度电感式传感器的工作原理。

设线圈匝数 N、气隙的截面积 A_0 都为常数,初始气隙厚度为 δ_0,则初始电感量为

$$L_0 = \frac{N^2 \mu_0 A_0}{2\delta_0} \tag{4.8}$$

在测量时,衔铁与被测物体相连,当被测物体上下运动时,带动衔铁上下移动。设衔铁移动导致气隙厚度产生增量 $\Delta\delta$,则此时的电感量为

$$L = \frac{N^2 \mu_0 A_0}{2(\delta_0 + \Delta\delta)} \tag{4.9}$$

电感的增量为

$$\Delta L = L - L_0 = \frac{N^2 \mu_0 A_0}{2(\delta_0 + \Delta\delta)} - \frac{N^2 \mu_0 A_0}{2\delta_0} = -L_0 \frac{\Delta\delta}{\delta_0 + \Delta\delta} \tag{4.10}$$

电感的相对增量为

$$\frac{\Delta L}{L_0} = -\frac{\Delta\delta}{\delta_0 + \Delta\delta} \tag{4.11}$$

在式(4.11)中,负号表示电感增量与气隙厚度的增量成反向关系。当气隙厚度增加时,电感量减小;当气隙厚度减小时,电感量增加。

如果气隙厚度增量很小,即 $\Delta\delta/\delta_0 \ll 1$,那么,式(4.11)可以近似表达为

$$\frac{\Delta L}{L_0} \approx -\frac{\Delta\delta}{\delta_0} \tag{4.12}$$

从式(4.12)可见,电感的相对增量与气隙厚度增量 $\Delta\delta$ 近似呈线性关系。

在图 4.1 中,被测量与衔铁相连,在铁心和衔铁之间有气隙。当被测量运动时,带动衔铁运动,气隙厚度发生改变,引起磁路中磁阻变化,从而导致电感线圈的电感值变化。因此,

只要测出电感值的变化,就能确定衔铁位移的大小和方向,从而确定被测量位移的大小和方向。这就是变气隙厚度电感式传感器的工作原理。

例 4.1 在如图 4.1 所示的变磁阻电感式传感器中,线圈的匝数 $N=2500$,气隙、铁心、衔铁的截面积都为 $4\times4\text{mm}^2$,气隙厚度 $\delta=0.4\text{mm}$,衔铁最大位移为 $\Delta\delta=0.08\text{mm}$。

(1) 当衔铁处于初始位置时,求线圈的电感量。

(2) 求线圈电感量的最大变化量。

解 (1) 由题意知,气隙的截面积 $A_0=4\times4\text{mm}^2$,根据式(4.6),当衔铁处于初始位置时,线圈的电感量为

$$L_0=\frac{N^2\mu_0 A_0}{2\delta}=\frac{2500^2\times4\times3.14\times10^{-7}\times4\times4\times10^{-6}}{2\times0.4\times10^{-3}}=0.157(\text{H})=157(\text{mH})$$

(2) 当衔铁位移为 $\Delta\delta=0.08\text{mm}$ 时,线圈的电感量为

$$L_1=\frac{N^2\mu_0 A_0}{2(\delta+\Delta\delta)}=\frac{2500^2\times4\times3.14\times10^{-7}\times4\times4\times10^{-6}}{2\times(0.4+0.08)\times10^{-3}}=0.131(\text{H})=131(\text{mH})$$

当衔铁位移为 $\Delta\delta=-0.08\text{mm}$ 时,线圈的电感量为

$$L_2=\frac{N^2\mu_0 A_0}{2(\delta-\Delta\delta)}=\frac{2500^2\times4\times3.14\times10^{-7}\times4\times4\times10^{-6}}{2\times(0.4-0.08)\times10^{-3}}=0.196(\text{H})=196(\text{mH})$$

因此,线圈电感量的最大变化量为

$$\Delta L=L_2-L_1=196-131=65(\text{mH})$$

2. 变气隙厚度电感式传感器的灵敏度

气隙厚度的单位变化所引起的电感量相对变化的绝对值,称为变气隙厚度电感式传感器的灵敏度,记为 K,即

$$K=\left|\frac{\Delta L/L_0}{\Delta\delta}\right|=\frac{1}{\delta_0+\Delta\delta} \tag{4.13}$$

当 $\Delta d/d_0\ll1$ 时,灵敏度的近似值为

$$K\approx\frac{1}{\delta_0} \tag{4.14}$$

从式(4.14)可见,变气隙厚度电感式传感器的灵敏度与 δ_0 成反比。

3. 变气隙厚度电感式传感器的线性度

在式(4.11)中,当 $|\Delta\delta|/\delta_0<1$ 时,根据几何级数理论,得

$$\begin{aligned}
\frac{\Delta L}{L_0}&=-\frac{\Delta\delta}{\delta_0+\Delta\delta}=-\frac{\Delta\delta}{\delta_0}\frac{1}{1+\dfrac{\Delta\delta}{\delta_0}}\\
&=-\frac{\Delta\delta}{\delta_0}\left[1-\left(\frac{\Delta\delta}{\delta_0}\right)+\left(\frac{\Delta\delta}{\delta_0}\right)^2-\left(\frac{\Delta\delta}{\delta_0}\right)^3+\cdots\right]\\
&=-\left(\frac{\Delta\delta}{\delta_0}\right)+\left(\frac{\Delta\delta}{\delta_0}\right)^2-\left(\frac{\Delta\delta}{\delta_0}\right)^3+\cdots
\end{aligned} \tag{4.15}$$

从式(4.15)可见,电感的相对增量与 $\Delta\delta$ 呈非线性关系。对式(4.15)进行线性化处理,即只保留线性项,就是式(4.12)。如果在式(4.15)中只保留线性项和二次项,去掉高次项,

则得

$$\frac{\Delta L}{L_0} \approx -\frac{\Delta \delta}{\delta_0} + \left(\frac{\Delta \delta}{\delta_0}\right)^2 \tag{4.16}$$

式(4.16)中的二次项可以看成是对式(4.15)进行线性化处理时所产生的误差,因此,传感器的相对非线性误差为

$$\frac{(\Delta \delta/\delta_0)^2}{|\Delta \delta/\delta_0|} \times 100\% = \frac{|\Delta \delta|}{\delta_0} \times 100\% \tag{4.17}$$

从式(4.14)可知,要提高灵敏度,应该减小气隙厚度 δ_0,但是,从式(4.17)可见,这将使非线性误差增大。即灵敏度与非线性误差对气隙厚度的要求是矛盾的。为了解决这个问题,通常采用差动结构的电感式传感器。

变气隙厚度电感式传感器的差动结构如图 4.2 所示,有两个相同的电感线圈和磁路,上下对称布置,衔铁位于两个线圈的中间。在测量时,衔铁与被测物体相连,当被测物体上下运动时,带动衔铁上下移动,两个磁路的磁阻发生大小相等、方向相反的改变。上下两个磁路的电感分别为 L_1 和 L_2,把 L_1 和 L_2 的差作为测量的输出。这就是"差动"的含义。

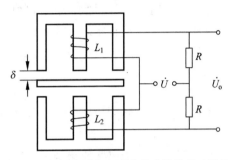

图 4.2　变气隙厚度电感式传感器的差动结构

初始时,衔铁处在中间位置,两个电感 L_1 和 L_2 的初始电感量都是 L_0。当衔铁向上移动 $\Delta \delta$ 时,电感 L_1 的气隙厚度产生增量 $-\Delta d$,根据式(4.11),得电感 L_1 的相对增量为

$$\frac{\Delta L_1}{L_0} = -\frac{-\Delta \delta}{\delta_0 + (-\Delta \delta)} = \frac{\Delta \delta}{\delta_0 - \Delta \delta} \tag{4.18}$$

电感 L_2 的气隙厚度产生增量 Δd,根据式(4.11),得电感 L_2 的相对增量为

$$\frac{\Delta L_2}{L_0} = -\frac{\Delta \delta}{\delta_0 + \Delta \delta} \tag{4.19}$$

从而,测量输出的总相对变化量为

$$\frac{\Delta L}{L_0} = \frac{\Delta L_1 - \Delta L_2}{L_0} = \frac{\Delta L_1}{L_0} - \frac{\Delta L_2}{L_0}$$

$$= \frac{\Delta \delta}{\delta_0 - \Delta \delta} + \frac{\Delta \delta}{\delta_0 + \Delta \delta} = 2 \frac{\Delta \delta}{\delta_0} \frac{1}{1 - (\Delta \delta/\delta_0)^2}$$

$$= 2 \frac{\Delta \delta}{\delta_0} \left[1 + \left(\frac{\Delta \delta}{\delta_0}\right)^2 + \left(\frac{\Delta \delta}{\delta_0}\right)^4 + \left(\frac{\Delta \delta}{\delta_0}\right)^6 + \cdots\right]$$

$$= 2 \left[\frac{\Delta \delta}{\delta_0} + \left(\frac{\Delta \delta}{\delta_0}\right)^3 + \left(\frac{\Delta \delta}{\delta_0}\right)^5 + \left(\frac{\Delta \delta}{\delta_0}\right)^7 + \cdots\right] \tag{4.20}$$

当 $\Delta \delta/\delta_0 \ll 1$ 时,略去高次项,得

$$\frac{\Delta L}{L_0} \approx 2 \frac{\Delta \delta}{\delta_0} \tag{4.21}$$

比较式(4.21)与式(4.12)可知,电感的相对增量提高了一倍。

此时,灵敏度的近似值为

$$K = \left| \frac{\Delta L / L_0}{\Delta \delta} \right| \approx \frac{2}{\delta_0} \qquad (4.22)$$

比较式(4.22)与式(4.14)可知,传感器的灵敏度提高了一倍。

如果在式(4.20)中只保留线性项和三次项,去掉高次项,则得

$$\frac{\Delta L}{L_0} \approx 2 \left[\frac{\Delta \delta}{\delta_0} + \left(\frac{\Delta \delta}{\delta_0} \right)^3 \right] \qquad (4.23)$$

因此,传感器的相对非线性误差为

$$\frac{| 2(\Delta \delta / \delta_0)^3 |}{| 2\Delta \delta / \delta_0 |} \times 100\% = \left(\frac{\Delta \delta}{\delta_0} \right)^2 \times 100\% \qquad (4.24)$$

比较式(4.24)与式(4.17)可知,传感器的线性度也得到了改善。

综合以上分析可知,把变气隙厚度电感式传感器做成差动结构,对于相同的 δ_0 和 $\Delta \delta$,电感的相对增量和传感器的灵敏度提高了一倍,传感器的线性度也得到了改善。而且,把变气隙厚度电感式传感器做成差动结构,设计难度也没有增加多少,所以,在实际测量时,常常采用差动结构。

4.1.2　变磁阻电感式传感器的测量电路

变磁阻电感式传感器的测量电路包括差动交流电桥、变压器式交流电桥和谐振式测量电路等。

1. 差动交流电桥

变气隙厚度电感式传感器的差动交流电桥如图 4.3 所示。把传感器的两个线圈作为电桥的两个桥臂 Z_1、Z_2,另外两个桥臂 Z_3、Z_4 选用纯电阻 R。

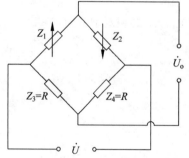

当衔铁位于中间位置时,单个线圈的复阻抗为

$$Z_0 = R + j\omega L_0 \qquad (4.25)$$

其中,R 为线圈的等效电阻。对于高机械品质系数的线圈,$\omega L_0 \gg R$,因此

$$Z_0 \approx j\omega L_0 \qquad (4.26)$$

当衔铁上移 $\Delta \delta$ 时,两个线圈的复阻抗分别为

$$Z_1 = Z_0 + \Delta Z_1, \quad Z_2 = Z_0 + \Delta Z_2 \qquad (4.27)$$

图 4.3　变气隙厚度电感式传感器的差动交流电桥

两个线圈复阻抗的增量分别为

$$\Delta Z_1 \approx j\omega \Delta L_1, \quad \Delta Z_2 \approx j\omega \Delta L_2 \qquad (4.28)$$

此时,电桥的输出为

$$\dot{U}_o = \dot{U} \left(\frac{Z_2}{Z_1 + Z_2} - \frac{R}{R + R} \right) = \dot{U} \frac{Z_2 - Z_1}{2(Z_1 + Z_2)} = \dot{U} \frac{\Delta Z_2 - \Delta Z_1}{2(Z_1 + Z_2)} \qquad (4.29)$$

若衔铁的位移很小,则

$$\Delta L_1 = - \Delta L_2 \qquad (4.30)$$

从而

$$\Delta Z_1 = -\Delta Z_2 \tag{4.31}$$

于是,电桥输出电压为

$$\dot{U}_o = -\frac{\dot{U}}{2}\frac{2\mathrm{j}\omega\Delta L_1}{2Z_0} = -\frac{\dot{U}}{2}\frac{\mathrm{j}\omega\Delta L_1}{\mathrm{j}\omega L_0} = -\frac{\dot{U}}{2}\frac{\Delta L_1}{L_0} \approx -\frac{\dot{U}}{2}\frac{\Delta\delta}{\delta_0} \tag{4.32}$$

当衔铁下移 $\Delta\delta$ 时,Z_1、Z_2 的变化方向相反,类似可以推得

$$\dot{U}_o \approx \frac{\dot{U}}{2}\frac{\Delta\delta}{\delta_0} \tag{4.33}$$

从式(4.32)和式(4.33)可以看出,电桥输出电压与气隙厚度增量 $\Delta\delta$ 成正比。

2. 变压器式交流电桥

变气隙厚度电感式传感器的变压器式交流电桥如图 4.4 所示。

电桥的两个桥臂 Z_1、Z_2 为传感器线圈阻抗,另外两个桥臂为变压器次级线圈的 1/2 阻抗。若负载阻抗为无穷大,则桥路的输出电压为

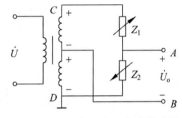

$$\dot{U}_o = \dot{U}_A - \dot{U}_B = \frac{Z_2\dot{U}}{Z_1+Z_2} - \frac{\dot{U}}{2} = \frac{\dot{U}(Z_2-Z_1)}{2(Z_1+Z_2)} \tag{4.34}$$

图 4.4　变气隙厚度电感式传感器的变压器式交流电桥

当衔铁处于中间位置时,$Z_1 = Z_2 = Z_0$,此时有 $\dot{U}_o = 0$,电桥平衡。

当衔铁上移 $\Delta\delta$ 时,设 $Z_1 = Z_0 + \Delta Z$,$Z_2 = Z_0 - \Delta Z$,则

$$\dot{U}_o = -\frac{\dot{U}}{2}\frac{\Delta Z}{Z_0} = -\frac{\dot{U}}{2}\frac{\Delta L}{L_0} \approx -\frac{\dot{U}}{2}\frac{\Delta\delta}{\delta_0} \tag{4.35}$$

当衔铁下移 $\Delta\delta$ 时,设 $Z_1 = Z_0 - \Delta Z$,$Z_2 = Z_0 + \Delta Z$,则

$$\dot{U}_o = \frac{\dot{U}}{2}\frac{\Delta Z}{Z_0} = \frac{\dot{U}}{2}\frac{\Delta L}{L_0} \approx \frac{\dot{U}}{2}\frac{\Delta\delta}{\delta_0} \tag{4.36}$$

从式(4.35)和式(4.36)可见,当衔铁上下移动相同距离时,输出电压的大小随衔铁的位移而变化,输出电压的相位相反。由于 $\dot{U}$ 是交流电压,因此,仅从输出电压 $\dot{U}_o$ 无法判断位移的方向,必须配合相敏检波电路来解决。

3. 谐振测量电路

谐振测量电路分为谐振调幅电路和谐振调频电路。

谐振调幅电路的结构如图 4.5(a)所示,L 是电感传感器的电感值,它与电容 C、变压器的一次绕组、交流电源 $\dot{U}$ 串联,变压器的二次绕组输出电压为 $\dot{U}_o$,输出电压的幅值随着传感器的电感值 L 的变化而变化,输出电压的频率与电源频率相同。谐振调幅电路的输入输出特性曲线如图 4.5(b)所示,其中,L_0 为电路谐振点所对应的电感值。

谐振调幅电路的灵敏度很高,但是线性度差,适用于对线性度要求不高的场合。

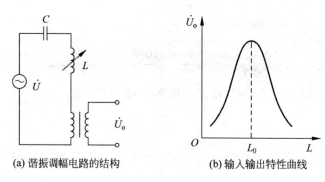

(a) 谐振调幅电路的结构　　　　(b) 输入输出特性曲线

图 4.5　谐振调幅电路

谐振调频电路的结构如图 4.6(a)所示。

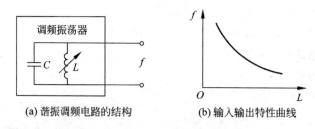

(a) 谐振调频电路的结构　　　　(b) 输入输出特性曲线

图 4.6　谐振调频电路

电感传感器与电容 C 构成振荡回路,振荡频率为

$$f = \frac{1}{2\pi\sqrt{LC}} \tag{4.37}$$

从式(4.37)可见,谐振调频电路输出电压的频率随着传感器的电感值 L 的变化而变化,这样,根据 f 的大小即可计算出被测量的值。

谐振调频电路具有严重的非线性,这是它的缺点。

4.1.3　变磁阻电感式传感器应用举例

1. 差动变气隙厚度电感式测微仪

差动变气隙厚度电感式测微仪的结构如图 4.7 所示,衔铁与测量杆连接在一起,两个传感器线圈、两个固定电阻构成差动交流电桥,用电压表来测量电感的变化。

微小位移经测量杆带动衔铁移动,两线圈内的电感量产生变化,引起交流阻抗发生相应的变化,使电桥失去平衡,输出电压的幅值与位移成正比,频率与电源频率相同。因此,只要测出输出电压,即可计算出被测量的位移。

差动变气隙厚度电感式测微仪是用于测量微小尺寸变化的工具,常用于测量位移、零件的尺寸等,也可用于产品的分拣,或者进行自动检测。测微仪的动态测量范围为 $\pm1\text{mm}$,分辨率为 $1\mu\text{m}$,精度可达 3%。

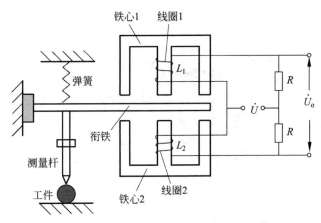

图 4.7　差动变气隙厚度电感式测微仪的结构

2. 变气隙厚度电感式气压传感器

变气隙厚度电感式气压传感器的结构如图 4.8 所示,衔铁与膜盒的上部粘贴在一起,用电流表来测量电感的变化。

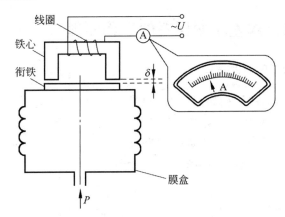

图 4.8　变气隙厚度电感式气压传感器的结构

当气压进入膜盒时,在压力 P 的作用下,膜盒的顶端产生与压力 P 大小成正比的位移,带动衔铁发生移动,使传感器的气隙厚度发生变化,流过线圈的电流也发生相应的变化,电流表的指示值就反映了被测压力的大小。

3. 差动变气隙厚度电感式气压传感器

差动变气隙厚度电感式气压传感器的结构如图 4.9 所示,C 形弹簧管在气压的作用下会产生形变,衔铁与 C 形管的自由端连接在一起。两个传感器线圈、两个变压器次级线圈构成变压器式交流电桥,用电压表来测量电感的变化。

当气体进入 C 形管时,C 形管产生变形,自由端发生位移,带动衔铁运动,使线圈 1 和线圈 2 中的电感产生大小相等、符号相反的变化。电感的变化通过测量电路转换为电压输出。根据式(4.35)和式(4.36),输出电压与被测气压之间近似成正比,因此,只要测出输出电压,即可计算出被测气压的大小。

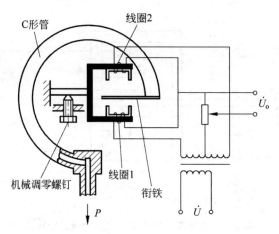

图 4.9　差动变气隙厚度电感式气压传感器的结构

4.2　螺线管式差动变压器

4.2.1　螺线管式差动变压器的工作原理

1. 螺线管式差动变压器的结构

螺线管式差动变压器的结构如图 4.10(a)所示，它由一个初级绕组、两个次级绕组和插入绕组中央的圆柱形衔铁构成。初级绕组 L_1 处于中间位置，匝数为 N_1；两个次级绕组 L_{2a}、L_{2b} 分别位于两端，反向串接，匝数分别为 N_{2a}、N_{2b}。在忽略铁损、导磁体磁阻和线圈分布电容的理想条件下，其等效电路如图 4.10(b)所示。

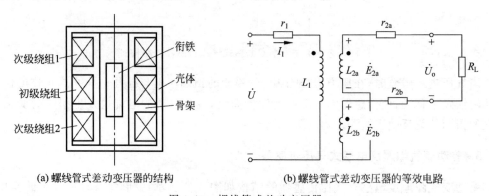

(a)螺线管式差动变压器的结构　　　　　(b)螺线管式差动变压器的等效电路

图 4.10　螺线管式差动变压器

在初级绕组加上激励电压 $\dot{U}_i$，根据变压器的工作原理，在两个次级绕组 L_{2a}、L_{2b} 中便会产生感应电势 $\dot{E}_{2a}$、$\dot{E}_{2b}$。根据差动变压器等效电路，当次级开路时，有

$$\dot{I}_1 = \frac{\dot{U}}{r_1 + j\omega L_1} \tag{4.38}$$

其中，$\dot{I}_1$ 为初级绕组的激励电流；$\dot{U}$ 为初级绕组的激励电压；r_1 为初级绕组的直流电阻；ω 为激励电压 $\dot{U}$ 的角频率；L_1 为初级绕组 L_1 的电感。

根据电磁感应定律，两个次级绕组中的感应电势分别为

$$\dot{E}_{2a} = -j\omega M_1 I_1, \quad \dot{E}_{2b} = -j\omega M_2 I_1 \tag{4.39}$$

其中，M_1 是 L_{2a} 与 L_1 之间的互感系数；M_2 是 L_{2b} 与 L_1 之间的互感系数。

由于次级两绕组反向串联，因此，输出电压为

$$\dot{U}_o = \dot{E}_{2a} - \dot{E}_{2b} = -j\omega(M_1 - M_2)\dot{I}_1 = -\frac{j\omega(M_1 - M_2)\dot{U}}{r_1 + j\omega L_1} \tag{4.40}$$

式(4.40)表明，当激励电压的幅值 U 和角频率 ω、初级绕组的直流电阻 r_1 及电感 L_1 为定值时，螺线管式差动变压器的输出电压仅仅是两个次级绕组与初级绕组之间互感系数之差 $M_1 - M_2$ 的函数。因此，只要求出两个互感系数 M_1 和 M_2 对活动衔铁位移 Δx 的函数关系式，即可得到螺线管式差动变压器的输出电压对活动衔铁位移 Δx 的函数关系式，也即得到了螺线管式差动变压器的基本特性函数。

2. 螺线管式差动变压器的输出特性

如果螺线管式差动变压器的结构完全对称，那么，当衔铁处于初始平衡位置时，两个互感系数 $M_1 = M_2$，从而 $\dot{U}_o = 0$。

当衔铁向上移动时，位移 $\Delta x > 0$。由于磁阻的变化，L_{2a} 中的磁通大于 L_{2b} 中的磁通，使 $M_1 > M_2$。设 $M_1 = M + \Delta M$，$M_2 = M - \Delta M$，则

$$\dot{U}_o = -2j\omega\dot{U}\frac{\Delta M}{r_1 + j\omega L_1} \tag{4.41}$$

此时，$\dot{U}_o$ 与 $\dot{E}_{2a}$ 同极性，$\dot{U}_o$ 与 $\dot{U}$ 同频反相。

当衔铁向下移动时，位移 $\Delta x < 0$，L_{2b} 中的磁通大于 L_{2a} 中的磁通，使 $M_2 > M_1$。设 $M_1 = M - \Delta M$，$M_2 = M + \Delta M$，则

$$\dot{U}_o = 2j\omega\dot{U}\frac{\Delta M}{r_1 + j\omega L_1} \tag{4.42}$$

此时，$\dot{U}_o$ 与 $\dot{E}_{2b}$ 同极性，$\dot{U}_o$ 与 $\dot{U}$ 同频同相。

根据式(4.41)和式(4.42)，可得螺线管式差动变压器输出电压的有效值为

$$U_o = |\dot{U}_o| = 2\omega U\frac{\Delta M}{\sqrt{r_1^2 + (\omega L_1)^2}} \tag{4.43}$$

螺线管式差动变压器的输出电压的有效值如图 4.11 中的实线所示。

在实际测量时，当衔铁位于中心位置时，螺线管式差动变压器的输出电压并不等于零，差动变压器在零位移时的输出电压，称为零点残余，记作 ΔU。它的存在使螺线管式差动变压器的输出特性曲线不经过零点(如图 4.11 中的虚线所示)，造成实际输出特性与理论输出特性不完全一致。零点残余使得传感器在零点附近不灵敏，给测量带来误差，它的大小是衡量螺线管式差动变压器性能好坏的重要指标。

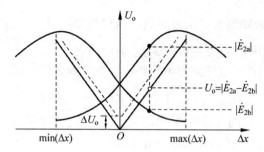

图 4.11　螺线管式差动变压器的输出特性

为了减小零点残余,可以采用下列方法:

(1) 尽可能使传感器几何尺寸、线圈电气参数、磁路等保持对称,对磁性材料进行处理,消除内部的残余应力,使其性能均匀稳定。

(2) 选用合适的测量电路。例如,采用相敏整流电路,既可判别衔铁移动方向,又可改善输出特性,减小零点残余。

(3) 采用补偿电路减小零点残余。在差动变压器次级绕组一侧,串联或并联适当参数值的电阻、电容,调整这些元件的参数,可以减小零点残余。几种常用的补偿电路如图 4.12 所示。

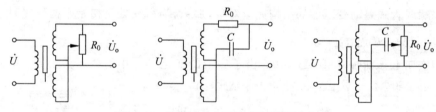

图 4.12　常用的减小零点残余的补偿电路

4.2.2　螺线管式差动变压器的测量电路

从螺线管式差动变压器的输出特性容易看出,该传感器在实际测量时存在两个问题:一方面,传感器输出的是交流电压,用交流电压表进行测量,只能反映衔铁位移的大小,而不能确定位移的方向;另一方面,测量值中包含零点残余。

为了能够辨别位移的方向,并且消除零点残余,在实际测量时,常常采用差动整流电路和相敏检波电路。

1. 差动整流电路

差动整流电路分为电压输出型和电流输出型两种。电压输出型差动整流电路包括半波电压输出和全波电压输出两类,如图 4.13 所示。差动整流电路把差动变压器两个次级绕组的输出分别进行整流,然后将整流过的电压的差值作为输出。

从图 4.13(b)所示的电路结构可以看出,不论两个次级绕组输出的瞬时电压极性如何,流经电容 C_1 的电流方向总是从 2 到 4,流经电容 C_2 的电流方向总是从 6 到 8,故整流电路的输出电压为

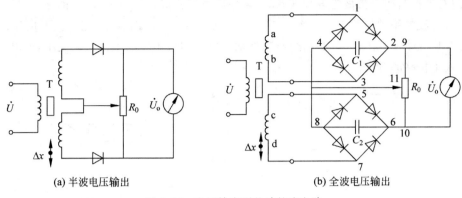

(a) 半波电压输出　　　　　　　　　(b) 全波电压输出

图 4.13　电压输出型差动整流电路

$$\dot{U}_o = \dot{U}_{24} - \dot{U}_{68} \tag{4.44}$$

当衔铁处于中间位置时,因为 $U_{24} = U_{68}$,所以 $U_o = 0$;当衔铁处于中间位置上方时,因为 $U_{24} > U_{68}$,所以 $U_o > 0$;当衔铁处于中间位置下方时,因为 $U_{24} < U_{68}$,所以 $U_o < 0$。由此可见,U_o 的正负就反映了衔铁位移的方向。

同时,由于采用了差动结构,两个次级绕组输出的电压经过整流后再相减,可以有效地减小零点残余。

电流输出型差动整流电路包括半波电流输出和全波电流输出两类,如图 4.14 所示。这种电路是把差动变压器两个次级绕组的输出分别进行整流,然后将整流过的电流的差值作为输出。其电路分析方法与电压输出型差动整流电路类似。

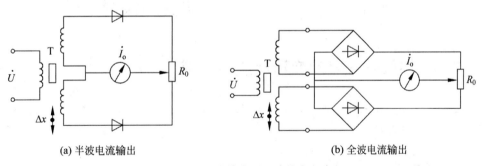

(a) 半波电流输出　　　　　　　　　(b) 全波电流输出

图 4.14　电流输出型差动整流电路

2. 相敏检波电路

相敏检波电路如图 4.15 所示。四个性能参数相同的二极管按照逆时针方向串接成一个电桥,平衡电阻 R 起限流作用,以避免二极管导通时变压器 T_B 的次级电流过大。差动变压器式传感器输出的调幅波电压 u_y' 作为变压器 T_A 的输入信号,变压器 T_A 的输出加到环形电桥的一条对角线上。参考信号 u_0 通过变压器 T_B 加到环形电桥的另一条对角线上。R_f 为负载电阻。整个相敏检波电路的输出信号 u_y'' 从变压器 T_A 与 T_B 的中心抽头引出。

参考电压 u_0 作为辨别极性的标准,u_0 和传感器激励电压 u_y 由同一个振荡器供电,保证二者频率相同,相位相同或相反。u_0 的幅值要远大于变压器 T_A 的输出信号 $u_1 + u_2$ 的幅值,以便有效控制四个二极管的导通状态,一般要求其幅值是 u_1+u_2 幅值的 3~5 倍。

相敏检波电路的相关波形如图 4.16 所示。从图 4.16 可以看出,相敏检波电路的输出电压的变化规律反映了位移的变化规律,即输出电压的大小反映了位移的大小,输出电压的极性反映了位移的方向。

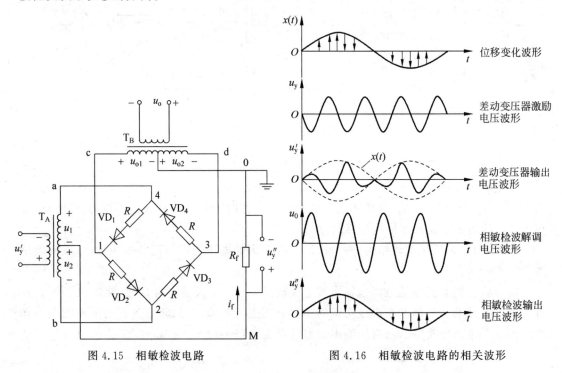

图 4.15 相敏检波电路   图 4.16 相敏检波电路的相关波形

4.2.3 螺线管式差动变压器应用举例

螺线管式差动变压器可以测量位移,也可以测量与位移有关的任何机械量,如振动、加速度、应变、张力和厚度等。

1. 螺线管式微气压传感器

螺线管式微气压传感器的结构如图 4.17 所示,衔铁与膜盒中心相连。

如果膜盒中没有气压,衔铁处于中间位置,传感器的输出为零。当被测气压通过接头传到膜盒时,膜盒的自由端产生一个与被测气压成正比的位移,带动衔铁移动,微气压传感器产生的电压就反映了被测气压的大小。

2. 螺线管式差压计

螺线管式差压计的结构如图 4.18 所示,衔铁与膜盒中心相连。

如果所测的气压 P_1 与 P_2 相等,衔铁处于中间位置,传感器的输出为零。当 P_1 与 P_2 之间有差压变化时,差压计内的膜片产生位移,带动衔铁移动,使差压计的输出电压发生变化。输出电压反映了衔铁的位移,从而反映了所测的气压差。

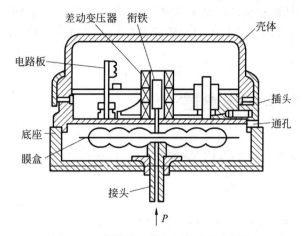

图 4.17 螺线管式微气压传感器的结构

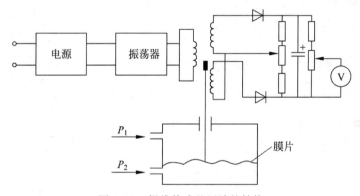

图 4.18 螺线管式差压计的结构

3. 螺线管式振动测量仪

螺线管式振动测量仪的结构如图 4.19 所示,它由悬臂梁和差动变压器构成。将悬臂梁底座及差动变压器的线圈骨架固定,将衔铁的 A 端与被测振动体相连。当被测体带动衔铁振动时,差动变压器的输出电压也按相同的规律变化。这样,通过测量差动变压器的输出电压的变化,就可以得到衔铁位移的变化。

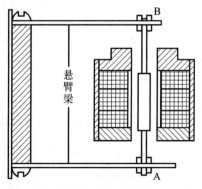

图 4.19 螺线管式振动测量仪的结构

用于测定振动物体的振幅和振动频率时,激励电源的频率必须是被测振动频率的 10 倍以上,这样才能得到精确的测量结果。可测量的振幅范围为 0.1~5mm,振动频率一般为 0~150Hz。

4.3 电涡流电感式传感器

4.3.1 电涡流电感式传感器的工作原理

1. 电涡流效应

电涡流电感式传感器基于电涡流效应。根据法拉第电磁感应定律,块状金属导体置于变化的磁场中,通过导体的磁通将发生变化,产生感应电动势,该电动势在导体表面形成电流并自行闭合,像水中的涡流,称为电涡流。这种现象称为电涡流效应,如图 4.20 所示。

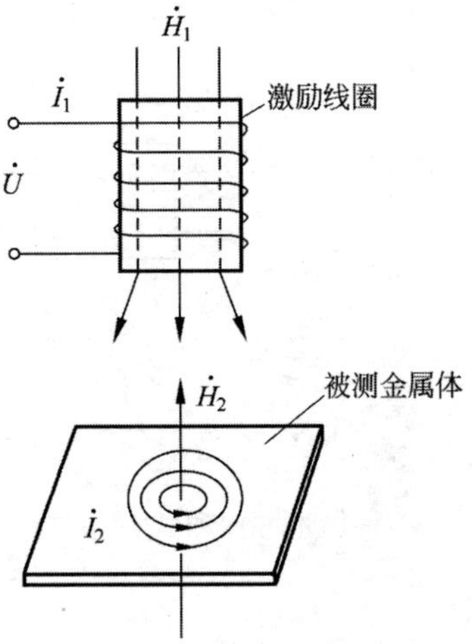

根据法拉第电磁感应定律,当传感器线圈通过正弦交变电流 $\dot{I}_1$ 时,线圈周围空间必然产生正弦交变的磁场 $\dot{H}_1$,使位于该磁场中的金属导体中产生感应电涡流 $\dot{I}_2$,$\dot{I}_2$ 又产生新的交变磁场 $\dot{H}_2$。

根据楞次定律,$\dot{H}_2$ 的作用将反抗原磁场 $\dot{H}_1$。由于磁场 $\dot{H}_2$ 的作用,电涡流使传感器线圈消耗一部分能量,导致传感器线圈的等效阻抗发生变化。

图 4.20 电涡流效应

受到电涡流的影响,传感器线圈的等效阻抗为

$$Z = F(\rho, \mu, r, f, x) \tag{4.45}$$

其中,ρ、μ 为被测金属体的电阻率和磁导率;x 为线圈与导体之间的距离;f 为线圈中激励电流的频率;r 为线圈与被测体的尺寸因子。

在式(4.45)中,如果只改变其中一个参数,而其他参数保持不变,那么传感器线圈的阻抗 Z 就是这个参数的一元函数。测出 Z 的值,就可确定该参数。在实际应用中,被测量通常是线圈与导体之间的距离 x。

电涡流电感式传感器体积较小,灵敏度高,频带响应宽,能够对位移、速度、应力、厚度、表面温度、材料损伤等进行非接触式连续测量。

2. 电涡流效应的等效电路

假设电涡流仅分布在环体内,把产生电涡流的金属导体等效成一个短路环,那么电涡流电感式传感器的等效电路如图 4.21 所示。

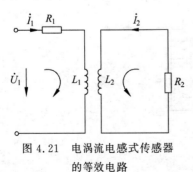

图 4.21 电涡流电感式传感器的等效电路

图 4.21 中，R_2 为电涡流短路环的等效电阻，其表达式为

$$R_2 = \frac{2\pi\rho}{h\ln(r_a/r_i)} \tag{4.46}$$

其中，ρ 为被测体的电阻率；r_a 为短路环的外径；r_i 为短路环的内径；h 为电涡流的贯穿深度。

$$h = \sqrt{\frac{\rho}{\pi\mu f}} \tag{4.47}$$

其中，μ 为被测金属体的磁导率；f 为激励线圈中电流的频率。

根据基尔霍夫第二定律，有

$$\begin{cases} R_1 I_1 + j\omega L_1 I_1 - j\omega M I_2 = U_1 \\ -j\omega M I_1 + R_2 I_2 + j\omega L_2 I_2 = 0 \end{cases} \tag{4.48}$$

其中，ω 为激励线圈中电流的角频率；M 为激励线圈与金属导体之间的互感系数。解方程组，得发生电涡流效应后电涡流电感式传感器的等效阻抗为

$$\begin{aligned} Z = \frac{U_1}{I_1} &= R_1 + \frac{\omega^2 M^2}{R_2^2 + \omega^2 L_2^2} R_2 + j\omega\left[L_1 - \frac{\omega^2 M^2}{R_2^2 + \omega^2 L_2^2} L_2\right] \\ &= R_{eq} + j\omega L_{eq} \end{aligned} \tag{4.49}$$

其中，R_{eq}、L_{eq} 分别为发生电涡流效应后电涡流电感式传感器的等效电阻和等效电感。

$$R_{eq} = R_1 + \frac{\omega^2 M^2}{R_2^2 + \omega^2 L_2^2} R_2 \tag{4.50}$$

$$L_{eq} = L_1 - \frac{\omega^2 M^2}{R_2^2 + \omega^2 L_2^2} L_2 \tag{4.51}$$

从式(4.50)和式(4.51)可见，发生电涡流效应后，由于电涡流的影响，激励线圈的等效电阻增大，而等效电感减小，并且等效电阻和等效电感都是互感系数 M 的函数，而互感系数是随线圈与被测金属体之间距离的变化而变化的。由此可知，通过测量等效电阻和等效电感，可以测量线圈与被测金属体之间的距离。通常，根据等效电感的变化来构建测量电路，因此，电涡流电感式传感器属于电感式传感器。

4.3.2　电涡流电感式传感器的测量电路

电涡流电感式传感器的测量电路主要有调幅式测量电路、调频式测量电路两种。

1. 调幅式测量电路

如图 4.22 所示，调幅式测量电路是由传感器线圈 L、电容器 C 和石英晶体振荡器组成振荡回路，晶体振荡器的振荡角频率为 ω，起恒流源的作用，给振荡回路提供一个稳定频率

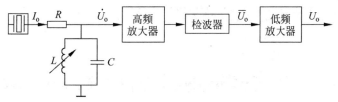

图 4.22　调幅式测量电路

f_0 的激励电流 I_0，$\omega = 2\pi f_0$。

LC 振荡回路由传感器线圈 L 和电容器 C 并联而成，其阻抗为

$$Z = \frac{1}{\dfrac{1}{j\omega L} + j\omega C} = \frac{j\omega L}{1 - \omega^2 LC} \tag{4.52}$$

LC 振荡回路的输出电压为

$$U_0 = I_0 \cdot Z = I_0 \cdot \frac{j\omega L}{1 - \omega^2 LC} \tag{4.53}$$

从式(4.53)可知，当 $\omega = \sqrt{LC}$ 时，$1 - \omega^2 LC = 0$，LC 振荡回路的输出电压最大。此时，有 $f_0 = \dfrac{1}{2\pi\omega} = \dfrac{1}{2\pi\sqrt{LC}}$，即晶体振荡器的振荡频率与 LC 振荡回路的谐振频率相等。

由此可见，当金属导体与传感器线圈的相对位置为某个确定值时，LC 振荡回路的谐振频率等于晶体振荡器的振荡频率 f_0，此时，LC 振荡回路的输出电压最大。当金属导体靠近或远离传感器线圈时，线圈的等效电感 L 发生变化，导致回路失谐，相应的谐振频率改变，从而使输出电压减小。L 的值随距离 x 的变化而变化，因此，输出电压也随 x 的变化而变化，输出电压经放大、检波后，由指示仪表直接显示出 x 的大小，从而实现距离测量的目的。

2. 调频式测量电路

如图 4.23 所示，调频式测量电路是由传感器线圈 L 与电容器 C 并联组成振荡回路。

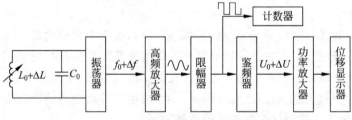

图 4.23　调频式测量电路

当传感器与被测导体距离 x 改变时，在电涡流的影响下，传感器的电感发生变化，导致振荡频率的变化，该变化的频率是距离 x 的函数，即振荡器的频率为

$$f = \frac{1}{2\pi\sqrt{L(x)C}} \tag{4.54}$$

可由数字频率计直接测量该频率，或者通过鉴频器把频率信号转换为电压信号，用数字电压表测量对应的电压，从而得到距离 x 的值。

4.3.3　电涡流电感式传感器应用举例

1. 生产流水线金属零件计数

在生产流水线上，经常需要对金属零部件进行计数。基于电涡流电感式传感器的生产流水线上金属零件计数器如图 4.24 所示，在传送带上方的适当位置，放置一个电涡流电感

式传感器,传感器的输出端与计算机相连。

当传送带匀速运动时,传送带上的金属零件依次经过电涡流电感式传感器。在一个金属零件靠近、正对、远离传感器线圈的过程中,测量电路的输出电压出现增大、达到最大、减小的现象,其波形近似为一个脉冲。对这些脉冲进行计数,就可以得到传送带上经过传感器的金属零件的数量。

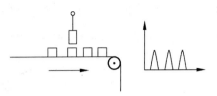

图 4.24　生产流水线金属零件计数器

2. 机械轴转速测量

很多机床都有旋转轴,在生产时需要对旋转轴的转速进行测量和控制。基于电涡流电感式传感器的机械轴转速测量装置如图 4.25 所示,把机床的旋转轴上安装一个金属齿轮,在金属齿轮旁边的适当位置,放置一个电涡流电感式传感器,传感器的输出端与计算机相连。

当机械轴转动时,金属齿轮的突出部分和凹陷部分依次经过电涡流电感式传感器。在一个齿靠近、正对、远离传感器线圈的过程中,测量电路的输出电压出现增大、达到最大、减小的现象,其波形近似为一个脉冲。在单位时间内对这些脉冲进行计数,就可以得到经过传感器的齿的数量。通过简单的计算,就可以得到旋转轴的转速。

3. 无损探伤

无损探伤仪可以非破坏性地探测金属表面的裂纹、砂眼、焊缝等缺陷,应用领域广泛。图 4.26 是无损探伤仪工作原理示意图。

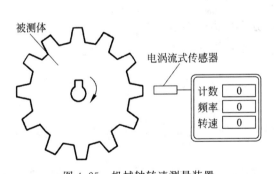

图 4.25　机械轴转速测量装置

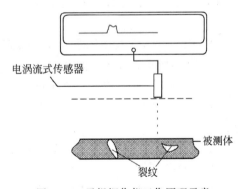

图 4.26　无损探伤仪工作原理示意

在探测时,使传感器与被测金属体的距离保持不变,让传感器沿着被测金属体表面移动,或者让被测金属体经过传感器。当遇到裂纹、砂眼或焊缝等缺陷时,金属的电导率、磁导率、金属体与传感器的距离等将发生变化,导致传感器的等效阻抗发生变化,通过测量电路,就可以检测出这些缺陷。

4. 金属管道圆度检测

在生产或施工过程中,需要对输油管道、输气管道、输水管道等的圆度进行检测。基于电涡流电感式传感器的金属管道圆度检测如图 4.27 所示,其中,图 4.27(a)是管道外圆圆度检测示意图,图 4.27(b)是管道内圆圆度检测实物演示图。

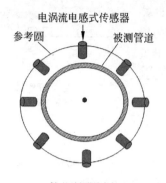

(a) 管道外圆圆度检测　　　　　(b) 管道内圆圆度检测

图 4.27　金属管道圆度检测

请读者对照图 4.27,结合电涡流电感式传感器的相关知识,尝试说明管道圆度检测仪的工作原理。

习题 4

1. 填空。

(1) 电感式传感器的物理基础是_____。

(2) 电感式传感器包括变磁阻电感式传感器、_____、变隙式差动变压器和_____等。

(3) 根据工作原理的不同,电感式传感器分为自感式传感器和_____。

(4) 变磁阻电感式传感器属于_____,互感式传感器包括_____和_____。

(5) 变磁阻电感式传感器又可分为_____和_____。

(6) 螺线管式差动变压器由一个_____、两个次级绕组和插入绕组中央的_____构成。

(7) 在使用螺线管式差动变压器进行位移测量时,为了能够辨别位移的方向,并且消除零点残余,常常采用_____和_____。

(8) 根据法拉第电磁感应定律,块状金属导体置于变化的磁场中,通过导体的磁通将发生变化,产生_____,该电动势在导体表面形成电流并自行闭合,像水中的涡流,称为_____。这种现象称为_____。

2. 名词解释。

(1) 变磁阻电感式传感器

(2) 变气隙厚度电感式传感器的灵敏度

(3) 螺线管式差动变压器的零点残余

(4) 电涡流效应

3. 简述变气隙厚度电感式传感器的工作原理。

4. 变磁阻电感式传感器有单线圈式结构和差动式结构。试用式简要说明差动式结构在灵敏度和线性度方面的优势。

5. 已知变气隙厚度电感传感器的铁心截面积 $A=1.5\text{cm}^2$,磁路长度 $L=20\text{cm}$,相对磁导率 $\mu_r=5000$,真空磁导率 $\mu_0=4\pi\times10^{-7}\text{H/m}$,气隙初始厚度 $\delta_0=0.5\text{cm}$,$\Delta\delta=\pm0.1\text{cm}$,线圈匝数 $N=3000$。

(1) 求单线圈结构的变气隙厚度传感器的灵敏度。

(2) 若将其做成差动结构,求变气隙厚度传感器的灵敏度。

6. 简述螺线管式差动变压器的工作原理。

7. 引起螺线管式差动变压器产生的零点残余的原因是什么？如何消除零点残余？

8. 在使用螺线管式差动变压器进行位移测量时,如何判断位移的方向？

9. 简述电涡流电感式传感器测量位移的工作原理。

10. 为什么把电涡流电感式传感器归为电感式传感器？它属于自感式传感器还是互感式传感器？

第5章
CHAPTER 5 | **磁电式传感器**

对磁感应强度、磁通等磁场参量敏感,通过磁电作用,把振动、位移、转速等被测量转换为电信号的器件或装置,称为磁电式传感器。磁电作用分为电磁感应和霍尔效应,相应地,磁电式传感器分为电磁感应式传感器和霍尔式传感器。

5.1 电磁感应式传感器

5.1.1 电磁感应式传感器的工作原理

电磁感应式传感器是利用电磁感应原理,将振动、位移、转速等被测量转换为电信号的一种传感器。

1. 电磁感应

因通过导体的磁通量变化而产生感应电动势的现象称为电磁感应。当导体在均匀稳定的磁场中沿着垂直于磁场方向作切割磁力线运动时,穿过导体的磁通量发生变化,导体内将产生感应电动势。

设一个线圈的匝数为 N,穿过线圈的磁通为 ϕ,根据法拉第电磁感应定律,线圈的感应电动势为

$$E = N \frac{\Delta \phi}{\Delta t} \tag{5.1}$$

其中,$\Delta \phi / \Delta t$ 为磁通量的变化率。

基于电磁感应原理的传感器称为电磁感应式传感器。电磁感应式传感器分为恒磁场强度电磁感应式传感器与变磁场强度电磁感应式传感器两种。

1) 恒磁场强度电磁感应式传感器

恒磁场强度电磁感应式传感器的结构如图 5.1 所示。线圈所在磁场的磁感应强度 B 为恒定值。当线圈与磁场产生相对运动时,穿过线圈的磁通量将发生变化,从而使线圈产生感应电动势。

根据运动部件的不同,恒磁场强度电磁感应式传感器分为动铁式和动圈式两种。动铁式传感器如图 5.1(a)所示。永久磁铁固定在传感器壳体上,磁铁随着传感器壳体一起运动,因此,运动部件是磁铁;线圈与金属骨架用软弹簧支撑,作为惯性部件,在测量过程中,

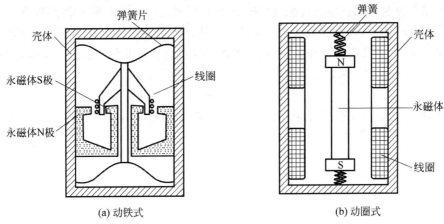

图 5.1 恒磁场强度电磁感应式传感器的结构

由于惯性而保持静止。动圈式传感器如图 5.1(b)所示。线圈与金属骨架固定传感器壳体上,线圈随着传感器壳体一起运动,因此,运动部件是线圈;永久磁铁用软弹簧支撑,作为惯性部件,在测量过程中,由于惯性而保持静止。

动铁式传感器和动圈式传感器的工作原理完全相同。将传感器与被测振动物体固定在一起,当壳体随被测物体一起振动时,由于弹簧较软,而惯性部件质量相对较大,惯性较大,当振动频率远大于传感器的固有频率时,运动部件来不及随振动体一起振动,几乎处于静止状态,这样,永久磁铁与线圈之间就产生相对运动,线圈切割磁力线,从而产生感应电动势。

设 B 是线圈所在磁场的磁感应强度,L 是每匝线圈的平均长度,线圈相对于磁场运动的线速度为 v,根据式(5.1)计算得

$$E = NBLv \qquad (5.2)$$

式(5.2)表明,如果线圈的结构参数 N、B、L 等均为确定值,那么,感应电动势 E 就只与线圈相对于磁场的运动速度 v 有关。因此,恒磁场强度电磁感应式传感器可以用于测量与运动速度相关的物理量,例如,物体的线位移、线速度、线加速度等。

2) 变磁场强度电磁感应式传感器

变磁场强度电磁感应式传感器,通过改变磁路中气隙的大小来改变磁路的磁阻,从而改变磁路的磁场强度,进而改变磁路的磁通量。变磁场强度电磁感应式传感器主要用于测量旋转物体的角速度。

变磁场强度电磁感应式传感器的结构如图 5.2 所示。变磁场强度电磁感应式传感器包括开磁路和闭磁路两种。

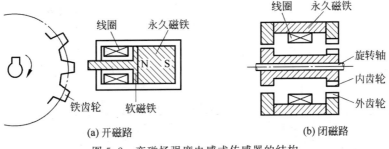

图 5.2 变磁场强度电感式传感器的结构

开磁路变磁通电磁感应式传感器如图 5.2(a)所示,线圈、永久磁铁静止不动,测量齿轮安装在被测旋转体上,随被测旋转体一起转动。旋转体每转动一个齿,齿的凹凸都引起磁路磁阻变化一次,磁通量随之变化一次,线圈中的感应电动势也变化一次。感应电动势的变化频率 f 等于被测体的转速 r 与测量齿轮上齿数 n 的乘积,即

$$f = rn \qquad (5.3)$$

在测量时,通过数字信号处理,把感应电动势转换为数字脉冲,然后对数字脉冲进行采样。设在时间 t 内采样的脉冲数为 C,则

$$f = \frac{C}{t} \qquad (5.4)$$

结合式(5.3)和式(5.4),得

$$rn = \frac{C}{t} \qquad (5.5)$$

从而得到被测体的转速为

$$r = \frac{C}{tn} \qquad (5.6)$$

开磁路变磁场强度电磁感应式传感器的结构简单,但是,传感器的输出信号较弱。另外,在高速旋转的轴上加装齿轮比较危险,所以,不宜进行高转速的测量。

闭磁路变磁场强度电磁感应式传感器如图 5.2(b)所示,由内齿轮、外齿轮、永久磁铁和线圈组成,内外齿轮的齿数相同。内齿轮连接到被测转轴上,外齿轮不动,内齿轮随被测轴转动,内外齿轮的相对转动使气隙、磁阻、磁场强度产生周期性的变化,从而引起磁路中磁通量的变化,使线圈内产生周期性变化的感应电动势。

闭磁路变磁场强度电磁感应式传感器与开磁路变磁场强度电磁感应式传感器的工作原理完全相同,不再赘述。

2. 电磁感应式传感器的基本特性

当电磁感应式传感器接入测量电路时,其等效电路如图 5.3 所示。图中,R 为传感器线圈的等效电阻,R_f 为测量电路的输入电阻。

对于恒磁场强度电磁感应式传感器,线圈的感应电动势由式(5.2)表示。由图 5.3 可知,传感器的输出电流为

$$I_o = \frac{E}{R + R_f} = \frac{NBLv}{R + R_f} \qquad (5.7)$$

传感器的输出电压为

$$U_o = I_o R_f = \frac{NBLvR_f}{R + R_f} \qquad (5.8)$$

传感器输出电流灵敏度定义为

$$S_I = \frac{I_o}{v} = \frac{NBL}{R + R_f} \qquad (5.9)$$

传感器输出电压的灵敏度定义为

$$S_U = \frac{U_o}{v} = \frac{NBLR_f}{R + R_f} \qquad (5.10)$$

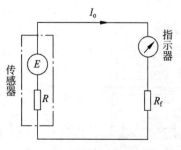

图 5.3 电磁感应式传感器的等效电路

从式(5.9)和式(5.10)可以看出,传感器输出电流和输出电压的灵敏度与磁感应强度 B 成正比,因此,在设计恒磁场强度电磁感应式传感器时,要选用磁感应强度大的永磁材料。

从式(5.9)和式(5.10)还可以看出,传感器输出电流和输出电压的灵敏度与线圈的长度 NL 成正比,因此,在设计恒磁通电磁感应式传感器时,可以考虑增加线圈的长度。但是,增加线圈的长度是有约束的,必须考虑下面三个问题。

(1) 传感器线圈电阻与指示器电阻的匹配问题。电磁感应式传感器相当于一个电压源,为了使指示器从传感器获得最大功率,必须使传感器线圈的电阻等于指示器的电阻,而过分增加线圈的长度会导致传感器线圈电阻与指示器电阻不匹配。

(2) 传感器线圈的发热问题。传感器线圈产生感应电动势,接上负载后,线圈中有电流流过而发热,而过分增加线圈的长度会导致线圈过热。

(3) 传感器的尺寸问题。随着现代电子技术的进步,几乎所有电子器件的几何尺寸都在向微型化方向发展,与之相适应,传感器的尺寸也不能太大,而增加线圈的长度会导致传感器的尺寸增大。

5.1.2　电磁感应式传感器的测量电路

电磁感应式传感器能够直接输出感应电动势,而且灵敏度较高,因此,不需要高增益放大器。它不需要辅助电源就能把被测对象的机械量转换为易于测量的电信号,属于有源传感器。电磁感应式传感器的测量电路示意图如图 5.3 所示。

电磁感应式传感器电路简单,性能稳定,输出功率大,输出阻抗小,具有一定的工作带宽(10~1000Hz),只能用于测量动态量,可以直接测量振动物体的线速度,或测量旋转体的角速度。如果在测量电路中接入积分电路,就可以测量位移。如果在测量电路中接入微分电路,就可以测量加速度。

5.1.3　电磁感应式传感器应用举例

1. 振动速度测量

图 5.4 是动铁式恒磁通电磁感应式振动速度传感器结构示意图。外壳由圆形钢制成,

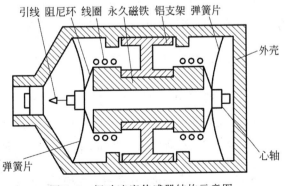

图 5.4　振动速度传感器结构示意图

内部用铝支架把圆柱形永久磁铁与外壳固定在一起,永久磁铁中间有一个小孔,穿过小孔的心轴支撑起线圈和阻尼环,在心轴两端,用圆形薄弹簧片把心轴架空,并与外壳相连。

测量时,传感器与被测物体刚性相连,当被测物体振动时,传感器外壳和永久磁铁随之振动,而架空的心轴、线圈、阻尼环因惯性保持不动。这样,磁路气隙中的线圈切割磁力线,产生正比于振动速度的感应电动势,线圈的输出通过引线送到测量电路。

该传感器直接用于测量物体的振动速度。如果在测量电路中接入积分电路,就可以测量位移。如果在测量电路中接入微分电路,就可以测量加速度。

电磁感应式振动速度传感器的种类和型号比较多,市场常见的型号有 CD-1 型、CD-6型、ZI-A 型、CD-21SZ-6XT-1 型等。CD-21SZ-6XT-1 型振动速度传感器如图 5.5 所示。

2. 电磁流量计

基于电磁感应式传感器,可以构造电磁流量计,用于测量具有一定电导率的流体的流量。电磁流量计的工作原理示意图如图 5.6 所示。它由匀强磁场、非导磁管道与置于管道截面的电极构成,要求磁场方向、管道轴线和电极连线三者相互垂直。

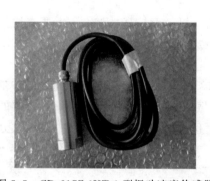

图 5.5　CD-21SZ-6XT-1 型振动速度传感器

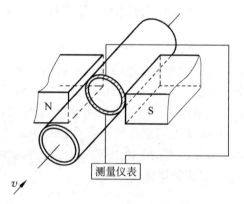

图 5.6　电磁流量计的工作原理示意图

当被测导电液体流过管道时,切割磁力线,产生感应电动势,在磁场方向、管道轴线都垂直的方向上产生感应电动势 E,其值为

$$E = BDv \tag{5.11}$$

其中,B 为磁感应强度;D 为管道内直径;v 为流体的平均速度。

根据式(5.11),可以求出流体的平均速度 v,从而计算出流体的平均流量为

$$q = \frac{\pi D^2}{4} v = \frac{\pi DE}{4B} = KE \tag{5.12}$$

其中,$K = \dfrac{\pi D}{4B}$,对于一个确定的电磁流量计而言,K 为定值,称为仪表常数。

电磁流量计的感应电动势与被测流体的密度、温度、黏度、电导率等无关,因此,用途非常广泛。它可以用于测量酸、碱、盐等腐蚀性介质的流速,或测量有悬浮颗粒的浆流的流速。但是,电磁流量计要求被测流体的电导率在 0.002~0.005S/m 范围内,因此,它不能用于测量有机溶剂、石油制品、气体、蒸汽和含有较大气泡液体的流速。

图 5.7 所示为一款一体式电磁流量计,由传感器和转换器两部分构成。它是基于法拉

第电磁感应定律工作的,用来测量电导率大于 $0.001S/m$ 导电液体的平均流量。

　　除了可以测量一般导电液体的平均流量外,还可以测量强酸、强碱等强腐蚀液体和泥浆、矿浆、纸浆等有悬浮颗粒液体的平均流量。它广泛应用于石油、化工、冶金、轻纺、造纸、环保、食品等工业部门,以及市政管理、水利建设、河流疏浚等领域的流量计量。

图 5.7　一体式电磁流量计

3. 扭矩测量

　　测量转轴的扭矩时,需要两个同型号的电磁感应式传感器,并把它们分别固定在被测轴的两端。图 5.8 是电磁感应式扭矩传感器结构示意图。在安装时,传感器的线圈、磁铁保持不动,测量齿轮安装在被测旋转体上,随被测体一起转动,并且使两个传感器的齿形圆盘错位一定的角度。

　　当转轴以一定的角速度旋转时,如果被测轴无扭矩,扭转角为零,那么,两个传感器输出相位差为 90° 的两个近似正弦波的感应电动势,参见图 5.8 中的 u_1、u_2 波形。如果被测轴有扭矩,转轴两端产生扭转角 β,此时,两个传感器输出的感应电动势将产生附加相位差 β_0。

　　设传感器测量齿轮的齿数为 n,那么,当被测轴转动一周时,传感器输出的感应电动势将变化 n 个周期,即传感器输出感应电动势的相位变化速率是被测轴旋转角变化速率的 n 倍。因此,两个传感器输出的感应电动势相位差 β_0 与扭转角 β 的关系为

$$\beta_0 = n\beta \tag{5.13}$$

　　根据式(5.13),可以求出扭转角 β。经过测量电路,把相位差转换为时间差,就可以计算出转轴的扭矩。

　　图 5.9 是 TL-303 型扭矩传感器在直线电机轨道交通模拟实验装置中的成功应用。

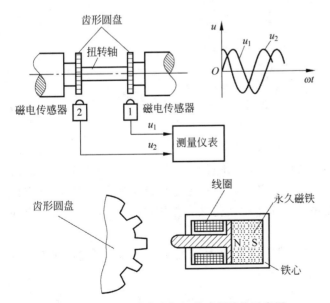

图 5.8　电磁感应式扭矩传感器结构示意图

图 5.9　TL-303 型扭矩传感器的应用

5.2 霍尔式传感器

5.2.1 霍尔式传感器的工作原理

1. 霍尔效应

霍尔式传感器的物理基础是霍尔效应。如图 5.10 所示,在一块长度为 l、宽度为 b、厚度为 d 的长方体导电板上,左、右、前、后侧面都安装上电极。在长度方向上通入电流 I,在厚度方向施加磁感应强度为 B 的磁场。

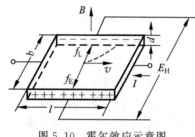

图 5.10 霍尔效应示意图

导电板中的自由电子沿电流反方向做定向移动,平均速度为 v。在磁场的作用下,电子受到洛伦兹力的作用。每个电子受到洛伦兹力 f_L 的大小为

$$f_L = evB \tag{5.14}$$

其中,e 是一个电子的电荷量,$e = 1.6 \times 10^{-19} \mathrm{C}$。根据左手定则,可以判断出洛伦兹力 f_L 的方向为由外向里。

电子除了做定向移动外,还在洛伦兹力的作用下向里漂移,结果在导电板的里表面积累了电子,在外表面积累了正电荷,这样,导电板中就形成了附加电场 E_H,称为霍尔电场。

在霍尔电场的作用下,电子将受到一个与洛伦兹力方向相反的电场力 $f_E = eE_H$ 的作用,这个力阻止电荷的继续积聚。当导电板中电子积累达到动态平衡时,电荷不再增加,电子所受的洛伦兹力和电场力大小相等,即

$$eE_H = evB \tag{5.15}$$

化简得

$$E_H = vB \tag{5.16}$$

这时,在导电板的外表面与里表面就产生电势差,大小为

$$U_H = E_H b \tag{5.17}$$

把式(5.16)代入式(5.17),得

$$U_H = vBb \tag{5.18}$$

当载流导体或半导体处在与电流垂直的磁场时,在其与电流方向、磁场方向都垂直的两端将产生电位差,这一现象称为霍尔效应,霍尔效应产生的电动势称为霍尔电动势,长方体导电板称为霍尔片。霍尔效应是运动电荷受磁场中洛伦兹力作用的结果,基于霍尔效应的传感器称为霍尔式传感器。

由式(5.18)可见,霍尔电动势 U_H 与磁感应强度 B 呈线性关系,因此,通过测量 U_H 可以得到 B。这就是霍尔传感器的工作原理。

1879 年,美国物理学家霍尔(Edwin H. Hall,1855—1938)在研究金属导电机制时发现了霍尔效应,但是,由于金属材料的霍尔效应太弱,霍尔效应没有得到应用。随着半导体技

术、材料科学和电子技术的发展,使用半导体材料制作的霍尔片具有明显的霍尔效应,并且出现了高强度的恒定磁体以及工作于小电压输出的信号调节电路,霍尔式传感器迅速发展起来了。霍尔式传感器用于测量电磁、电力、加速度、振动等物理量,应用非常广泛。例如,汽车上就使用了多种霍尔式传感器。

2. 霍尔灵敏度

设导电板中自由电子浓度为 n,电子定向运动的平均速度为 v,则电流的大小为

$$I = nevbd \tag{5.19}$$

霍尔片在单位控制电流和单位磁感应强度时产生的霍尔电动势,称为霍尔灵敏度,记为 K_{H},即

$$K_{\mathrm{H}} = \frac{U_{\mathrm{H}}}{IB} \tag{5.20}$$

把式(5.18)、式(5.19)代入式(5.20),得

$$K_{\mathrm{H}} = \frac{1}{ned} \tag{5.21}$$

从式(5.21)可见,霍尔灵敏度与霍尔片的厚度 d 成反比,因此,常把霍尔片做成薄片状,其厚度一般为 $0.1 \sim 0.2\mathrm{mm}$。另外,霍尔灵敏度还与自由电子浓度 n 成反比。因为金属的自由电子浓度过高,所以金属不适合用于制作霍尔片。

在使用霍尔传感器进行测量时,常用恒压源提供激励电流,电源电压是一个常量,$U = El$。设霍尔片材料的迁移率为 μ,则电子在电场中的平均迁移速度为 $v = \mu E$,从而有

$$v = \frac{\mu U}{l} \tag{5.22}$$

结合式(5.19)、式(5.20)、式(5.22),得

$$K_{\mathrm{H}} = \frac{\mu b U}{lI} \tag{5.23}$$

从式(5.123)可见,霍尔灵敏度与载流子的迁移率 μ 成正比。因为电子迁移率远大于空穴,所以,常用 N 型半导体材料制作霍尔片。

3. 霍尔元件

霍尔元件的结构如图 5.11 所示,由霍尔片、四根引线和壳体组成。在霍尔片长度方向的两侧焊有两根控制电流引线"输入 1"和"输入 2",它们在薄片上的焊点称为激励电极。在

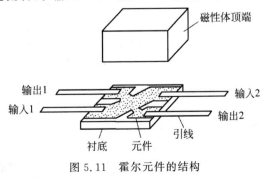

图 5.11　霍尔元件的结构

霍尔片宽度方向的两侧焊有两根输出引线"输出1"和"输出2",它们在薄片上的焊点称为霍尔电极。霍尔元件的壳体用非导磁金属、陶瓷或环氧树脂封装而成。

霍尔元件的外形和符号如图5.12所示,其中,a、b是激励电极,c、d是霍尔电极。

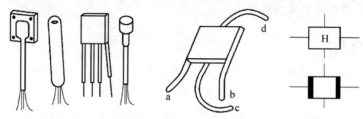

图5.12 霍尔元件的外形和符号

4. 霍尔元件的基本特性

1) 输出特性

某些霍尔元件在恒流源的驱动下,其霍尔电动势U_H与磁感应强度B呈线性关系,输出为模拟量,如图5.13(a)所示。具有线性特性的霍尔元件称为霍尔线性器件。磁通计中的传感器大多采用具有线性特性的霍尔元件。

有些霍尔元件在恒压源的驱动下,其霍尔电动势U_H在一定区域内随B的增加而迅速增加,如图5.13(b)所示。通过数据处理,可以使输出转换为数字量,使其具有开关特性,相应的霍尔元件称为霍尔开关器件。开关特性随磁体本身材料及形状的不同而不同,低磁场时,磁通饱和。对直流无刷电动机的控制,一般采用霍尔开关器件。

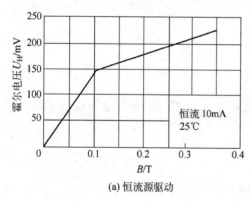

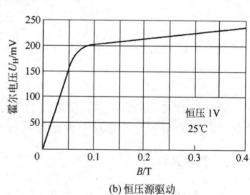

(a) 恒流源驱动

(b) 恒压源驱动

图5.13 霍尔元件的输出特性

2) 负载特性

前面叙述的霍尔电动势的线性特性是在霍尔电极之间为开路或测量仪表阻抗为无穷大的情况下得到的。当霍尔电极之间接有负载时,就有电流流过内阻,从而产生压降,因此,实际的霍尔电动势将比理论值略小。

3) 不等位电动势

式(5.20)可以改写为

$$U_H = K_H I B \tag{5.24}$$

由式(5.24)可见,当未加磁场时,霍尔电动势U_H应该为0。但是,在实际使用中,由于霍尔电极安装位置不对称或不在同一个等电位上、半导体材料不均匀造成电阻率不均匀、霍尔片几何尺寸不对称或者激励电极接触不良造成激励电流分配不均匀等原因,霍尔元件存在一定的输出电压,称为不等位电动势。

4) 温度特性

半导体材料受温度影响比较大,因此,用半导体材料制成的霍尔元件也会受温度的影响。温度将影响霍尔元件的霍尔电动势、霍尔灵敏度、输入阻抗和输出阻抗等参数。

5. 霍尔元件的误差补偿

1) 不等位电动势的补偿

不等位电动势与霍尔电动势具有相同的数量级,有时甚至超过霍尔电动势,因此,必须采取措施进行消除。不等位电动势的补偿电路如图 5.14 所示。

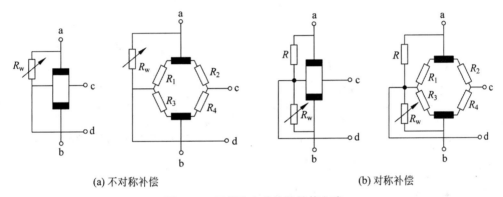

(a) 不对称补偿　　　　　　　　　　(b) 对称补偿

图 5.14　不等位电动势的补偿电路

霍尔元件可以等效为一个四臂电桥,当存在不等位电动势时,说明电桥不平衡,四个电阻值不相等。为了使电桥平衡,可以采用两种补偿方法。第一种方法是在电桥阻值较大的桥臂上并联电阻,称为不对称补偿,这种方法比较简单。第二种方法是在电桥两个桥臂上同时并联电阻,称为对称补偿,补偿后的温度稳定性较好。

采用补偿电阻的方法来消除霍尔元件的不等位电势,补偿电路比较简单,但是,这种方法会影响霍尔元件的霍尔灵敏度和精度。

2) 温度误差补偿

温度变化会引起霍尔元件输入电阻的变化,从而引起激励电流的变化,结果导致霍尔电动势的变化。如果采用恒流源作为激励电流,可以减小温度误差。但是,温度变化也会引起霍尔灵敏度的变化。当温度发生变化时,霍尔灵敏度与温度变化的关系为

$$K_H = K_{H0}(1 + \gamma \cdot \Delta T) \tag{5.25}$$

其中,K_{H0} 为温度 T_0 时的灵敏度;$\Delta T = T - T_0$ 为温度的增量;γ 为霍尔灵敏度的温度系数。此时,霍尔电压将变为

$$U_H = K_{H0}(1 + \gamma \cdot \Delta T)IB \tag{5.26}$$

当温度发生变化时,磁场强度不随温度的变化而变化。因此,为了保持 U_H 不变,可以适当减小激励电流 I 的值。为此,在霍尔元件的输入回路中并联一个电阻 R_p,起到分流的作用。温度误差的补偿电路如图 5.15 所示。

补偿电阻值的计算式为

$$R_p = \frac{\beta R_{IN}}{\alpha} \tag{5.27}$$

其中，α 是 U_H 的温度系数；β 是电阻温度系数；R_{IN} 是霍尔元件的输入电阻。对于一种型号的霍尔元件，可以通过技术手册，从其参数表中查出 α、β 和 R_{IN} 的值。

5.2.2　霍尔式传感器的测量电路

采用恒压源驱动的霍尔式传感器的测量电路如图 5.16 所示。电源 U 提供激励电流，可变电阻 R_p 用于调节激励电流 I 的大小，R_L 为输出霍尔电动势 U_H 的负载电阻，用于表示显示仪、记录器和放大器等的输入阻抗。

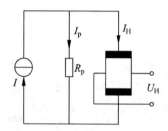

图 5.15　温度误差的补偿电路

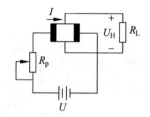

图 5.16　霍尔式传感器的测量电路

5.2.3　霍尔式传感器应用举例

霍尔式传感器结构简单、工艺成熟、寿命长、体积小、线性度好、频带宽，因此得到了广泛的应用。霍尔式传感器可以用于测量电功率、电能、大电流、微气隙中的磁场，也可以用于制成磁头、罗盘，还可以用于制作接近开关、霍尔电键等。经过转换，霍尔式传感器可以测量微位移、转速、加速度、振动、压力、流量、液位等物理量。

1. 位移测量

霍尔式位移传感器的结构如图 5.17 所示，两个磁场强度相等的磁铁，相同极性相对放置，在两个磁铁中间的空隙放置一个霍尔元件。

当霍尔元件处于正中间时，霍尔元件受到大小相等、方向相反的磁场的作用，因此，磁感应强度 $B=0$，从而，霍尔电动势 $U_H=0$。当霍尔元件沿着 x 轴方向移动 Δx 时，磁感应强度 $B\neq 0$，此时，霍尔电动势为

$$U_H = K_H I B = K\Delta x \tag{5.28}$$

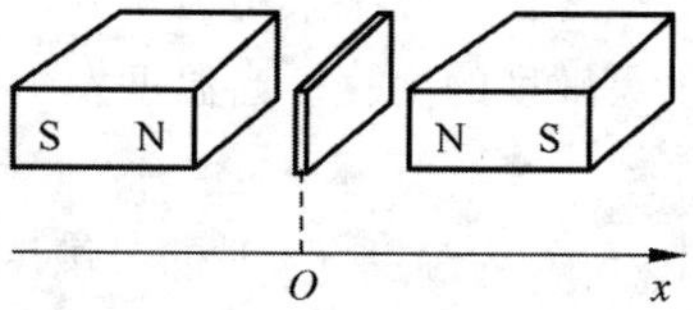

其中，K 为霍尔式位移传感器的输出灵敏度。

图 5.17　霍尔式位移传感器的结构

由式(5.28)可见，霍尔电动势与位移 Δx 呈线性关系，并且霍尔电动势的极性反映了位移的方向。

霍尔式位移传感器可用来测量 $1\sim 2$mm 的微小位移，分辨率达到 1μm，输出灵敏度可

达 30mV/mm 以上。

2. 气压测量

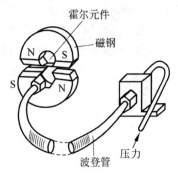

霍尔式气压传感器的结构如图 5.18 所示,波登管一端固定,另一端是自由端,安装着霍尔元件。其中,波登管是法国工程师尤金·波登(Eugène Bourdon)发明的一种弹簧管,在这里用作弹性元件。

霍尔式气压传感器利用弹性元件把被测气压转换为位移量,当弹性元件产生位移时,带动霍尔元件,使它在磁场中移动,从而产生霍尔电动势。霍尔电动势与位移成正比,而位移与气压成正比,因此,霍尔电动势与气压成正比。

图 5.18　霍尔式气压传感器的结构

3. 转速测量

利用霍尔传感器可以测量转轴的转速。如图 5.19 所示,将永磁体固定在被测轴的一端,霍尔元件置于磁铁的气隙中,当轴转动时,霍尔元件输出的电压就包含有转速的信息,霍尔元件输出电压经测量电路处理,便可得到转轴的转速。

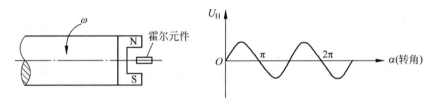

图 5.19　永磁体安装在轴端的转速测量方法

把永磁体固定在被测轴的一侧,也可以测量转轴的转速,如图 5.20 所示。

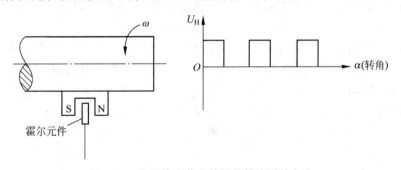

图 5.20　永磁体安装在轴侧的转速测量方法

4. 霍尔开关

霍尔开关是基于霍尔效应,利用集成封装工艺制作而成的,它可方便地把磁输入信号转换为电信号,操作容易,可靠性高,符合工业应用场合的要求。

霍尔开关的输入端是以磁感应强度 B 来控制的,当 B 达到一定的值(如 B_1)时,内部的触发器翻转,输出电平状态也随之翻转。输出端一般有常开型、常闭型、锁存型(双极性)、双信号输出等。

霍尔开关采用环氧树脂进行封装,能够在各类恶劣环境下工作,应用于接近开关、压力开关、里程表等。作为一种新型的电器配件,霍尔开关具有无触电、低功耗、使用寿命长、响应频率高等特点。图 5.21 是 HK5002C 霍尔式接近开关,用于检测是否有导磁物体接近。

图 5.21　HK5002C 霍尔式接近开关

当有导磁物体接近这个开关时,霍尔元件所处磁场的磁感应强度 B 增大,当 B 达到设定的阈值时,输出电平状态翻转。背后有工作指示灯,平时处于熄灭状态,当检测到导磁物体时,红色 LED 点亮,非常直观。它的直径为 12mm,长度约为 30mm,引线长度为 100mm。可以用埋入方式进行安装,只要在设备外壳上打一个 12mm 的圆孔,就能轻松固定,使用非常方便。

习题 5

1. 填空。

(1) 磁电作用分为电磁感应和_____,相应地,磁电式传感器分为电磁感应式传感器和_____。

(2) 电磁感应式传感器分为_____电磁感应式传感器与_____电磁感应式传感器两种。

(3) 根据运动部件的不同,恒磁场强度电磁感应式传感器分为_____和_____两种。

(4) 变磁场强度电磁感应式传感器,通过改变磁路中气隙的大小来改变磁路的_____,从而改变磁路的_____,进而改变磁路的_____。

(5) 随着半导体技术、材料科学和电子技术的发展,使用_____制作的霍尔片具有明显的霍尔效应,并且出现了高强度的_____以及工作于小电压输出的_____,霍尔式传感器迅速发展起来了。

(6) 某些霍尔元件在恒流源的驱动下,其霍尔电动势 U_H 与磁感应强度 B 呈线性关系,输出为模拟量。具有线性特性的霍尔元件称为_____。磁通计中的传感器大多采用具有线性特性的_____。

(7) 有些霍尔元件在恒压源的驱动下,其霍尔电动势 U_H 在一定区域内随 B 的增加迅速增加。通过数据处理,可以使输出转换为_____,使其具有开关特性,相应的霍尔元件称为_____。开关特性随磁体本身材料及形状的不同而不同,低磁场时,磁通饱和。对_____的控制,一般采用霍尔开关器件。

(8) 半导体材料受温度影响比较大,因此,用半导体材料制成的霍尔元件也会受温度的影响。温度将影响霍尔元件的_____、_____、_____和输出阻抗等参数。

2. 名词解释。

(1) 磁电式传感器

（2）电磁感应

（3）电磁感应式传感器

（4）霍尔效应

（5）霍尔片

（6）霍尔灵敏度

（7）霍尔式传感器

（8）霍尔元件

3．说明恒磁场强度电磁感应式传感器的工作原理。

4．说明变磁场强度电磁感应式传感器的工作原理。

5．对于恒磁场强度电磁感应式传感器，从理论上来说，增加线圈的长度可以提高传感器输出电流和输出电压的灵敏度。但是，在实际应用中，不能无限制地增加线圈的长度。为什么？

6．参考图 5.6，用式说明电磁流量计的工作原理。

7．参考图 5.8，用式说明电磁感应式扭矩传感器的工作原理。

8．霍尔电动势 U_H 与哪些因素有关？利用霍尔效应能够对哪些参数进行测量？

9．为什么常用半导体材料制作霍尔片而不用金属材料？

10．说明霍尔元件的温度特性。如何进行补偿？

11．霍尔元件的长度 $l=1.0\text{mm}$，宽度 $b=3.5\text{mm}$，厚度 $d=0.1\text{mm}$，沿长度方向通入控制电流 $I=1.0\text{mA}$，在厚度方向施加磁感应强度 $B=0.3\text{T}$ 的均匀磁场。设霍尔传感器的灵敏度为 $22\text{V}/(\text{A}\cdot\text{T})$，试求：

（1）霍尔传感器输出的霍尔电动势 U_H。

（2）霍尔元件内部载流子的浓度。

12．把永磁体固定在被测轴的一侧，也可以测量转轴的转速。参考图 5.20，说明该测量方法的工作原理。

第6章
CHAPTER 6

压电式传感器

当有外力作用于压电材料时,压电材料的表面产生电荷,通过测量电路可以输出电量,从而实现对压力、位移、加速度等非电量的测量,这种传感器称为压电式传感器。压电式传感器是一种典型的有源传感器,主要用于测量力以及可以转换为力的物理量,例如压力、应力、加速度、温度、液体或气体的流速等。

6.1 压电式传感器的工作原理

6.1.1 压电效应

在离子性的晶体中,正负离子有规则地交错配置,构成结晶点阵,形成了固有电矩,在晶体表面出现了极化电荷。由于晶体暴露在空气中,经过一段时间,这些电荷便被空气中降落到晶面上的异号离子所中和,因此,极化面电荷和电矩都不会显现。但是,当晶体发生机械形变时,晶格就会发生变化。这样,电矩产生变化,表面极化电荷数值也发生改变。于是,面上正电荷或负电荷都有了可以测出的增量,这种增量就是压电效应的电量。

自1880年Curie兄弟在石英晶体上发现压电效应以来,压电效应的理论和应用研究取得了突飞猛进的发展。压电效应可分为正压电效应和逆压电效应。已经证明,具有正压电效应的材料必然具有逆压电效应,而且正压电效应和逆压电效应中的系数是相等的。

1. 压电效应简介

压电式传感器的物理基础是某些电介质的压电效应。所谓压电效应,就是对某些电介质沿一定方向施加外力使其变形时,其内部产生极化而使其表面出现电荷集聚的现象。如果压力是一种高频振动,那么,产生的就是高频电流。压电效应也称为正压电效应。压电效应的原理如图6.1所示。

具有压电效应的电介质称为压电材料。在受力变形时,压电材料的两个表面产生符号相反的电荷,在撤去外力后,又恢复到不带电的状态。压电效应把机械能转换为电能,因此,压电式传感器是典型的有源传感器。

基于压电效应,可以制成机械能敏感器,即压电式传感器。

压电式传感器具有结构简单、体积小、重量轻、工作频带宽、灵敏度高、信噪比高、测量范围广、工作可靠等特点。

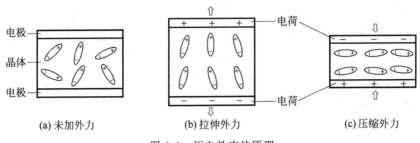

(a) 未加外力　　　　　　(b) 拉伸外力　　　　　　(c) 压缩外力

图 6.1　压电效应的原理

压电式传感器常用于测试与力相关的动态参数,如动态力、机械冲击、振动等,也可以把压力、位移、加速度、温度等许多非电量转换为电量。

2. 逆压电效应

当在片状压电材料的两个电极面上施加交流电压时,将导致压电片产生机械振动,即压电片在电极方向上产生伸缩变形,这种现象称为逆压电效应,也称为电致伸缩效应。逆压电效应的原理如图 6.2 所示。

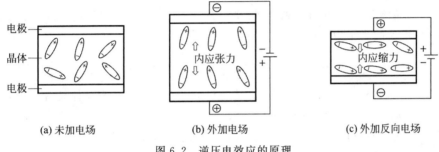

(a) 未加电场　　　　　　(b) 外加电场　　　　　　(c) 外加反向电场

图 6.2　逆压电效应的原理

逆压电效应把电能转换为机械能。如果高频电信号加在压电材料上,那么,产生的机械振动将引起高频声信号,这就是我们平常所说的超声波信号。基于逆压电效应,可以制成电激励的制动器,还可以制造用于电声和超声工程的变送器。

6.1.2　压电材料

具有压电效应的材料称为压电材料。自然界中的很多晶体都具有压电效应,但是一般都比较微弱。自从在石英晶体上发现了压电效应之后,研究人员发现,很多单晶体、多晶体陶瓷材料、有机高分子聚合材料都具有相当强的压电效应。

1. 石英晶体

石英晶体的化学成分是 SiO_2,是一种单晶体,理想结构是六角锥体,如图 6.3(a)所示。石英晶体是各向异性材料,不同晶向具有不同的物理特性,分别用 x、y、z 轴来表示,如图 6.3(b)所示。

z 轴:通过锥顶端的轴线,称为光轴。

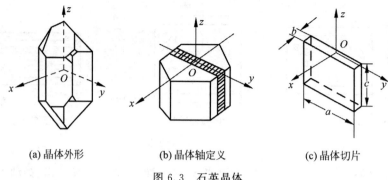

(a) 晶体外形　　　　　(b) 晶体轴定义　　　　　(c) 晶体切片

图 6.3　石英晶体

x 轴：经过六面体的棱线并垂直于 z 轴，称为电轴。

y 轴：同时垂直于 x 轴和 z 轴，称为机械轴。

如果石英晶体在 x 轴方向受到力 f_x 的作用，那么将产生纵向压电效应，在 yz 平面产生电荷，电荷的大小为

$$q_x = d_{11} \cdot f_x \qquad (6.1)$$

其中，d_{11} 为 x 轴方向受力的压电系数。

如果石英晶体在 y 轴方向受到力 f_y 的作用，那么将产生横向压电效应，仍然在 yz 平面产生电荷，电荷的大小为

$$q_y = d_{12} \cdot \frac{a}{b} \cdot f_y = -d_{11} \cdot \frac{a}{b} \cdot f_y \qquad (6.2)$$

其中，d_{12} 为 y 轴方向受力的压电系数；a 为晶体切片的长度；b 为晶体切片的厚度。由于石英晶体的 x 轴与 y 轴对称，因此，$d_{12} = -d_{11}$。

石英晶体在 z 轴方向受力，不会产生压电效应，没有电荷产生。

石英晶体切片受力发生压电效应时，所产生电荷的符号与受力方向的关系如图 6.4 所示。

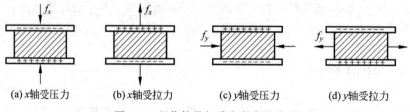

(a) x轴受压力　　　(b) x轴受拉力　　　(c) y轴受压力　　　(d) y轴受拉力

图 6.4　电荷符号与受力方向的关系

石英晶体的压电效应与其分子结构有关，如图 6.5 所示。石英晶体是由硅离子（S_i^{4+}）和氧离子（O^{2-}）构成的，在一个晶体单元中，有三个硅离子和六个氧离子。在未受到外力作用时，硅离子和氧离子在 xy 平面上的投影为一个正六边形，正负离子分布于正六边形的顶点上，正负电荷分布均匀，相互平衡，整个晶体呈电中性，如图 6.5(a) 所示。

当石英晶体在 x 轴方向受到压力时，晶体在 x 轴方向产生压缩变形，正负离子的位置发生变化，如图 6.5(b) 所示。此时，在 x 轴的上方出现负电荷，在 x 轴的下方出现正电荷，而在 y 轴方向不出现电荷。当石英晶体在 x 轴方向受到拉力时，晶体在 x 轴方向产生拉伸

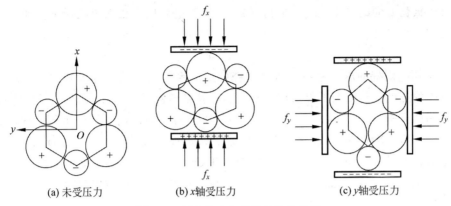

(a) 未受压力   (b) x 轴受压力   (c) y 轴受压力

图 6.5 压电效应与分子结构的关系

变形。此时,在 x 轴的上方出现正电荷,在 x 轴的下方出现负电荷,而在 y 轴方向不出现电荷。

当石英晶体在 y 轴方向受到压力时,晶体在 y 轴方向产生压缩变形,正负离子的位置发生变化,如图 6.5(c)所示。此时,在 x 轴的上方出现正电荷,在 x 轴的下方出现负电荷,而在 y 轴方向不出现电荷。当石英晶体在 y 轴方向受到拉力时,晶体在 y 轴方向产生拉伸变形。此时,在 x 轴的上方出现负电荷,在 x 轴的下方出现正电荷,而在 y 轴方向不出现电荷。

由此可见,石英晶体在 x 轴方向受到压力与在 y 轴方向受到拉力等效,而在 x 轴方向受到拉力与在 y 轴方向受到压力等效。

当石英晶体在 z 轴方向受到外力的作用时,不管外力是压力还是拉力,晶体将在 x 轴方向和 y 轴方向产生同样程度的形变,此时,硅离子和氧离子在 xy 平面上的投影仍为一个正六边形,正负离子分布于正六边形的顶点上,正负电荷分布均匀,相互平衡,整个晶体呈电中性,晶体表面没有产生电荷,因此,不会产生压电效应。

2. 压电陶瓷

压电陶瓷是人工制造的多晶体压电材料,其内部晶粒有一定的极化方向。在无外电场作用时,晶粒杂乱无章,它们的极化被相互抵消,压电陶瓷呈电中性,因此,原始的压电陶瓷不具有压电特性。

当对压电陶瓷施加外电场时,晶粒的极化方向发生偏转,趋向于按外电场方向排列,从而使材料得到极化。外电场越强,极化程度越高。让外电场强度大到使材料的极化达到饱和程度,即所有晶粒极化方向都整齐地与外电场方向一致,此时,去掉外电场,材料整体的极化方向基本不变,出现剩余极化,这时的材料就具有了压电特性。压电陶瓷的极化过程如图 6.6 所示。

当具有剩余极化的压电陶瓷受到外力作用时,

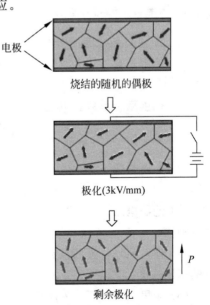

图 6.6 压电陶瓷的极化过程

将在垂直于极化方向的平面上出现电荷集聚,产生压电效应。集聚电荷量的大小与外力 F 的关系为

$$q = d_{33}F \tag{6.3}$$

其中,d_{33} 为压电陶瓷的压电系数。压电陶瓷的压电系数比石英晶体大得多,所以,采用压电陶瓷制作的压电式传感器的灵敏度较高,但是,其稳定性、机械强度等不如石英晶体。

从上面的分析可知,压电陶瓷需要外电场与压力的共同作用才能产生压电效应。经过极化处理后的压电陶瓷,剩余极化强度与温度有关,温度升高使其压电特性减弱。

压电陶瓷材料有多种,最早的是钛酸钡($BaTiO_3$),现在最常用的是锆钛酸铅($PbZrO_3$-$PbTiO_3$),简称 PZT。前者的工作温度较低,最高只有 $70℃$;后者的工作温度较高,而且压电性能更好。

3. 压电高分子材料

压电高分子材料属于有机分子半结晶或结晶聚合物。目前已经发现的压电系数最高且已进行应用开发的压电高分子材料是聚偏二氟乙烯。这种聚合物中碳原子的个数为奇数,经过机械滚压和拉伸制作成薄膜之后,带负电的氟离子和带正电的氢离子分别对应排列在薄膜的上下两边,形成微晶偶极矩结构。经过一定时间的外电场和温度联合作用后,晶体内部的偶极矩进一步旋转定向,形成垂直于薄膜平面的碳-氟偶极矩固定结构。在外力作用下,剩余极化将发生变化,产生压电效应。

使用压电高分子材料,可以降低材料的密度和介电常数,增加材料的柔韧性,压电性能也比压电陶瓷有所改善。

6.1.3 压电材料的选择

1. 压电材料的特性参数

衡量压电材料性能优劣的主要参数如下。

(1)压电系数。压电系数用于衡量压电效应的强弱,压电系数的值决定了压电材料电压输出的灵敏度。

(2)机电耦合系数。机电耦合系数衡量压电材料在压电效应中的能量转换效率。对于正压电效应,机电耦合系数 $= \sqrt{\dfrac{电能}{机械能}}$;对于逆压电效应,机电耦合系数 $= \sqrt{\dfrac{机械能}{电能}}$。

(3)介电常数。介电常数影响压电器件的固有电容,进而决定压电式传感器的频率下限。

(4)绝缘电阻。压电材料较大的绝缘电阻将减少电荷泄漏,进而改善压电式传感器的低频特性。

(5)弹性系数。弹性系数决定压电器件的固有振动频率和动态特性,并且影响压电器件的机械强度。

(6)居里点。对于一种压电材料,当温度升高到一定值后,材料将失去压电特性。压电材料开始失去压电特性的温度值,称为居里点。

2. 压电材料的选择标准

为了设计、制作出高性能的压电式传感器,首先必须选用合适的压电材料。在选用压电材料时,一般应该考虑以下问题。

(1) 转换性能。为了使压电式传感器具有较大的电压输出灵敏度,应该选用压电系数大、高耦合系数的压电材料。

(2) 电性能。为了减小外部分布电容的影响,并获得良好的低频特性,应该选用大介电常数、高电阻率的压电材料。

(3) 机械性能。在压电式传感器中,压电器件是受力元件,应该选用机械强度高、刚度大的压电材料,这样才能使传感器具有更宽的线性范围和更高的固有振动频率。

(4) 温湿度稳定性。为了获得较宽的温湿度工作范围,要求压电材料具有较高的居里点,并且受湿度的影响较小。

(5) 时间稳定性。为了使压电式传感器具有较长的使用寿命,其压电元件的压电特性应该具有较好的时间稳定性,几乎不随时间退化。

3. 几种压电材料的比较

常有的压电材料有石英晶体、钛酸钡、锆钛酸铅系等,下面简单比较一下这几种压电材料的性能。

石英晶体是单晶体压电材料,除了压电系数不大外,其他特性都很优越。石英晶体的居里点高达 573℃,压电系数的温度系数小,弹性系数较大,机械强度高,主要用于测量大量值的力或加速度,或者作为标准传感器使用。

钛酸钡是多晶体陶瓷类压电材料,压电系数比石英晶体大几十倍,介电常数和电阻率较高,比其他压电陶瓷更容易极化,比石英晶体更容易制成特殊形状的压电元件。但是,它的居里点只有 120℃ 左右,工作温度不能超过 70℃,温度稳定性和机械强度都不如石英晶体。

锆钛酸铅系也是多晶体陶瓷类压电材料,它以钛酸铅($PbTiO_2$)和锆酸铅($PbZrO_3$)组成的共熔体 $Pb(ZrTi)O_3$ 为基础,再添加一两种其他微量元素(如锰、锡、铌、锑、钨等),以获得不同的性能。锆钛酸铅系压电材料的居里点在 300℃ 左右,工作温度较高,性能稳定,有较高的压电系数和介电常数,但是,与钛酸钡相比,极化困难。

6.2　压电式传感器的测量电路

6.2.1　压电元件的连接

从压电式传感器的工作原理可知,压电式传感器等效于一个电容器,正负电荷聚集的两个表面相当于电容器的两个极板,极板间的压电材料相当于电介质,其结构如图 6.7 所示。

压电式传感器的电容量为

$$C_a = \frac{\varepsilon_0 \varepsilon_r A}{d} \tag{6.4}$$

其中，ε_0 是真空的介电常数；ε_r 是压电材料的相对介电常数；A 是压电片的面积；d 是压电片的厚度。

当压电式传感器受到外力作用时，在两个表面产生等量的正负电荷。设电量为 Q，则压电式传感器的开路电压为

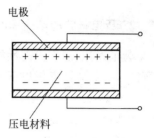

图 6.7　压电式传感器的结构

$$U = \frac{Q}{C_a} \qquad (6.5)$$

单片压电元件产生的电荷量很小，为了提高压电传感器的输出灵敏度，在实际应用中，常将多片同型号的压电元件黏结在一起。每片受到的作用力相同，产生的形变和电荷数量大小都相同。压电元件连接有并联接法和串联接法两种，如图 6.8 所示。

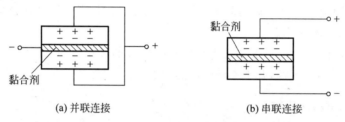

(a) 并联连接　　　　　　　　(b) 串联连接

图 6.8　压电元件的连接

图 6.8(a) 是并联接法，类似于两个电容器的并联。在外力作用下，正负电极上的电荷量增加了一倍，电容量也增加了一倍，而输出电压与单片元件相同。并联接法输出电荷大，本身电容大，时间常数大，适合对慢变信号进行测量且以电荷作为输出的场合。

图 6.8(b) 是串联接法，在两个压电片的黏接处，正负电荷中和，上下极板的电荷量与单片元件相同，总电容量为单片元件的一半，因此，输出电压增大了一倍。串联接法输出电压大，本身电容小，适合测量电路输入阻抗很高且以电压作为输出的场合。

6.2.2　压电式传感器的等效电路

压电式传感器的输出可以是电荷，也可以是电压，因此，压电式传感器可以等效为一个电荷源与一个电容的并联，也可以等效为一个电压源与一个电容的串联，如图 6.9 所示。

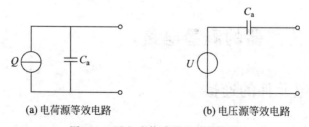

(a) 电荷源等效电路　　　　　　　(b) 电压源等效电路

图 6.9　压电式传感器的等效电路

在实际使用中，压电式传感器总是与测量仪器、测量电路相连的，因此，还必须考虑传感器的泄漏电阻 R_a、连接电缆的等效电容 C_c、放大器的输入电阻 R_i、放大器的输入电容 C_i 等。因此，压电式传感器在测量系统中的实际等效电路如图 6.10(a) 和图 6.10(c) 所示。在

图 6.10(a)中,把电阻 R_a、R_i 的并联等效为 R,把电容 C_a、C_i 的并联等效为 C,得到实际电荷源等效电路的简化电路,如图 6.10(b)所示,其中,$R = \dfrac{R_a R_i}{R_a + R_i}$,$C = C_a + C_c + C_i$。同理可得实际电压源等效电路的简化电路,如图 6.10(d)所示,其中,$R = \dfrac{R_a R_i}{R_a + R_i}$,$C = C_c + C_i$。

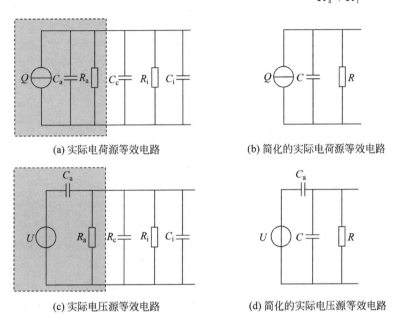

(a) 实际电荷源等效电路　　　　　　(b) 简化的实际电荷源等效电路

(c) 实际电压源等效电路　　　　　　(d) 简化的实际电压源等效电路

图 6.10　压电式传感器的实际等效电路

6.2.3　测量电路

压电式传感器自身的内阻很高(通常超过 $10^{10}\,\Omega$),输出能量较小,因此,需要在测量电路中加入一个高输入阻抗的前置放大器,一方面把高输入阻抗转换为低输出阻抗(小于 $100\,\Omega$),另一方面对传感器输出的微弱信号进行放大。

压电式传感器可以输出电荷信号,也可以输出电压信号,因此,前置放大器也有电荷放大器和电压放大器两种。

1. 电荷放大器

由于放大器的输入阻抗很高,在其输入端几乎没有分流,在图 6.10(b)所示的简化的实际电荷源等效电路中,可以略去电阻 R 的影响,因此,电荷放大器的等效电路如图 6.11 所示。电荷放大器由一个负反馈电容和高增益运算放大器构成,运算放大器的增益为 K。

当测量电路工作于直流时,负反馈电容相当于开路,对电缆噪声敏感,放大器的零点漂移也比较大。为了稳定直流工作点,减小零点漂移,一般在负反馈电容两端并联

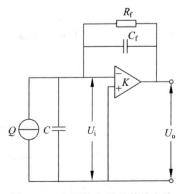

图 6.11　电荷放大器的等效电路

一个电阻,阻值约为 $10^{10} \sim 10^{14} \, \Omega$。当工作频率足够大时,可以不并联这个电阻。

反馈电容折合到放大器输入端的有效电容为

$$C_f' = (1 + K) C_f \tag{6.6}$$

因为

$$U_i = \frac{Q}{C_a + C_c + C_i + C_f} \tag{6.7}$$

所以,

$$U_o = -K U_i = \frac{-KQ}{C_a + C_c + C_i + (1 + K) C_f} \tag{6.8}$$

其中,负号表示放大器的输出与输入反相。

实际放大器的增益 K 约为 $10^4 \sim 10^6$,满足

$$(1 + K) C_f > 10 (C_a + C_c + C_i) \tag{6.9}$$

因此,式(6.8)可以近似表示为

$$U_o \approx \frac{-Q}{C_f} = -U_{C_f} \tag{6.10}$$

根据上面的分析,可以得出如下结论。

(1) 放大器输入阻抗极高,输入端几乎没有分流,电荷只对反馈电容充电,充电电压接近于放大器的输出电压。

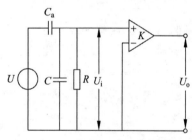

图 6.12　电压放大器的等效电路

(2) 电荷放大器的输出电压与电荷量成正比,而电荷量与被测压力呈线性关系,因此,输出电压与被测压力呈线性关系。

2. 电压放大器

电压放大器的等效电路如图 6.12 所示。

设压电材料的压电系数为 d,当压电元件受到正弦力 $f = F_m \sin \omega t$ 的作用时,产生的电荷为

$$Q = d f = d F_m \sin \omega t \tag{6.11}$$

压电元件输出的电压为

$$U = \frac{Q}{C_a} = \frac{d F_m}{C_a} \sin \omega t = U_m \sin \omega t \tag{6.12}$$

其中,$U_m = \dfrac{d F_m}{C_a}$ 为压电元件输出电压的幅值。

R、C 并联的总阻抗为

$$Z_{RC} = \frac{R}{1 + j \omega R C} \tag{6.13}$$

R、C 并联后,又与电容器串联,它们的总阻抗为

$$Z = \frac{1}{j \omega C_a} + Z_{RC} = \frac{1}{j \omega C_a} + \frac{R}{1 + j \omega R C} \tag{6.14}$$

因此,传送到放大器输入端的电压为

$$U_i = \frac{Z_{RC}}{Z} U_m \tag{6.15}$$

把式(6.13)和式(6.14)代入式(6.15),并整理,得

$$U_i = \frac{jdF_m\omega R}{1 + j\omega R(C_a + C_c + C_i)} \tag{6.16}$$

从式(6.16)可见,当 $\omega = 0$ 时,放大器的输入电压为 0,因此,压电式传感器不能对静态力进行测量。

根据式(6.16),可得放大器输入端电压的幅值为

$$U_{im} = \frac{dF_m\omega R}{\sqrt{1 + \omega^2 R^2 (C_a + C_c + C_i)^2}} \tag{6.17}$$

放大器输入端电压与作用力之间的相位差为

$$\varphi = \frac{\pi}{2} - \arctan[\omega R(C_a + C_c + C_i)] \tag{6.18}$$

在理想情况下,R_a 和 R_i 都为无穷大,因此,R 为无穷大。此时,$\omega R(C_a + C_c + C_i) \gg 1$,因此,式(6.17)可以近似表示为

$$U'_{im} = \frac{dF_m}{C_a + C_c + C_i} \tag{6.19}$$

式(6.19)表明,在理想情况下,放大器的输入电压与作用力的频率无关,并且与作用力呈线性关系。

压电式传感器的灵敏度定义为

$$S = \frac{U_{im}}{F_m} = \frac{d\omega R}{\sqrt{1 + \omega^2 R^2 (C_a + C_c + C_i)^2}} \tag{6.20}$$

在理想情况下,压电式传感器的灵敏度可以近似表示为

$$S \approx \frac{U'_{im}}{F_m} = \frac{d}{C_a + C_c + C_i} \tag{6.21}$$

下面讨论工作频率对测量结果的影响。为此,比较在正常情况下与在理想情况下放大器输入端的电压。

$$\frac{U_{im}}{U'_{im}} = \frac{\omega R(C_a + C_c + C_i)}{\sqrt{1 + \omega^2 R^2 (C_a + C_c + C_i)^2}} \tag{6.22}$$

令 $\tau = R(C_a + C_c + C_i)$ 为测量电路的时间常数,$\omega_1 = \dfrac{1}{\tau}$ 为测量电路的固有频率,则

$$\frac{U_{im}}{U'_{im}} = \frac{\omega/\omega_1}{\sqrt{1 + (\omega/\omega_1)^2}} \tag{6.23}$$

式(6.18)可以改写为

$$\varphi = \frac{\pi}{2} - \arctan\frac{\omega}{\omega_1} \tag{6.24}$$

式(6.23)和式(6.24)表明了工作频率对测量结果的影响,其函数关系如图 6.13 所示。

从图 6.13 可见,当 $\omega/\omega_1 > 3$ 时,U_{im} 与 U'_{im} 很接近,并且放大器输入端电压与作用力之间的相位差几乎为 0。这表明压电式传感器具有良好的高频特性,因此适合于动态测量。

其原因是,压电材料在高频交变力的作用下,电荷可以不断得到补充,从而可以向测量电路提供一定的电流。

当 $\omega/\omega_1<3$ 时,U_{im} 与 U'_{im} 相差就比较大了,并且放大器输入端电压与作用力之间的相位差也比较大。这表明压电式传感器的低频特性较差,不适合测量低频率的交变力。这是因为,压电材料在低频交变力的作用下,电荷通过放大器输入电阻和传感器本身泄漏电阻漏掉了。为了测量低频率的交变力,扩展工作频带的低频段,必须增大回路的时间常数 τ。

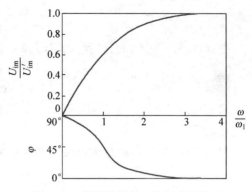

图 6.13　测量结果与工作频率的关系

如果只是增加回路的电容量,那么就会降低传感器的灵敏度 S,因此,在测量电路中,通常采用 R_i 很大的前置放大器。

6.3　压电式传感器应用举例

压电式传感器能够直接实现力-电转换,可以用于测量力以及可以转换为力的物理量,例如压力、应力、加速度、温度、液体或气体的流速等。

6.3.1　压电式力传感器

压电式单向力传感器用于机床动态切削力的测量。压电式单向力传感器的结构如图 6.14 所示,主要由石英晶片、上盖、电极、绝缘套和基座构成。上盖是传力元件,当受到外力作用时,产生弹性形变,将力传递到石英晶片,石英晶片产生压电效应,实现力-电转换。绝缘套用于绝缘和定位。

图 6.15 所示为 L1005A 型压电式单向力传感器,以石英晶体作为敏感材料,高强度不锈钢外壳,质量为 9.5g,通过侧端 L5 插座输出,可以采取胶粘或使用夹具进行安装。L1005A 型压电式单向力传感器采用电荷量输出,测力范围为 0～5000N,在 25℃时的电荷

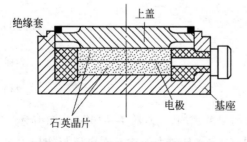

图 6.14　压电式单向力传感器的结构

图 6.15　L1005A 型压电式单向力传感器

灵敏度约为 4pC/N,测量精度为 1%,绝缘电阻大于 $10^{13}\Omega$,非线性误差小于 ±1%,迟滞小于 ±1%,重复性小于 ±1%,固有频率大于 70kHz,工作温度范围约为 $-54\sim120℃$。

6.3.2　压电式加速度传感器

随着现代科学技术的发展,核爆试验、宇航工程、铁路、桥梁、车船、机械、水利电力、石油、地质、环境保护、地震监测等领域都对振动计量与测试技术提出了越来越广泛和越来越高的要求,压电式加速度传感器就是为适应这种要求而设计的。

压电式加速度传感器的结构如图 6.16 所示,主要由压电片、质量块、弹簧、输出电极、壳体和基座构成,用螺栓把相关零部件固定在基座上。压电元件由两片压电片组成,在两片压电片之间夹一片金属,一根引线焊接在金属片上,另一根引线直接与基座相连。

测量时,将传感器基座与被测对象牢牢地紧固在一起。当被测对象振动时,传感器基座与被测对象一起振动,而质量块受到与加速度方向相反的惯性力 $F=ma$。惯性力作用在压电陶瓷片上,产生的电荷量为

$$Q=dF=dma \tag{6.25}$$

其中,d 是压电片的压电系数。

式(6.25)表明,电荷量直接反映加速度大小。输出电荷由传感器的输出端引出,传送到前置放大器,然后就可以用普通的测量仪器测出被测对象的加速度了。如果在放大器后加上适当的积分电路,还可以测量物体的振动速度或位移。

压电式加速度传感器的灵敏度与压电材料的压电系数和质量块质量有关。为了提高传感器的灵敏度,一般选择压电系数大的压电陶瓷片。增加质量块的质量也可以提高传感器的灵敏度,但是,质量块的质量过大,将影响被测物体的振动,同时会降低振动系统的固有频率,因此,一般不用增加质量的办法来提高传感器灵敏度。此外,用增加压电片的数目和采用合理的连接方法也可以提高传感器灵敏度。

图 6.17 所示为 YD83D 型压电式加速度传感器。它采用电荷量输出,电荷灵敏度约为 $28pC/ms^{-2}$,最大横向灵敏度≤5%,安装谐振频率为 12kHz,频率响应为 0.2Hz~2.4kHz,直径为 24mm,高度为 31mm,质量为 74.1g,适用于测量较低加速度值和较低频率下的振动。每只压电式加速度传感器出厂时都配有一只钢制安装螺钉 M5,用它把加速度传感器和被测试物体固定即可。

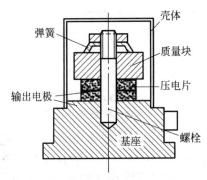

图 6.16　压电式加速度传感器的结构

图 6.17　YD83D 型压电式加速度传感器

6.3.3 压电式流量计

根据逆压电效应,高频电信号加在压电材料上将产生超声波信号。压电式流量计是利用超声波在顺流方向和逆流方向的传播速度不同来进行测量的。

图 6.18 是一种工业用压电式流量计的示意图,在管外设置两个相隔一定距离的收发两用压电式超声换能器。每隔一段时间(例如 10ms),发射和接收互换一次。在顺流和逆流的情况下,发射信号和接收信号的时间差与流速成正比。根据这个关系,就可以测量流体的流速。

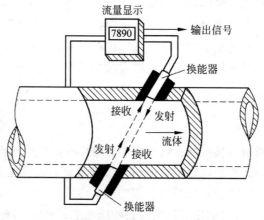

图 6.18   工业用压电式流量计示意图

压电式流量计可以测量各种液体的流速,测量精度可达 0.5%,有的可达到 0.01%。流速与管道横截面积的乘积就等于一定时间内流体的流量。

6.3.4 蜂鸣片

蜂鸣片是用压电陶瓷片制作的一种器件,其物理基础是逆压电效应。比较常见的蜂鸣片是用锆、钛、铅的氧化物配制后烧结制成的压电陶瓷片。由于人耳对 3kHz 的音频信号最为敏感,因此,生产时通常将蜂鸣片的谐振频率设计在 3kHz 左右。为了改善低频响应,一般采用双膜片结构。

蜂鸣片实物如图 6.19 所示,由一块两面印制有电极的压电陶瓷板和一块金属板(黄铜或不锈钢等)组成,使用黏合剂将压电陶瓷板和金属片黏结在一起。在通上控制电流时,压电陶瓷板将电能转换为机械能,产生振动,从而发出声音。压电陶瓷蜂鸣片广泛应用于音响、通信、汽车喇叭、电子钟表、遥感、计算器、电子玩具等产品中。

图 6.19   用压电陶瓷片制作的蜂鸣片

用机械万用表检测压电陶瓷蜂鸣片好坏的方法是:将万用表拨至 2.5V 挡,左手拇指与食指轻轻捏住蜂鸣片的两面,右手持两支表笔,红表笔接金属片,黑表笔横放在蜂鸣片的表面,然后左手拇指与食指稍用力压紧一下,随即放松,蜂鸣片上就先后产生两个极性相反的电压信号,使指针向右摆→回零→向左摆→回零,摆幅约为 0.1～0.15V。交换表笔位置,重新检测,则指针摆动的顺序为：向左摆→回零→向右摆→回零。在压力相同的情况下,指针摆幅越大,蜂鸣片的灵敏度越高。若指针不动,则说明蜂鸣片内部漏电或破损。

用数字电容表可以直接测量蜂鸣片的电容量,其电容量应在 0.005～0.02μF 范围内。

把蜂鸣片封装在一个腔体内,所得的发声器件就是蜂鸣器,如图 6.20 所示。蜂鸣器分为有源蜂鸣器和无源蜂鸣器两种。有源蜂鸣器直接高低电平就能发声,而无源蜂鸣器需要输出一定频率的波形驱动其发声。

图 6.20　蜂鸣器

习题 6

1. 填空。

(1) 压电式传感器的物理基础是某些材料的_____,电致伸缩效应又称为_____。

(2) 压电效应把_____转换为电能,因此,压电式传感器是典型的_____传感器。

(3) 逆压电效应把电能转换为_____。如果高频电信号加在压电材料上,那么产生的机械振动将引起高频声信号,这就是我们平常所说的_____信号。基于逆压电效应,可以制成电激励的_____,还可以制造用于电声和超声工程的变送器。

(4) 压电材料主要有_____、_____、_____三种。

(5) 石英晶体的化学成分是 SiO_2,是一种单晶体,理想结构是_____。石英晶体是_____,不同晶向具有不同的物理特性。

(6) 压电陶瓷是人工制造的多晶体压电材料,其内部晶粒有一定的极化方向。在无外电场作用时,晶粒杂乱无章,它们的极化被_____,压电陶瓷呈_____,因此,原始的压电陶瓷不具有_____。

(7) 使用压电高分子材料,可以降低材料的密度和_____,增加材料的柔韧性,_____也比压电陶瓷有所改善。

(8) 单片压电元件产生的电荷量很小,为了提高压电传感器的输出灵敏度,在实际应用中,常将多片同型号的压电元件黏结在一起。压电元件连接有_____接法和_____接法两种。

2. 名词解释。

(1) 压电效应

(2) 逆压电效应

(3) 压电材料的居里点

(4) 压电材料的机电耦合系数

(5) 压电式传感器

(6) 蜂鸣器

3. 简述压电式传感器的用途。

4. 说明石英晶体压电效应的原理。

5. 说明压电陶瓷压电效应的原理。

6. 压电材料的主要特性参数有哪些？说明各个特性参数的含义。

7. 在选择压电材料时，需要考虑哪些因素？

8. 把两片同型号的压电元件并联时，输出电荷、输出电容、输出电压有什么变化？压电元件并联适用于哪些场合？

9. 把两片同型号的压电元件串联时，输出电荷、输出电容、输出电压有什么变化？压电元件串联适用于哪些场合？

10. 用式说明电荷放大器的输出特性，并说明电荷放大器测量电路的工作原理。

11. 用式说明电压放大器的输出特性，并说明电压放大器测量电路的特点。

12. 把一个压电式力传感器与一只灵敏度 S_v(V/pC)可调的电荷放大器连接，然后接到灵敏度为 $S_x = 20\text{mm/V}$ 的光线示波器上记录。已知压电式力传感器的灵敏度为 $S_p = 5\text{pC/Pa}$，该测试系统的总灵敏度为 $S = 0.5\text{mm/Pa}$。

（1）电荷放大器的灵敏度 S_v 应该调为什么值？

（2）用该测试系统测 40Pa 的压力变化时，光线示波器上光点的移动距离是多少？

13. 参考图 6.14，说明压电式单向力传感器的工作原理。

14. 参考图 6.16，说明压电式加速度传感器的工作原理。

15. 参考图 6.18，说明压电式流量计的工作原理。

第7章
CHAPTER 7 | **热电式传感器**

在工业生产中,通常需要对温度进行测量和控制,这就催生了热电式传感器。最常用的热电式传感器有热电偶传感器、热电阻传感器和热敏电阻传感器。热电偶是把温度变化转换为电动势变化的测温元件,热电阻和热敏电阻是把温度变化转换为电阻变化的测温元件。

7.1 热电偶温度传感器

热电偶传感器属于有源传感器,在进行温度测量时,不需要外加电源。热电偶传感器结构简单,制作容易,使用方便,测量精度高,温度测量范围宽,动态响应特性好,输出信号便于远距离传输,可以用于测量高炉、管道内流体、固体表面的温度。

7.1.1 热电偶的工作原理

1. 热电效应

19世纪20年代初期,德国物理学家托马斯·约翰·塞贝克(Thomas Johann Seebeck,1770—1831)通过实验方法研究了电流与热的关系。1821年,塞贝克将两种不同的金属导线连接在一起,构成一个电流回路,两条导线首尾相连,形成两个结点。他发现,如果把其中一个结点加热到很高的温度,而另一个结点保持低温,那么,在电路的周围将会存在磁场。在接下来的两年时间里,塞贝克将他的持续观察报告给普鲁士科学学会,并把这一发现描述为"温差导致的金属磁化"。然而,科学学会的看法却与他不同,他们认为,这种现象是因为温度梯度导致了电流,从而在导线周围产生了磁场。

把两种不同导体的两端连接在一起,组成一个闭合回路,当两个结点的温度 t 和 t_0 不相同时,在该回路中就会产生电动势,从而形成电流,这种现象称为热电效应,又称为塞贝克效应(Seebeck Effect)。两种不同导体连接在一起组成的闭合回路称为热电偶。

2. 热电偶的结构

热电偶的结构如图7.1所示。把两种不同导体 A、B 的两端紧密地连接在一起,组成一个闭合回路,就形成了热电偶。A、B 两个导体称为热电极。热电偶有两个结点。在测量时,把一个结点放置于被测的温度场中,称为测量端、工作端或热端;而另一个结点远离工作现场,一般要求它保持一个恒定的温度,称为参考端、自由端或冷端。

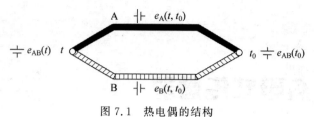

图 7.1 热电偶的结构

3. 热电偶中热电动势的来源

1) 两种导体的接触电动势

不同导体内部的自由电子浓度是不同的。如图 7.2 所示,把两种不同的导体 A、B 连接在一起,在 A、B 的接触处,将会发生电子的扩散。由于两者内部的自由电子浓度不同,电子在两个方向上扩散的速率也不同。

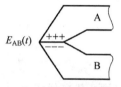

图 7.2 两种导体的
接触电动势

设导体 A、B 内部的自由电子浓度分别为 n_A、n_B,且 $n_A > n_B$,那么,在单位时间内,从导体 A 扩散到导体 B 的电子数多于从导体 B 扩散到导体 A 的电子数。这时,导体 A 因失去电子而带正电,导体 B 因得到电子而带负电,从而在 A、B 的接触处形成了电位差,即产生了电动势。

另外,这个电动势会阻碍电子从导体 A 进一步扩散到导体 B,随着电动势的增大,这种阻碍作用也增大。当电子的扩散作用与阻碍作用相等时,在 A、B 接触处的电子扩散便达到了动态平衡,此时的电动势也达到了稳定。

由于两种不同导体的自由电子密度不同而在接触处形成的稳定的电动势,称为两种导体的接触电动势。

容易理解,导体内部的自由电子浓度随着温度的变化而变化,即导体内部自由电子浓度是温度的函数。把导体 A 在温度 t 时的自由电子浓度记为 $n_A(t)$。

用 $E_{AB}(t)$ 表示在温度 t 时两种导体 A、B 的接触电动势,则

$$E_{AB}(t) = \frac{kt}{e} \ln \frac{n_A(t)}{n_B(t)} \tag{7.1}$$

其中,k 为玻尔兹曼常数($k = 1.38 \times 10^{-23}$ J/K);e 为单个电子的电量($e = 1.38 \times 10^{-19}$ C)。

从式(7.1)可见,接触电动势的大小与两种导体的材料特性、接触点的温度有关,而与导体的直径、长度、几何形状无关。

从式(7.1)容易推出,在温度 t 时,两种导体 B、A 的接触电动势与两种导体 A、B 的接触电动势互为相反数,即 $E_{BA}(t) = -E_{AB}(t)$。

2) 单一导体的温差电动势

对于同一个导体 A,如果其两端的温度不同,那么高温端的电子能量比低温端的电子能量大,从高温端移动到低温端的电子数多于从低温端移动到高温端的电子数,高温端因失去电子而带正电,低温端因得到电子而带负电,结果在导体两端便形成了电动势。这个电动势称为温差电动势。温差电动势可以表示为

$$E_{\mathrm{A}}(t,t_0)=\frac{k}{e}\int_{t_0}^{t}\frac{1}{n_{\mathrm{A}}(t)}\mathrm{d}[n_{\mathrm{A}}(t)t] \tag{7.2}$$

其中,k 为玻尔兹曼常数;e 为单个电子的电量;$n_{\mathrm{A}}(t)$ 为导体 A 在温度 t 时的电子浓度。

从式(7.2)可见,温差电动势的大小取决于导体的材料特性和导体两端的温度。

从式(7.2)容易推出,$E_{\mathrm{A}}(t_0,t)=-E_{\mathrm{A}}(t,t_0)$。

3) 热电偶回路的总热电动势

设热电偶两个结点的温度分别是 t 和 t_0,热电偶回路的总热电动势记为 $E_{\mathrm{AB}}(t,t_0)$。从图 7.1 可知,$E_{\mathrm{AB}}(t,t_0)$ 由 $E_{\mathrm{AB}}(t)$、$E_{\mathrm{AB}}(t_0)$、$E_{\mathrm{A}}(t,t_0)$、$E_{\mathrm{B}}(t,t_0)$ 四部分组成,这四个电动势的方向如图 7.1 所示,因此,热电偶回路的总热电动势为

$$E_{\mathrm{AB}}(t,t_0)=E_{\mathrm{AB}}(t)-E_{\mathrm{AB}}(t_0)-E_{\mathrm{A}}(t,t_0)+E_{\mathrm{B}}(t,t_0) \tag{7.3}$$

实验证明,热电偶回路中的热电动势主要是由接触电动势引起的,温差电动势可以忽略,因此,热电偶的总热电动势可表示为

$$E_{\mathrm{AB}}(t,t_0)\approx E_{\mathrm{AB}}(t)-E_{\mathrm{AB}}(t_0)=\frac{kt}{e}\ln\frac{n_{\mathrm{A}}(t)}{n_{\mathrm{B}}(t)}-\frac{kt_0}{e}\ln\frac{n_{\mathrm{A}}(t_0)}{n_{\mathrm{B}}(t_0)} \tag{7.4}$$

从式(7.4)可见,热电偶回路的总热电动势的大小由两种导体的材料特性、两个结点的温度决定。当两个热电极材料相同时,总热电动势为 0;当两个结点的温度相同时,总热电动势也为 0。

对于选定的热电偶,当参考端的温度 t_0 为恒定值时,$E_{\mathrm{AB}}(t_0)=C$,为常数,此时,总热电动势为

$$E_{\mathrm{AB}}(t,t_0)\approx E_{\mathrm{AB}}(t)-E_{\mathrm{AB}}(t_0)=f(t)-C=\varphi(t) \tag{7.5}$$

从式(7.5)可见,总热电动势是温度 t 的一元函数,因此,只要测出 $E_{\mathrm{AB}}(t,t_0)$,就能得到被测的温度 t。这就是热电偶的工作原理。

4. 热电偶的分度表

一般来说,对于选定的热电偶,热电动势与温度 t 的函数很难用一个解析式来表示。此时,可以通过实验的方法来确定热电动势与温度之间的关系,并将不同温度下测得的热电动势列成表格,编制出热电动势与温度的对照表,供查阅使用。这种表格称为热电偶分度表,其中,分度号代表两种导体的材料类型。

对于不同金属组成的热电偶,热电动势与温度之间的函数关系是不同的,因此,对于不同的热电偶,应该通过实验编制不同的分度表。表 7.1 是铂铑$_{10}$-铂热电偶分度表,分度号为 S,冷端参考温度为 0℃。

表 7.1　铂铑$_{10}$-铂热电偶分度表

分度号:S　　　　　　　　　　　　　　　　　　　　　　　　　　（冷端参考温度为 0℃）

测量端温度/℃	0	10	20	30	40	50	60	70	80	90
	热电动势/mV									
0	0.000	0.055	0.113	0.173	0.235	0.299	0.365	0.432	0.502	0.573
100	0.645	0.719	0.795	0.872	0.950	1.029	1.109	1.190	1.273	1.356
200	1.440	1.525	1.611	1.698	1.785	1.873	1.962	2.051	2.141	2.232
300	2.323	2.414	2.506	2.599	2.692	2.786	2.880	2.974	3.069	3.164

续表

测量端 温度/℃	0	10	20	30	40	50	60	70	80	90
	热电动势/mV									
400	3.260	3.356	3.452	3.549	3.645	3.743	3.840	3.938	4.036	4.135
500	4.234	4.333	4.432	4.532	4.632	4.732	4.832	4.933	5.034	5.136
600	5.237	5.339	5.442	5.544	5.648	5.751	5.855	5.960	6.064	6.169
700	6.274	6.380	6.486	6.592	6.699	6.805	6.913	7.020	7.128	7.236
800	7.345	7.454	7.563	7.672	7.782	7.892	8.003	8.114	8.225	8.336
900	8.448	8.560	8.673	8.786	8.899	9.012	9.126	9.240	9.355	9.470
1000	9.585	9.700	9.816	9.932	10.048	10.165	10.282	10.400	10.517	10.635
1100	10.754	10.872	10.991	11.110	11.229	11.348	11.467	11.587	11.707	11.827
1200	11.947	12.067	12.188	12.308	12.429	12.550	12.671	12.792	12.913	13.034
1300	13.155	13.276	13.397	13.519	13.640	13.761	13.883	14.004	14.125	14.247
1400	14.368	14.489	14.610	14.731	14.852	14.973	15.094	15.215	15.336	15.456
1500	15.576	15.697	15.817	15.937	16.057	16.176	16.296	16.415	16.534	16.653
1600	16.771	16.890	17.008	17.125	17.245	17.360	17.477	17.594	17.711	17.826

表 7.2 是镍铬-镍硅热电偶分度表,分度号为 K,冷端参考温度为 0℃。

表 7.2　镍铬-镍硅热电偶分度表

分度号: K　　　　　　　　　　　　　　　　　　　　　　　　　　（冷端参考温度为 0℃）

温度/℃	0	10	20	30	40	50	60	70	80	90
	热电动势/mV									
0	0.000	0.397	0.798	1.203	1.611	2.022	2.436	2.850	3.266	3.681
100	4.095	4.508	4.919	5.327	5.733	6.137	6.539	6.939	7.338	7.737
200	8.137	8.537	8.938	9.341	9.745	10.151	10.560	10.969	11.381	11.793
300	12.207	12.623	13.039	13.456	13.874	14.292	14.712	15.132	15.552	15.974
400	16.395	16.818	17.241	17.664	18.088	18.513	18.938	19.363	19.788	20.214
500	20.640	21.066	21.493	21.919	22.346	22.772	23.198	23.624	24.050	24.476
600	24.902	25.327	25.751	26.176	26.599	27.022	27.445	27.867	28.288	28.709
700	29.128	29.547	29.965	30.383	30.799	31.214	31.214	32.042	32.455	32.866
800	33.277	33.686	34.095	34.502	34.909	35.314	35.718	36.121	36.524	36.925
900	37.325	37.724	38.122	38.915	38.915	39.310	39.703	40.096	40.488	40.879
1000	41.269	41.657	42.045	42.432	42.817	43.202	43.585	43.968	44.349	44.729
1100	45.108	45.486	45.863	46.238	46.612	46.985	47.356	47.726	48.095	48.462
1200	48.828	49.192	49.555	49.916	50.276	50.633	50.990	51.344	51.697	52.049
1300	52.398	52.747	53.093	53.439	53.782	54.125	54.466	54.807	—	—

在热电偶分度表中,温度按照 10℃ 的间距进行分档。如果测得的热电动势值处于表中两个热电动势值之间,那么,可以把两个点之间的函数关系近似为线性关系。这样,中间值就可以用线性内插法进行计算,即按照下式计算。

$$t_M = t_L + \frac{E_M - E_L}{E_H - E_L} \cdot (t_H - t_L) \tag{7.6}$$

其中，t_M 是被测的温度值；t_L 是较低的温度值；t_H 是较高的温度值；E_M、E_L、E_H 分别是与温度 t_M、t_L、t_H 对应的热电动势。

5. 热电极材料的选取

从理论上来说，任何两种不同材料的导体都可以组成热电偶，但是，为了能够可靠地测量温度，对组成热电偶材料的选择有严格的要求。在实际应用中，用作热电极的材料应该具备以下条件。

（1）在规定的温度测量范围内，热电极的热电性能稳定，不随时间和被测介质的变化而变化。

（2）温度测量范围广，适于工业应用；热电动势随温度的变化率大，灵敏度高；在规定的温度测量范围内，能够产生较大的热电动势，测量精度较高；热电动势与温度是单值函数，最好是线性关系，便于测量和计算。

（3）物理、化学性能稳定，在温度测量范围内，不易被氧化、还原或腐蚀，不产生蒸发现象。

（4）导电率高，电阻温度系数小。

（5）材料的机械强度高，复制性好，复制工艺简单，价格便宜。

6. 热电偶的种类

国际电工委员会(IEC)向世界各国推荐 8 种标准化热电偶，具有统一的分度表。我国已经采用 IEC 标准生产热电偶，并按标准分度表生产与之相配的显示仪表。标准化热电偶的主要性能和特点如表 7.3 所示。

表 7.3　标准化热电偶的主要性能和特点

热电偶名称	正热电极	负热电极	分度号	测温范围	特　点
铂铑$_{30}$-铂铑$_6$	铂铑$_{30}$	铂铑$_6$	B	0～+1700℃（超高温）	适用于氧化性气氛中测温，测温上限高，稳定性好。在冶金、钢水等高温领域得到广泛应用
铂铑$_{10}$-铂	铂铑$_{10}$	纯铂	S	0～+1600℃（超高温）	适用于氧化性、惰性气体中测温，热电性能稳定，抗氧化性强，精度高，但价格贵、热电动势较小。常用作标准热电偶或用于高温测量
镍铬-镍硅	镍铬合金	镍硅	K	−200～+1200℃（高温）	适用于氧化和中性气体中测温，测温范围很宽，热电动势与温度关系近似线性，热电动势大，价格低。稳定性不如 B、S 型热电偶，却是非贵金属热电偶中性能最稳定的一种
镍铬-康铜	镍铬合金	铜镍合金	E	−200～+900℃（中温）	适用于还原性或惰性气体中测温，热电动势较其他热电偶大，稳定性好，灵敏度高，价格低
铁-康铜	铁	铜镍合金	J	−200～+750℃（中温）	适用于还原性气体中测温，价格低，热电动势较大，仅次于 E 型热电偶。缺点是铁极易氧化
铜-康铜	铜	铜镍合金	T	−200～+350℃（低温）	适用于还原性气体中测温，精度高，价格低。在 −200～0℃ 可制成标准热电偶。缺点是铜极易氧化

7.1.2 热电偶的基本定律

1. 中间导体定律

如图 7.3 所示,当热电偶回路接入第三种导体,如果第三种导体两端的温度相同,那么回路的总热电动势不变。即

$$E_{ABC}(t, t_0) = E_{AB}(t) - E_{AB}(t_0) = E_{AB}(t, t_0) \tag{7.7}$$

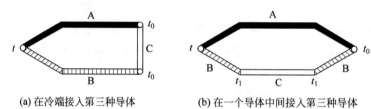

(a) 在冷端接入第三种导体　　　　(b) 在一个导体中间接入第三种导体

图 7.3　中间导体定律示意图

下面来证明中间导体定律,即证明式(7.7)成立。

对于图 7.3(a),有

$$E_{ABC}(t, t_0) = E_{AB}(t) + E_{BC}(t_0) + E_{CA}(t_0) \tag{7.8}$$

令 $t = t_0$,则式(7.8)变为

$$E_{AB}(t_0) + E_{BC}(t_0) + E_{CA}(t_0) = 0 \tag{7.9}$$

从而有

$$E_{BC}(t_0) + E_{CA}(t_0) = -E_{AB}(t_0) \tag{7.10}$$

把式(7.10)代入式(7.8),得

$$E_{ABC}(t, t_0) = E_{AB}(t) - E_{AB}(t_0) = E_{AB}(t, t_0)$$

因此,式(7.7)成立。

对于图 7.3(b),有

$$E_{ABC}(t, t_0) = E_{AB}(t) + E_{BC}(t_1) + E_{CB}(t_1) + E_{BA}(t_0)$$

由于

$$E_{BC}(t_1) = -E_{CB}(t_1), \quad E_{BA}(t_0) = -E_{AB}(t_0)$$

从而有

$$E_{ABC}(t, t_0) = E_{AB}(t) - E_{AB}(t_0) = E_{AB}(t, t_0)$$

因此,式(7.7)成立。

这就证明了中间导体定律。中间导体定律说明,在热电偶测温电路中,可以插入第三种导体,只要该导体两端的温度相同,那么回路的总热电动势不变。

用热电偶测量温度,必须在回路中引入连接导线和仪表,中间导体定律说明,接入导线和仪表后不会影响回路中的热电动势。这为在回路中引入连接导线和仪表提供了理论依据。

图 7.4 是把测量仪表、引线作为第三种导体引入热电偶回路示意图。

2. 中间温度定律

如图 7.5 所示，在热电偶测温回路中，t_c 为热电极上某一点的温度，热电偶在两个结点的温度分别为 t、t_0，则

$$E_{AB}(t, t_0) = E_{AB}(t, t_c) + E_{AB}(t_c, t_0) \tag{7.11}$$

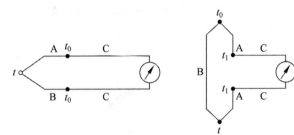

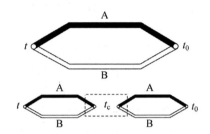

图 7.4　在热电偶回路中引入连接导线和仪表示意图　　　　图 7.5　中间温度定律示意图

下面来证明中间温度定律，即证明式(7.11)成立。

对于一种导体 A 来说，设两个端点的温度分别为 t、t_0，中间某点的温度为 t_c，那么，关于 A 的温差电动势，显然有

$$E_A(t, t_0) = E_A(t, t_c) + E_A(t_c, t_0) \tag{7.12}$$

根据式(7.3)和式(7.12)，有

$$E_{AB}(t, t_c) + E_{AB}(t_c, t_0)$$
$$= E_{AB}(t) - E_{AB}(t_c) - E_A(t, t_c) + E_B(t, t_c) + E_{AB}(t_c) - E_{AB}(t_0) - E_A(t_c, t_0) + E_B(t_c, t_0)$$
$$= E_{AB}(t) - [E_A(t, t_c) + E_A(t_c, t_0)] + [E_B(t, t_c) + E_B(t_c, t_0)] - E_{AB}(t_0)$$
$$= E_{AB}(t) - E_A(t, t_0) + E_B(t, t_0) - E_{AB}(t_0)$$
$$= E_{AB}(t, t_0)$$

因此，式(7.11)成立。

中间温度定律为热电偶回路中补偿导线提供了理论依据。可以通过连接两根导线的方式来延长热电偶，将热电偶冷端延伸到温度恒定的地方。只要接入的两根导线的热电特性与被延长的两个电极的热电特性相同，且两个结点间的温度相同，那么回路的总热电动势只与延长后的两端温度有关，而与连接点的温度无关。

中间温度定律也是参考端温度修正的理论依据。在实际热电偶测温回路中，利用热电偶这一性质，可对参考端温度不为 0℃ 的热电动势进行修正。

3. 标准电极定律

标准电极定律如图 7.6 所示。

如果已知两种导体 A、B 分别与第三种导体 C 组成的热电偶的热电动势，那么两种导体 A、B 组成的热电偶的热电动势为

$$E_{AB}(t, t_0) = E_{AC}(t, t_0) - E_{BC}(t, t_0)$$
$$\tag{7.13}$$

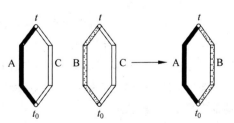

图 7.6　标准电极定律示意图

下面来证明标准电极定律，即证明式(7.13)成立。

对于三种导体 A、B、C 来说，在温度为 t 时，关于接触电动势，显然有

$$E_{AC}(t) + E_{CB}(t) = E_{AB}(t) \tag{7.14}$$

根据式(7.3)和式(7.14)，有

$E_{AC}(t,t_0) - E_{BC}(t_c,t_0)$

$= E_{AC}(t) - E_{AC}(t_0) - E_A(t,t_0) + E_C(t,t_0) - E_{BC}(t) + E_{BC}(t_0) + E_B(t,t_0) - E_C(t,t_0)$

$= [E_{AC}(t) - E_{BC}(t)] - [E_{AC}(t_0) - E_{BC}(t_0)] - E_A(t,t_0) + E_B(t,t_0)$

$= [E_{AC}(t) + E_{CB}(t)] - [E_{AC}(t_0) + E_{CB}(t_0)] - E_A(t,t_0) + E_B(t,t_0)$

$= E_{AB}(t) - E_{AB}(t_0) - E_A(t,t_0) + E_B(t,t_0)$

$= E_{AB}(t,t_0)$

因此，式(7.13)成立。

例如，当热端为 100℃、冷端为 0℃ 时，镍铬合金与纯铂组成的热电偶的热电动势为 2.95mV，而考铜与纯铂组成的热电偶的热电动势为 -4.0mV，则镍铬和考铜组成的热电偶所产生的热电动势为

$$2.95 - (-4.0) = 6.95(mV)$$

前面说过，对于两种导体组合而成的热电偶，可以用实验的方法来编制其分度表。但是，由于金属的种类很多，而合金的种类就更多了，如果全部用实验的方法来编制分度表，那么工作量巨大。根据标准电极定律，不用实验的方法就可以编制出任何两种导体组合而成的热电偶的分度表，大大节约了时间。具体做法叙述如下。

选用高纯铂丝作为标准电极，在温度 t 时，测得它与各种导体组成的热电偶的热电动势，根据式(7.14)，就可以计算出任何两种导体组合而成的热电偶在温度 t 的热电动势。在不同温度下进行同样的处理，可以得到任何两种导体组合而成的热电偶的分度表。

4. 均质导体定律

如果组成热电偶的两个热电极的材料相同，那么无论两个接点的温度是否相同，热电偶回路中的总热电动式为 0V。

根据均质导体定律，可以检验两个热电极材料的成分是否相同，或者检验热电极材料是否均匀。

7.1.3　热电偶的冷端温度补偿

1. 补偿导线法

热电偶产生的热电动势大小与两端的温度有关，只有在冷端温度恒定时，热电偶的输出电动势才与热端温度为单值函数关系。热电偶一般较短，只有 1m 左右，冷端离热端很近，而且处于空气中，其温度受被测对象和周围环境温度波动的影响，难以保持恒定。在实际温度测量时，需要把热电偶输出的热电动势传输到远离工作现场数十米的测控室，在这里，冷端的温度 t_0 比较稳定。

简单的想法是，把热电极加长，使热电偶的冷端处于测控室之中。但是，热电极是用贵

重金属制成的,这种方法会大大增加传感器的成本。在工程实践中,通常采用补偿导线把热
电偶的冷端引出来,如图 7.7 所示。

补偿导线实际上是一对与热电极材质不同的导
体,在 0～150℃ 温度范围内,补偿导线与配接的热
电偶具有相同的热电特性,但是,价格相对便宜很
多。利用补偿导线把热电偶的冷端引到温度恒定的
测控室,相当于把热电极延长。由于补偿导线与配
接的热电偶具有相同的热电特性,根据中间温度定

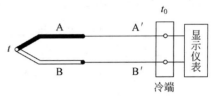

图 7.7　补偿导线法示意图

律,只要热电偶与补偿导线的两个结点温度相同,就不会影响回路的总热电动势。

常用的热电偶补偿导线如表 7.4 所示。从补偿导线的类型不难发现,补偿导线主要用
于对贵金属热电极进行补偿。如果热电极是用普通金属制作的,那么就不必采用补偿导线
了,直接把热电极加长就可以了。

表 7.4　常用的热电偶补偿导线

热电偶类型	补偿导线类型	补偿导线正极	补偿导线负极
铂铑$_{10}$-铂	铜-铜镍合金	铜	铜镍合金(镍质量占 0.6%)
镍铬-镍硅	Ⅰ型:镍铬-镍硅	镍铬	镍硅
镍铬-镍硅	Ⅱ型:铜-康铜	铜	康铜
镍铬-康铜	镍铬-康铜	镍铬	康铜
铁-康铜	铁-康铜	铁	康铜
铜-康铜	铜-康铜	铜	康铜

2. 冷端恒温法

在实验室进行实验时,需要进行精确测量。例如,在编制热电偶的分度表时,就必须让
冷端保持在 0℃,并且精确地测量热端的温度。此时,把冷端放入 0℃ 的恒温器中,或者放入
冰水混合物中,如图 7.8 所示。

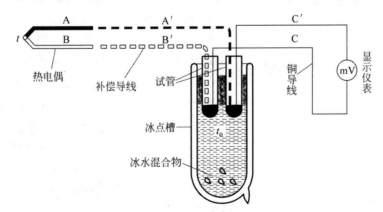

图 7.8　冷端恒温法示意图

在进行温度测量时,由于冷端温度保持 0℃,因此,对于测得的电动势,可以直接查热电
偶分度表,得到被测量的温度值。但是,这是一种理想化的补偿方法,只能用于科学实验等

极少数场合,在工业生产中,几乎不会考虑这种方法。

3. 冷端温度修正法

当冷端温度 t_0 不等于 0℃时,需要对热电偶测量回路电动势的值加以修正。设热端温度为 t,测得电动势为 $E_{AB}(t,t_0)$,由热电偶分度表查到 $E_{AB}(t_0,0)$。根据中间温度定律,得

$$E_{AB}(t,0) = E_{AB}(t,t_0) + E_{AB}(t_0,0) \tag{7.15}$$

通过补偿导线把热电偶连接到显示仪表,如果热电偶的冷端温度是已知的,而且保持恒定,那么预先把显示仪表的初始值从 0℃调到冷端温度值,这样,显示仪表的显示值就是被测温度的实际值。

例 7.1 用镍铬-镍硅热电偶测量加热炉的温度。已知冷端温度 $t_0 = 30℃$,测得热电势 $E_{AB}(t,t_0)$ 为 39.17mV,求加热炉温度。

解:查镍铬-镍硅热电偶分度表得 $E_{AB}(30,0) = 1.203mV$。由式(7.15),得

$$E_{AB}(t,0) = E_{AB}(t,t_0) + E_{AB}(t_0,0) = (39.17 + 1.203)mV = 40.373mV$$

查表得相邻两个热电动势为 $E_{AB}(970,0) = 40.096mV$,$E_{AB}(980,0) = 40.488mV$,用线性内插法式(7.6)计算,得

$$t = \left[970 + \frac{40.373 - 40.096}{40.488 - 40.096} \times (980 - 970)\right]℃ \approx 977℃$$

4. 冷端温度自动补偿法

冷端温度自动补偿法又称为电桥补偿法,其工作原理如图 7.9 所示。在热电偶与测量仪表之间加上一个补偿电桥,当热电偶的冷端温度高于 0℃时,导致测量回路的总热电动势下降。此时,补偿电桥感知到冷端温度的变化,自动产生一个电势差,其数值恰好等于下降的总热电动势,从而补偿了总热电动势下降的值。这样,测量仪表所测得的电动势就不随冷端温度的变化而变化。

图 7.9 中补偿电桥是一个直流不平衡电桥,由三个电阻温度系数较小的电阻 R_1、R_2、R_3 和一个电阻温度系数较大的电阻 R_4 组成。补偿电桥与热电偶的冷端处于同一环境温度,设计时,使电桥在 0℃时处于平衡状态,此时电桥的 A、B 两端没有电压输出,电桥对测量电路没有影响。当环境温度升高时,热电偶冷端温度随着变化,测量回路的总热电动势下降。与此同时,电阻 R_4 的阻值也发生变化,电桥平衡状态被破坏,电桥的 A、B 两端有不平衡电压输出。不平衡电压与测量回路的总热电动势叠加在一起,输入到测量仪表。选择适当的桥臂电阻和直流电源 E,就可以使电桥产生的不平衡电压恰好等于测量回路的总热电动势的下降值,这样就能够达到补偿的目的。

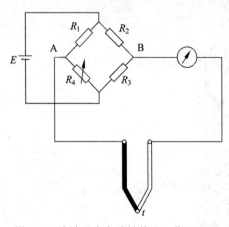

图 7.9 冷端温度自动补偿法工作原理图

7.1.4　热电偶温度传感器的种类

热电偶温度传感器的结构形式有普通热电偶温度传感器和特殊热电偶温度传感器,特殊热电偶温度传感器包括铠装型热电偶温度传感器、薄膜型热电偶温度传感器等。

1. 普通热电偶温度传感器

普通热电偶温度传感器的结构如图 7.10 所示。热电极的长度一般为 300～2000mm,常用热电极的长度为 350mm。这种传感器可以测量 1800℃ 的高温,工业应用广泛。

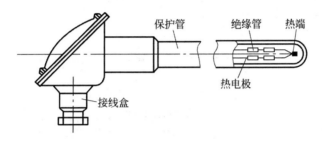

图 7.10　普通热电偶温度传感器的结构

2. 铠装型热电偶温度传感器

铠装型热电偶温度传感器的结构如图 7.11 所示。这种传感器可以做得很细很长,使用中,可以随需要任意弯曲;测温端热容量小,热惯性小,响应快;机械强度高,挠性好,寿命长;可安装在结构复杂的装置上;测温范围较大,通常在 1100℃ 以下。

3. 薄膜型热电偶温度传感器

薄膜型热电偶温度传感器的结构如图 7.12 所示。这种传感器可以做得很小,具有热容量小、响应快等特点,用于对微小面积上的表面温度进行测量,以及对快速变化的动态温度进行测量,测温范围一般在 300℃ 以下。

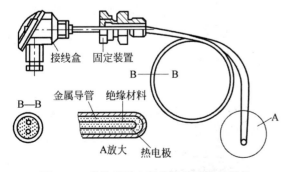

图 7.11　铠装型热电偶温度传感器的结构

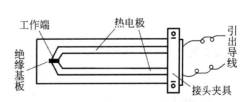

图 7.12　薄膜型热电偶温度传感器的结构

7.1.5　热电偶温度传感器的测量电路

在使用热电偶温度传感器进行温度测量时,有时需要测量单点的温度,有时需要测量两点的温度差,有时需要测量多点的平均温度,应该根据不同的测量任务,选择适当的测量电路。

1. 测量单点的温度

热电偶温度传感器直接和显示仪表配合使用,可以测量单点的温度,测量电路如图 7.13(a)所示。在热电偶温度传感器与显示仪表之间,也可以加上温度补偿器,测量电路如图 7.13(b)所示。

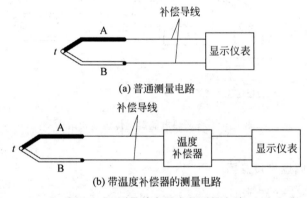

图 7.13　测量单点温度的测量电路

采用热电偶与芯片 AD594C 构建的温度测量电路如图 7.14 所示。AD594C 片内有放大电路和温度补偿电路。测量时,热电偶产生的热电动势经过 AD594C 放大和温度补偿后,送入主放大器 A_1,A_1 的输出电压 U_o 反映了被测温度的高低。若在 AD594C 的输出端连接一个 A/D 转换器,则可以构成数字温度计。

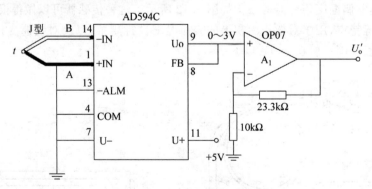

图 7.14　热电偶温度测量电路

2. 测量两点的温度差

测量两点温度差的测量电路如图 7.15 所示。两个同型号的热电偶配用相同的补偿导线,按照反向串联的方法连接两个热电偶,使得两个热电动势方向相反,因此,输入仪表的就是它们的差值,这一差值反映了两热电偶热端的温度差。

设测量回路的总热电动势为 E_T,根据之间的温度定律,有

$$E_T = E_{AB}(t_1, t_0) - E_{AB}(t_2, t_0) = E_{AB}(t_1, t_0) + E_{AB}(t_0, t_2) = E_{AB}(t_1, t_2)$$

E_T 实际上就是以 t_2 为冷端温度、以 t_1 为热端温度的热电偶的总热电动势,这样就近似得到了两点的温度差 $t_1 - t_2$。

3. 测量多点的平均温度

在有些应用场合,需要测量多点的平均温度,此时,可用以下方法来实现。

1) 热电偶的并联

把多只同型号热电偶的正极、负极分别连接在一起,构成热电偶的并联测量电路。图 7.16 所示为三只热电偶构成热电偶的并联测量电路,在每个热电偶中分别串联一个均衡电阻 R。根据电路理论,当显示仪表的输入电阻很大时,并联测量电路的总热电动势等于三只热电偶热电动势的平均值。

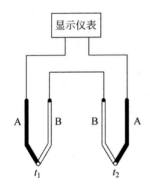

图 7.15　测量两点的温度差的测量电路

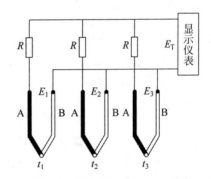

图 7.16　热电偶的并联测量电路

设三只热电偶的热电动势分别为 E_1、E_2、E_3,并假设热电势 $E_{AB}(t, t_0)$ 对于两个自变量呈线性关系,则

$$E_T = \frac{E_1 + E_2 + E_3}{3} = \frac{E_{AB}(t_1, t_0) + E_{AB}(t_2, t_0) + E_{AB}(t_3, t_0)}{3}$$

$$= \frac{E_{AB}(t_1 + t_2 + t_3, 3t_0)}{3} = E_{AB}\left(\frac{t_1 + t_2 + t_3}{3}, t_0\right) \tag{7.16}$$

从式(7.16)可见,此时测得的就是三点温度的平均值。

从图 7.16 容易发现,当有一只热电偶烧断时,不会中断整个测温系统的工作。但是,如果还按照式(7.16)来计算,所得的结果是错误的,而且还难以发现,因此,热电偶的并联测量电路存在严重的缺陷。

2) 热电偶的正向串联

把多只同型号热电偶的正极、负极顺序连接在一起,构成热电偶的串联测量电路。图 7.17 所示为三只热电偶构成热电偶的串联测量电路。根据电路理论,当显示仪表的输入电阻很大时,串联测量电路的总热电动势等于三只热电偶热电动势之和。采用热电偶的串联测量电路,总热电动势大,增大了传感器的灵敏度。

设热电偶温度传感器的冷端温度为0℃,三只热电偶的热电动势分别为E_1、E_2、E_3,并假设热电势$E_{AB}(t,0)$对于第一个自变量呈线性关系,则

$$E_T = E_1 + E_2 + E_3$$
$$= E_{AB}(t_1,0) + E_{AB}(t_2,0) + E_{AB}(t_3,0)$$
$$= E_{AB}(t_1 + t_2 + t_3, 0)$$
$$= E_{AB}(t_1 + t_2 + t_3, 0) \tag{7.17}$$

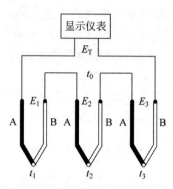

图 7.17　热电偶的串联测量电路

从式(7.17)可见,此时测得的就是三点温度的和。如果把测得的温度值除以3,就得到三点温度的平均值。

从图7.17容易发现,只要有一只热电偶烧断了,那么整个测量电路就会断路,从而,总热电动势为0V,这样,就可以立即发现测量电路的故障。

7.1.6　热电偶温度传感器应用举例

1. 热电偶温度测量仪

采用热电偶作为温度传感器,配以数字化的显示设备,可以设计出高级温度测量仪。SWK-2型温度测量仪如图7.18所示。SWK-2型温度测量仪是用干电池供电的袖珍接触式温度测量仪,用于现场或实验室测温,具有精度高、智能化、体积小、重量轻、读数直观、操作简单等优点。

图 7.18　SWK-2 型温度测量仪

SWK-2型温度测量仪由温度数显仪和WRNM系列表面热电偶两部分组成。使用时,打开电源开关,一手持温度数显仪,一手持热电偶,将热电偶接触被测介质,从温度数显仪即可读取测量温度值。SWK-2型温度测量仪的主要技术指标如下。

配用传感器:K分度热电偶。

量程:0～300℃,0～500℃,0～800℃,0～1000℃,0～1300℃。

基本误差:±1%FS。

分辨率:1℃。

显示方式:三位半液晶显示。

响应时间:金属表面约10s。

冷端温度:自动补偿。

欠压指示:若电池电压低于6.5V,温度数显仪左上角会显示低电压的符号以提示用户更换新的电池。

断偶指示:当热电偶断开时,温度数显仪显示1。

2. 热电偶炉温自动控制系统

图7.19是以热电偶作为温度传感器构建的炉温自动控制系统示意图。毫伏定值器给

出预定温度的相应毫伏值,热电偶的热电动势与定值器的毫伏值相比较,若存在偏差,则表示炉温偏离预定值。该偏差经过放大器送入 PID 调节器,再经过晶闸管触发器推动晶闸管执行器来调整电炉丝的加热功率,直到偏差被消除,从而实现温度的自动控制。

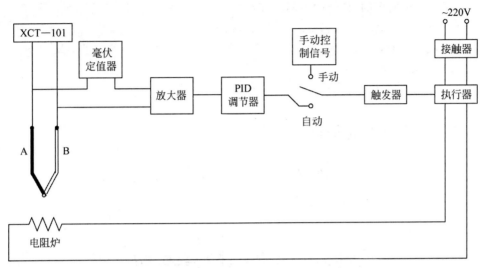

图 7.19　热电偶炉温自动控制系统示意图

7.2　热电阻温度传感器

7.2.1　热电阻的工作原理

导体的电阻值随温度的变化而变化,热电阻温度传感器就是利用这个原理进行测温的。

热电阻温度传感器是由电阻体、保护套管、接线盒等部件构成的。为了防止电阻体出现电感,采用双线并绕法,把电阻丝绕在具有一定形状的云母、石英或陶瓷塑料支架上,支架起支撑和绝缘作用。热电阻温度传感器的结构如图 7.20 所示。

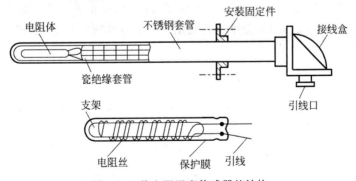

图 7.20　热电阻温度传感器的结构

热电阻温度传感器可以用来测量 −200～850℃ 的温度,少数情况下,可测量低温至 −272.15℃,高温达 1000℃ 的温度。标准铂电阻温度计的精确度高,可以作为复现国际温标的标准仪器。

虽然几乎所有导体的电阻值都会随温度的变化而变化,但是,对于测温用的热电阻,还应该满足如下要求:

(1) 具有尽可能大的、稳定的电阻温度系数。

(2) 电阻率大,热容量小,具有较快的响应速度。

(3) R-t 最好呈线性关系。

(4) 物理、化学性能稳定。

(5) 容易加工,价格尽量便宜。

7.2.2 热电阻的种类

目前,工业上最常用的热电阻有铂热电阻和铜热电阻,用于测量中低温区($-200\sim500℃$)的温度。

1. 铂热电阻

铂热电阻的特点是电阻率大、精度高、物理化学性能稳定、耐高温,因此,得到了广泛应用。

按照 IEC 标准,铂热电阻的使用温度范围为 $-200\sim850℃$。在 $-200\sim0℃$ 温度范围内,铂热电阻的特性方程为

$$R_t = R_0[1 + At + Bt^2 + Ct^3(t - 100)] \tag{7.18}$$

在 $0\sim850℃$ 温度范围内,铂热电阻的特性方程为

$$R_t = R_0(1 + At + Bt^2) \tag{7.19}$$

其中,R_t、R_0 分别为铂热电阻在温度 t、$0℃$ 时的电阻值,温度系数 $A = 3.908\times10^{-3}/℃$,$B = -5.802\times10^{-7}/℃^2$,$C = -4.274\times10^{-12}/℃^4$。

从式(7.18)和式(7.19)可见,铂热电阻在温度 t 时的电阻值 R_t 与其在 $0℃$ 时的电阻值 R_0 有关,把 R_0 称为铂热电阻的标称电阻。目前,工业用铂热电阻有 $R_0 = 10\Omega$、$R_0 = 50\Omega$、$R_0 = 100\Omega$ 和 $R_0 = 1000\Omega$ 四种,它们的分度号分别为 Pt_{10}、Pt_{50}、Pt_{100} 和 Pt_{1000},其中,Pt_{100} 最常用。

对于不同分度号的标称电阻,有对应的分度表,即 R_t-t 的关系表。在实际测量中,只要测得热电阻的阻值 R_t,就可以从分度表上查出对应的温度值。

分度号为 Pt_{100} 的分度表如表 7.5 所示。

表 7.5 Pt₁₀₀ 热电阻分度表

分度号:Pt_{100} $R_0 = 100\Omega$

温度/℃	0	10	20	30	40	50	60	70	80	90
	电阻/Ω									
-200	18.49									
-100	60.25	56.19	52.11	48.00	43.87	39.71	35.53	31.32	27.08	22.80
0	100.00	96.09	92.16	88.22	84.27	80.31	76.33	72.33	68.33	64.30
0	100.00	103.90	107.79	111.67	115.54	119.40	123.24	127.07	130.89	134.70

续表

温度/℃	0	10	20	30	40	50	60	70	80	90
	电阻/Ω									
100	138.50	142.29	146.06	149.82	153.58	157.31	161.04	164.76	168.46	172.16
200	175.84	179.51	183.17	186.82	190.45	194.07	197.69	201.29	204.88	208.45
300	212.02	215.57	219.12	222.65	226.17	229.67	233.17	236.65	240.13	243.59
400	247.04	250.48	253.90	257.32	260.72	264.11	267.49	270.86	274.22	277.56
500	280.90	284.22	287.53	290.83	294.11	297.39	300.65	303.91	307.15	310.38
600	313.59	316.80	319.99	323.18	326.35	329.51	332.66	335.79	338.92	342.03
700	345.13	348.22	351.30	354.37	357.37	360.47	363.50	366.52	369.53	372.52
800	375.51	378.48	381.45	384.40	387.34	390.26				

对于分度号为 Pt_{10} 的铂热电阻,把表中的电阻值除以 10,就得到了它的分度表。对于分度号为 Pt_{50}、Pt_{1000} 的铂热电阻,可以类似得到对应的分度表。

2. 铜热电阻

在一些对测量精度要求不高且温度较低的场合,可以用铜热电阻进行测温,它的测量范围为 $-50\sim150$℃。

在铜热电阻的测量范围内,电阻值与温度的关系几乎是线性的,可以近似表示为

$$R_t = R_0(1 + \alpha t) \tag{7.20}$$

其中,电阻温度系数 $\alpha = 4.289 \times 10^{-3}/℃$。

铜热电阻的电阻温度系数较大,线性度好,价格便宜。其缺点是电阻率较低,电阻体的体积较大,热惯性较大,稳定性较差,在 100℃ 以上时,容易氧化,因此,只能用于测量低温且没有腐蚀性介质的温度。

$R_0 = 50\Omega$、$R_0 = 100\Omega$ 的铜热电阻的分度号分别为 Cu_{50}、Cu_{100}。分度号为 Cu_{50} 的铜热电阻的分度表如表 7.6 所示。

表 7.6　Cu_{50} 铜热电阻的分度表

分度号:Cu_{50}　　　　　　　　　　　　　　　　　　　　　　　　　　　　$R_0 = 50\Omega$

温度/℃	0	10	20	30	40	50	60	70	80	90
	电阻/Ω									
-0	50.00	47.85	45.70	43.55	41.40	39.24				
$+0$	50.00	52.14	54.28	56.42	58.56	60.70	62.84	64.98	67.12	69.26
100	71.40	73.54	75.68	77.83	79.98	82.13				

对于分度号为 Cu_{100} 的铜热电阻,把表 7.6 中的电阻值乘以 2,就得到了它的分度表。

7.2.3　热电阻温度传感器的测量电路

用热电阻温度传感器进行测温时,测量电路经常采用电桥电路。此时,需要辅助电源,但是,流过热电阻的电流一般不要超过 6mA,否则会产生较大的热量,影响测量精度。

由于热电阻的阻值不大,而且工业用热电阻一般都安装在生产现场,热电阻与测控室相距较远,因此,热电阻的引线对测量结果有较大的影响。热电阻的引线方式有两线制、三线制和四线制三种。

1. 两线制引线方式

两线制引线方式如图 7.21 所示,在热电阻 R_t 的两端各连一根导线。

设每根导线的电阻值为 r,则电桥的平衡条件为

$$R_1 R_3 = R_2 (R_t + 2r) \tag{7.21}$$

从式(7.21)得

$$R_t = \frac{R_1 R_3}{R_2} - 2r \tag{7.22}$$

从式(7.22)可见,如果在实际测量时不考虑导线的电阻,即忽略误差式(7.22)中的 $2r$,那么,测量结果就会产生误差。当然,如果导线很短,其电阻值 $2r$ 远小于 R_t,那么所产生的误差可以忽略不计。

两线制引线方式接线简单,费用低,但是,引线电阻会带来误差,因此,两线制引线方式适于引线不长、测温精度要求较低的场合。

2. 三线制引线方式

由于热电阻的阻值很小,而且导线一般都比较长,因此,导线的电阻值不能忽视。为了消除导线电阻的影响,工业热电阻通常采用三线制引线方式,如图 7.22 所示。

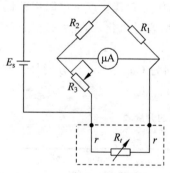

图 7.21　两线制引线方式

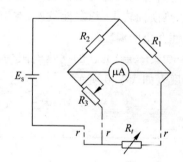

图 7.22　三线制引线方式

三根引出导线是相同的,阻值都是 r,其中一根导线与电源相连,它对电桥的平衡没有影响,另外两根导线分别连接到电桥的相邻两臂。电桥的平衡条件为

$$(R_t + r)R_2 = (R_3 + r)R_1 \tag{7.23}$$

从式(7.23)得

$$R_t = \frac{(R_3 + r)R_1 - rR_2}{R_2} \tag{7.24}$$

当 $R_1 = R_2$ 时,有

$$R_t = \frac{R_1 R_3}{R_2} \tag{7.25}$$

从式(7.25)可见,引线电阻对测量结果没有影响。

三线制接法用于工业测量,具有一般精度。为了切实消除导线电阻对测量结果的影响,在接线时,要从热电阻的根部引出导线,并且保持三根引出导线的电阻值是相同的。

3. 四线制引线方式

四线制接法常用于实验室,进行高精度测量。四线制引线方式如图 7.23 所示。I 为恒流源,测量仪表 V 采用直流电压表。可以认为电压表的内阻为无穷大,在测量时没有电流。引线电阻 r_2、r_3 支路无电流流过;引线电阻 r_1、r_4 支路虽然有电流流过,但是它们不在电压表的测量范围内。因此,四根导线的电阻对测量结果都没有影响。

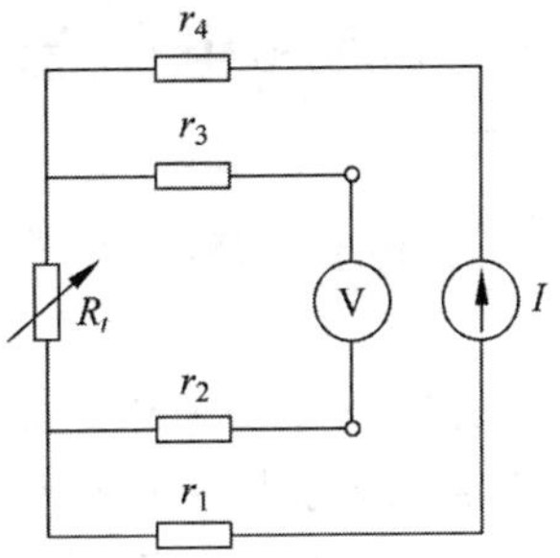

图 7.23　四线制引线方式

热电阻的阻值可以从测得的电压值和恒流源的电流值计算出来,即

$$R_t = \frac{U}{I} \tag{7.26}$$

7.2.4　热电阻温度传感器应用举例

热电阻温度传感器有很多型号,这里介绍 WZDS 系列温度传感器的功能与性能。WZDS 系列温度传感器是铂热电阻温度传感器,输出电流信号,分为普通型(JZ-WZDS)、增安型(JZ-AWZDS)和隔爆型(JZ-BWZDS)。

图 7.24　JZ-WZDS 热电阻温度传感器

图 7.24 所示为 JZ-WZDS 热电阻温度传感器,两路输出共用一个接线盒,采用三线制或两线制传输方式,可以远距离传送分度号为 Pt_{100} 的铂热电阻的电流信号,与工业计算机组成检测和控制系统。作为新一代测温仪表,其广泛应用于化工、石油、机电等领域。

在使用时,温包把测得的温度信号传送到温度变换器模块,经过初步处理后,输出 $0 \sim 10mA$ 或 $4 \sim 20mA$ 的电流信号,供计算机做进一步处理。温度变换器模块由放大单元、线性化单元、电压电流转换、自动校正电路、反向保护电路等构成,非线性校正电路的输出信号与被测温度呈线性关系。主体外壳的防护等级为 IP54,绝缘等级为 F 级,模块采用环氧树脂封装,抗震性好,可靠性高。独有的抗干扰电路设计,在受到干扰时仍能够安全、可靠地工作,附有特殊的控热机构,有效地控制热传导作用。

JZ-WZDS 热电阻温度传感器的主要技术指标如下。

分度号:Pt_{100}。

测量范围:$0 \sim 200℃$。

基本误差:$\pm 0.2\%$、$\pm 0.5\%$ 两种规格。

环境温度变化影响:0.2 级,$0.02\%FS/℃$;0.5 级,$0.05\%FS/℃$。

供电电源:DC $14 \sim 34V$。

负载电阻：$0\sim600\Omega$。

输出信号：两线制传输，$4\sim20\text{mA}$；三线制传输，$0\sim10\text{mA}$。

7.3 热敏电阻温度传感器

7.3.1 热敏电阻的工作原理

实验表明，有些半导体的电阻值随温度的变化而显著变化。利用半导体的这个特性制成的传感器称为热敏电阻。

热敏电阻的敏感元件是由 NiO、MnO_2、CuO、TiO_2 等金属氧化物，采用不同的比例配方，经高温烧结而成的，而热敏电阻是由敏感元件、引线、壳体组成的。根据使用的要求，热敏电阻可以制成珠状、片状、垫圈状、杆状等各种形状，其长度往往不到 3mm，厚度或直径约为 1mm。热敏电阻的结构和形状如图 7.25 所示。

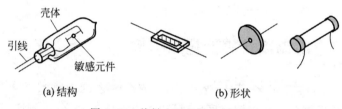

图 7.25　热敏电阻的结构和形状

与热电阻相比，热敏电阻具有电阻值大、电阻温度系数大、灵敏度高、热惯性小、响应速度快、结构简单、体积小、使用方便、寿命长等优点，并得到了广泛的应用。

目前，热敏电阻存在互换性差、稳定性较差、非线性严重、不能在高温下使用等缺点。随着微电子技术的发展和半导体技术的成熟，热敏电阻的缺点将会逐渐得到克服。

7.3.2 热敏电阻的特性

根据半导体的电阻-温度特性，热敏电阻可以分为三类，即正温度系数（Positive Temperature Coefficient，PTC）热敏电阻、负温度系数（Negative Temperature Coefficient，NTC）热敏电阻和临界温度系数（Critical Temperature Coefficient，CTR）热敏电阻。它们的电阻-温度特性曲线如图 7.26 所示。

PTC 热敏电阻的电阻值随温度升高而增大，且有一个斜率很大的区域，当温度超过某一数值时，其电阻值朝正的方向快速变化。根据这个特点，PTC 热敏电阻可以用于彩电消磁、各种电器设备的过热保护等。

NTC 热敏电阻具有很高的负电阻温度系数，温度越高，电阻值越小，且有明显的非线性。大多数热敏电阻属于 NTC 热敏电阻，适于 $-100\sim+300℃$ 测温，可以测量固体、液体、气体的温度，广泛应用于工业、高空气象、深井等对温度测量精度不高的场合。

CTR 热敏电阻也具有负温度系数，但是，在某个温度范围内，电阻值急剧下降，曲线在此区段特别陡峭,灵敏度极高,主要用作温度开关。

PTC 热敏电阻的电阻-温度特性关系式为

$$R_t = R_0 \exp A(t - t_0) \tag{7.27}$$

其中,R_t、R_0 分别为热敏电阻在温度 t、0℃时的电阻值;A 为热敏电阻的材料常数。

NTC 热敏电阻的电阻-温度特性关系式为

$$R_t = R_0 \exp\left(\frac{B}{t + 273.15} - \frac{B}{273.15}\right) \tag{7.28}$$

其中,R_t、R_0 分别为热敏电阻在温度 t、0℃时的电阻值,B 为热敏电阻的材料常数,由半导体的材料、工艺和结构决定,其值一般为 1500~6000,单位为 K。

图 7.27 所示为对于不同的 B 值,NTC 热敏电阻的电阻-温度特性曲线。很容易发现,NTC 热敏电阻具有很大的负温度系数,并且电阻-温度特性具有明显的非线性。

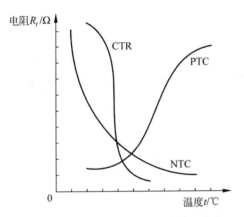

图 7.26　热敏电阻的电阻-温度特性曲线

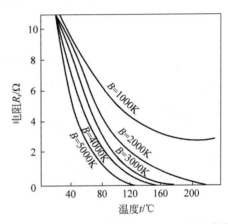

图 7.27　NTC 热敏电阻的电阻-温度特性曲线

由于热敏电阻自身的阻值很大,在常温下通常都在数千欧姆以上,而连接导线的电阻值相对很小,对测量结果几乎没有影响,因此,无须采用三线制或四线制接法,给使用带来了方便,容易实现远距离的温度测量。

热敏电阻的电阻值随温度的变化而显著变化,只要很小的电流流过热敏电阻,就会对热敏电阻起加热作用,从而引起电阻值的明显变化,带来测量误差。因此,在测量时,不能使电流过大。

7.3.3　热敏电阻温度传感器应用举例

1. 温度控制

图 7.28 是以热敏电阻为敏感元件构建的温度控制系统的电路原理图。电位器 RP 用于调节温度控制范围,用于测量温度的热敏电阻 RT 作为偏置电阻接在 VT$_1$、VT$_2$ 组成的差分放大器电路内。

当温度变化时,热敏电阻的阻值变化,引起 VT$_1$ 集电极电流变化,影响二极管 VD 支路电流,使电容 C 充电电流发生变化,相应的充电速度发生变化。当电容电压升到单结晶体

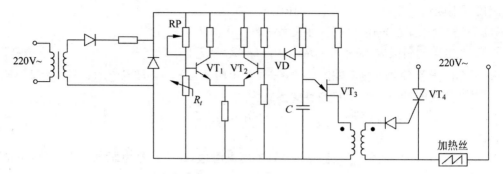

图 7.28   温度控制系统的电路原理图

管 VT$_3$ 的峰点电压时,单结晶体管的输出脉冲产生相移,改变了晶闸管 VT$_4$ 的导通角,从而改变了加热丝的电源电压,达到自动控制温度的目的。

2. 管道流速测量

利用热敏电阻温度传感器测量管道流速的工作原理如图 7.29 所示。RT$_1$ 和 RT$_2$ 为热敏电阻,RT$_1$ 放入被测流速管道中,RT$_2$ 放入不受流体流速影响的容器内;R_1 和 R_2 为一般电阻,四个电阻组成电桥。

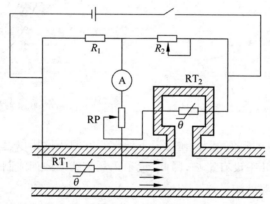

图 7.29   利用热电阻测量管道流速的工作原理示意图

当流体静止时,电桥处于平衡状态,电流表 A 的示数为 0。当流体流动时,RT$_1$ 周围的热量被带走,RT$_1$ 的温度发生变化,引起电阻值的变化,使电桥失去平衡,电流表的示数不再为 0,而且,电流表的示数的大小反映了流体流速 v 的大小。

习题 7

1. 填空。

(1)热电偶是把温度变化转换为_____变化的测温元件,热电阻和热敏电阻是把温度变化转换为_____变化的测温元件。

(2)热电偶的基本定律包括中间导体定律、_____、_____和均质导体定律。

(3) 导体的_____随温度的变化而变化,热电阻温度传感器就是利用这个原理进行测温的。

(4) 热电阻的引线方式有_____、_____和_____三种。

(5) 根据半导体的电阻-温度特性,热敏电阻可以分为三类,即_____热敏电阻、_____热敏电阻和_____热敏电阻。

(6) CTR 热敏电阻也具有负温度系数,但是,在某个温度范围内,电阻值急剧下降,曲线在此区段特别陡峭,灵敏度极高,主要用作_____。

2. 名词解释。

(1) 热电效应

(2) 两种导体的接触电动势

(3) 单一导体的温差电动势

(4) 热电偶的中间导体定律

(5) 热电偶的分度表

(6) 热电阻的分度表

(7) 热敏电阻

3. 热电偶冷端温度补偿有哪些方法?

4. 阐述热电偶冷端温度修正法的基本原理。

5. 把一只镍铬-镍硅热电偶与电压表相连,电压表的读数为 6mV。若电压表的接线端温度为 50℃,求热电偶热端的温度。

6. 把一只热电偶与电压表相连,电压表的读数为 60mV。已知热电偶的灵敏度为 0.08mV/℃,电压表的接线端温度为 50℃,求热电偶热端的温度。

7. 使用 K 型热电偶进行温度测量。对于冷端温度 0℃,当热端温度为 30℃和 900℃时,电压表的读数为分别为 1.203mV 和 37.325mV。试问当冷端端温度为 30℃、热端温度为 900℃时,电压表的读数为多少?

8. 简述铜热电阻的优缺点。

9. 在分度号为 Pt_{100} 的分度表 7.5 中,所列的电阻值有什么规律?根据这个规律,试说明导体的超导现象。

10. 为什么热电阻的引线对测量结果有较大的影响?为什么三线制和四线制引线方式能够消除这种影响?

11. 铂热电阻温度计在 100℃时的电阻值为 138.5Ω,当它与被测气体接触时,电阻值为 281Ω,试计算气体的温度。

12. 用分度号为 Pt_{100} 的铂热电阻测量温度。采用如图 7.21 所示的两线制引线方式,其中,电桥的电源电压为 10V,$R_1 = R_2 = 1000Ω$,$R_3 = 100Ω$,引线电阻 $R = 5Ω$。如果被测温度为 300℃,试求两线制引线方式所引起的绝对误差和相对误差。

13. 某负温度系数热敏电阻的材料常数 $B = 2900K$,如果它在冰点的电阻为 500Ω,求它在 100℃时的电阻。

14. 就用于温度测量的热敏电阻而言,与热电阻相比,它有哪些优点?目前它还存在哪些缺点?

第 8 章
CHAPTER 8 | **光电式传感器**

利用光电器件，把光信号转换为电压、电流、电荷或电阻等电信号的装置，称为光电式传感器，又称为光敏传感器。光电式传感器结构简单，响应速度快，精度高，分辨率高，可靠性高，抗干扰能力强，可实现非接触测量，可以直接测量光信号，还可以间接测量温度、压力、速度、加速度等。按照工作原理进行分类，光电式传感器可以分为光电效应传感器、光电式编码器、CCD 图像传感器、光纤传感器、计量光栅等。

8.1 光电效应与光电器件

8.1.1 外光电效应型光电器件

1. 外光电效应

1905 年 3 月，爱因斯坦在德国《物理年报》上发表了论文《关于光的产生和转化的一个推测性观点》。他认为：对于时间的平均值，光表现为波动；对于时间的瞬间值，光表现为粒子性。这篇论文第一次揭示了光是波动性和粒子性的统一，即光具有波粒二象性，光粒子的运动轨迹是呈周期性的波。光粒子简称为光子。

光子是具有能量的粒子，每个光子的能量可以表示为

$$E = h \cdot v_0 \tag{8.1}$$

其中，h 是普朗克常数（$h = 6.626 \times 10^{-34} \text{J} \cdot \text{s}$）；$v_0$ 是光的频率。

当光线照射到某些物体表面时，光子的能量就传给了电子。如果电子的能量足够大，那么这些电子就可以从物体的表面逸出。

光线照射在某些物体上，物体吸收具有一定能量的光子后，在其表面释放出电子的现象，称为外光电效应。外光电效应中释放出的电子称为光电子。能够产生外光电效应的物质称为光电材料，光电材料一般是金属或金属氧化物。通过外光电效应，把光能转变为电能的器件，称为外光电效应型光电器件。

根据爱因斯坦假设，一个光子的能量只传给一个电子。因此，如果一个电子要从物体中逸出，必须使光子的能量 E 大于电子的表面逸出功 A_0。这时，逸出物体表面的电子具有的动能为

$$E_k = \frac{1}{2} mv^2 = h \cdot v_0 - A_0 \tag{8.2}$$

式(8.2)称为爱因斯坦光电效应方程。

根据外光电效应制作的光电器件主要有光电管和光电倍增管。下面分别加以介绍。

2. 光电管的结构及其工作原理

光电管包括真空光电管和充气光电管两种。真空光电管的结构和测量电路如图 8.1 所示。它由一个阳极和一个阴极构成,密封在一个真空玻璃管内。阳极通常用金属丝制作而成,置于玻璃管的中央。阴极安装在玻璃管的内壁,在其上涂有阴极光电材料,在玻璃管壁留有一个光窗。

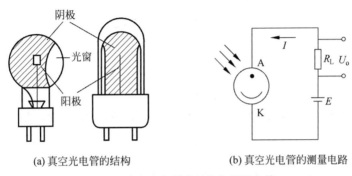

(a) 真空光电管的结构　　　　(b) 真空光电管的测量电路

图 8.1　真空光电管的结构与测量电路

在阳极和阴极之间加上一定的电压,阳极为正,阴极为负。当光线通过光窗照射到阴极上时,光电子就从阴极发射出去,在阴极和阳极之间电场的作用下,光电子在极间加速运动,被高电位的阳极收集形成电流,光电流的大小主要取决于阴极的灵敏度和入射光照的强度。

充气光电管的结构和测量电路与真空光电管相同,只是在玻璃管内充入少量的氩或氖等惰性气体。当光线通过光窗照射到阴极上,光电子就从阴极发射出去,光电子在飞向阳极的途中,与惰性气体的原子发生碰撞,使惰性气体电离,电离产生的新电子与光电子一起被阳极接收,正离子向方向运动,被阴极接收。因此,在其他条件相同的情况下,充气光电管的光电流大于真空光电管的光电流,从而提高了光电管的灵敏度。

随着电路放大技术的发展,对光电管的灵敏度要求不再那么高了,而且,真空光电管的灵敏度也在不断提高,同时,充气光电管也存在不少缺点,例如,光电流的大小与入射光强度不呈线性关系,惰性大,稳定性较差,受温度影响明显,容易老化等,因此,在实际应用中,往往采用受温度影响小、灵敏度稳定的真空光电管。

3. 光电管的基本特性

1) 光电管的伏安特性

光电管的伏安特性是指在一定的光照强度下,对光电管阳极、阴极所加的电压与光电流之间的关系。光电管的伏安特性曲线如图 8.2 所示,其中,图 8.2(a)是真空光电管的伏安特性曲线,图 8.2(b)是充气光电管的伏安特性曲线。由图 8.2 可见,对于一定的光照强度,在一定的电压范围内,加大阳极、阴极之间的电压,光电流也随之增大。

2) 光电管的光照特性

光电管的光照特性是指当光电管的阳极、阴极之间所加的电压一定时,光照强度与光电

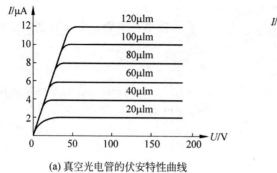 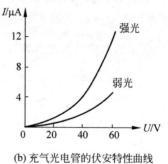

(a) 真空光电管的伏安特性曲线　　　　　(b) 充气光电管的伏安特性曲线

图 8.2　光电管的伏安特性曲线

流之间的关系。光电管的光照特性曲线如图 8.3 所示。

曲线 1 表示氧铯阴极光电管的光照特性曲线，光电流随光照强度的增强而增大，并且，光电流与光照强度呈线性关系，光照特性曲线的斜率称为光电管的灵敏度。曲线 2 为锑铯阴极光电管的光照特性曲线，光电流随光照强度的增强而增大，但是，光电流与光照强度之间不是线性关系。

3）光电管的光谱特性

光电管的光谱特性有两种含义：不同阴极材料的光电管，对于同一波长的光具有不同的灵敏度；同一种阴极材料的光电管，对于不同波长的光的灵敏度也不同。光电管的光谱特性曲线如图 8.4 所示。

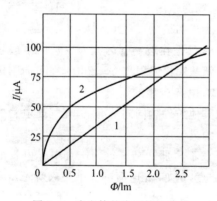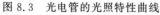 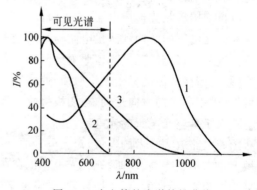

图 8.3　光电管的光照特性曲线　　　　图 8.4　光电管的光谱特性曲线

曲线 1 为氧铯阴极光电管的光谱特性曲线，曲线 2 为锑铯阴极光电管的光谱特性曲线，曲线 3 为含有锑、钾、钠、铯等多种成分阴极光电管的光谱特性曲线。从图 8.4 可知，对于不同波长区域的光，应该选用不同阴极材料的光电管，以便取得较大的灵敏度。

4. 光电倍增管

当入射光线很微弱时，普通光电管产生的光电流很小，不容易测量到，此时，就需要使用光电倍增管。光电倍增管输出的是电压脉冲，它的灵敏度极高，响应速度极快，输出信号在很大范围内与入射光子数呈线性关系。

光电倍增管的外形与结构如图 8.5 所示。光电倍增管由光电阴极 K、若干个倍增极 D_i

（$i=1,2,\cdots,n$）和阳极 A 三部分构成,阳极是最后用来收集电子的。

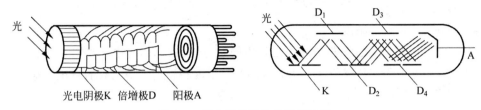

图 8.5　光电倍增管的外形与结构

图 8.6 所示为光电倍增管的电阻分压式供电电路,由 11 个电阻构成电阻链分压器,分别向 10 级倍增管提供电压。使用时,光电阴极电位最低,各个倍增极的电位依次增高,阳极电位最高。这些倍增电极用次级发射材料制成,这种材料在具有一定能量的电子的轰击下,能够产生更多的“次级电子”。

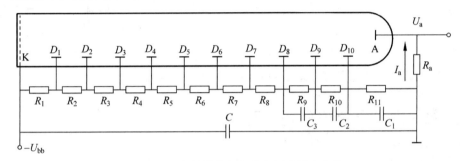

图 8.6　光电倍增管的电阻分压式供电电路

由于相邻两个倍增电极之间存在电位差,因此存在加速电场,能够对电子加速。从阴极发出的光电子,在加速电场的作用下,打到第一个倍增电极上,引起二次电子发射。每个电子都从这个倍增电极上打出 3～6 个次级电子。被打出来的次级电子,又在加速电场的作用下,打到第二个倍增电极上,电子数又增加了 3～6 倍。如此不断倍增,阳极最后收集到的电子数将达到从阴极发出的光电子数的 $10^5 \sim 10^8$ 倍。因此,光电倍增管的灵敏度要比普通光电管提高了很多倍,即使很微弱的入射光线也能产生很大的光电流。为了避免光电流过大而击穿光电倍增管,应该把光电倍增管放在暗室里,避免受到强光照射。

5. 光电倍增管的主要参数

1）光电阴极灵敏度

一个光子在阴极上所能激发的平均电子数,称为光电阴极的灵敏度,记为 σ。

2）倍增电极的倍增系数

一个电子在倍增极上所能激发的平均电子数,称为倍增电极的倍增系数,记为 δ。

3）管内倍增系数

设光电倍增管有 n 个倍增电极,每个倍增电极的倍增系数都是 δ,则整个光电倍增管的管内倍增系数为 δ^n 的倍,记为 M,即

$$M = \delta^n \tag{8.3}$$

从式(8.3)可见,光电倍增管的管内倍增系数等于各个倍增电极的倍增系数的乘积。

根据式(8.3),如果流过第一个倍增电极的电流为 i,那么阳极的电流 I 为

$$I = Mi = \delta^n i \tag{8.4}$$

4) 光电倍增管总灵敏度

一个光子入射到阴极上,最后在阳极收集的总电子数,称为光电倍增管的总灵敏度,记为 β。易见,光电倍增管总灵敏度等于光电阴极灵敏度与管内倍增系数的乘积。即

$$\beta = \sigma M = \sigma \delta^n \tag{8.5}$$

光电倍增管总灵敏度与加在两极之间的电压有关。两极之间的电压越大,相邻两个倍增电极之间的电位差越大,每个倍增电极的倍增系数 δ 越大,从而总灵敏度越大。但是,两极间电压不能过高,否则,会使阳极电流不稳定。

5) 暗电流

在实际应用中,一般把光电倍增管放在暗室里避光使用,使它只对所测量的入射光起作用。但是,由于环境温度、热辐射和其他因素的影响,即使没有光线照射,光电倍增管加上电压后也有电流,这种电流称为暗电流。在正常使用的情况下,光电倍增管的暗电流很小,只有 $10^{-16} \sim 10^{-10}$ A。随着温度的增加,暗电流也增大。如果暗电流过大,会使光电倍增器无法正常工作。通常采用补偿电路来消除光电倍增管的暗电流。

8.1.2 内光电效应型光电器件

1. 内光电效应

物体受到光照后,所产生的光电子只在物体内部运动,而不会逸出物体,这种现象称为内光电效应。内光电效应多发生在半导体内,分为光电导效应和光生伏特效应。

光电导效应是指在光线的照射下,半导体材料吸收了入射光子的能量,激发出电子-空穴对,使物体中载流子浓度增加,从而使电阻减小的现象。基于光电导效应的光电器件有光敏电阻。

光生伏特效应是指在光线的照射下物体产生一定方向的电动势的现象。基于光生伏特效应的光电器件有光敏二极管、光敏三极管和光电池等。

2. 光敏电阻

光敏电阻是用半导体材料制成的光电器件。光敏电阻的结构与测量电路如图 8.7 所示。图 8.7(a)是单晶光敏电阻的结构与测量电路示意图。把光敏电阻连接到外电路中,在外加电压的作用下,从检流计可以看出电路中有电流流过。如果改变照射到光敏电阻的光照强度,从检流计可以看出电路中电流大小将发生变化,即光照强度改变了电路中电流的大小。实际上,是光照强度改变了光敏电阻的阻值,导致了电路中电流的改变。

单晶光敏电阻的体积很小,感光面积小,额定电流容量低。为了加大感光面积,通常采用微电子工艺,在玻璃基片上涂覆薄薄一层多晶材料,做成梳状电极的形状,如图 8.7(b)所示。经过高温烧结后,在上面放上掩盖膜,再蒸镀两个金电极,然后在上面覆盖一层保护膜。这样,一个多晶光敏电阻就制成了,它的灵敏度比单晶光敏电阻增大了很多。

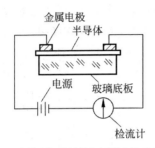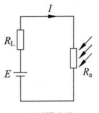

(a) 单晶光敏电阻的结构与测量电路示意图　(b) 梳状电极　(c) 测量电路

图 8.7　光敏电阻的结构与测量电路

在图 8.7(c)所示的测量电路中,没有光照时,光敏电阻的阻值很大,电路中的电流很小;当光敏电阻受到一定波长范围的光照时,光敏电阻的阻值急剧减小,电路中的电流迅速增大。因此,根据测量电路的电流变化,就可以检测光照强度的变化。这就是光敏电阻的工作原理。

光敏电阻没有极性,使用时既可加直流电压,也可以加交流电压。它具有灵敏度高、工作电流大、光谱响应范围宽、体积小、重量轻、机械强度高、耐冲击、耐振动、抗过载能力强、寿命长、使用方便等优点,但是,它也存在响应速度慢、频率特性差、强光线性度差、受温度影响大等缺点,主要用于红外的弱光探测和开关控制领域。

典型的光敏电阻有硫化镉(CdS)、硫化铅(PbS)、锑化铟(InSb)、碲化镉汞($Hg_{1-x}Cd_xTe$)系列光敏电阻。

3. 光敏电阻的主要参数

光敏电阻未受光照射时的阻值称为暗电阻,此时流过的电流称为暗电流。光敏电阻在受到光照射时的电阻称为亮电阻,此时流过的电流称为亮电流。亮电流与暗电流之差称为光电流。

一般希望暗电阻越大越好,亮电阻越小越好,这样的光敏电阻灵敏度高。实际光敏电阻的暗电阻值一般在兆欧量级,甚至超过 $100M\Omega$,而亮电阻值一般在几千欧以下。暗电阻与亮电阻的比值一般为 $10^2 \sim 10^6$,可见,光敏电阻的灵敏度是很高的。

4. 光敏电阻的基本特性

1) 光敏电阻的伏安特性

在一定的光照强度下,在光敏电阻两端所加的电压与光电流的关系称为光敏电阻的伏安特性。不同光敏电阻的伏安特性是不同的,硫化镉光敏电阻的伏安特性曲线如图 8.8 所示,其中的虚线为允许功率线。由图 8.8 可见,在一定的光照强度下,在光敏电阻两端所加的电压越高,光电流越大,并且光电流与电压之间呈线性关系。但是,所加的电压是有限度的,不能超过允许功率线所限定的值。

2) 光敏电阻的光照特性

光敏电阻的光照特性是指当光敏电阻两端所加的电压一定时,光敏电阻的光电流与光照强度之间的关系。不同光敏电阻的光照特性是不同的,硫化镉光敏电阻的光照特性曲线如图 8.9 所示。从图 8.9 可见,当光敏电阻两端所加的电压一定时,光照强度越大,光电流越大。但是,光电流与光照强度之间的关系是非线性的。事实上,绝大多数光敏电阻的光照特性曲线都是非线性的,因此,在自动控制系统中,光敏电阻一般用作开关式光电信号转换器,而不用作测量元件。

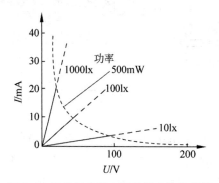

图 8.8 硫化镉光敏电阻的伏安特性曲线

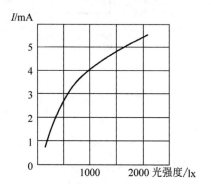

图 8.9 硫化镉光敏电阻的光照特性曲线

3) 光敏电阻的光谱特性

光敏电阻对入射光的光谱具有选择性,即对不同波长的入射光,光敏电阻的灵敏度是不同的。光敏电阻的相对灵敏度与入射光波长的关系称为光敏电阻的光谱特性。图 8.10 显示了硫化镉、硫化铊、硫化铅三种不同光敏电阻的光谱特性。从图 8.10 可见,每一种光敏电阻对不同波长的入射光,其相对灵敏度都是不同的。另外,对于不同的光敏电阻,其最敏感的光波长不同,因此,它们的使用范围也不同。例如,硫化镉光敏电阻的相对灵敏度的峰值在可见光区域,而硫化铊光敏电阻的相对灵敏度的峰值在红外区域,因此,在选用光敏电阻时,应该考虑光源所处的区域。

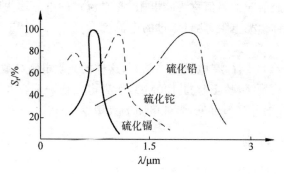

图 8.10 光敏电阻的光谱特性

4) 光敏电阻的时间常数与频率特性

实验表明,光敏电阻的光电流不能随着光照强度的变化而立刻变化,即光敏电阻产生的光电流有一定的惰性,这种惰性通常用时间常数来表示。光敏电阻自停止光照起到电流下降为原来的 63% 所需要的时间称为光敏电阻的时间常数。

光敏电阻的时间常数越小,它的响应速度越快。但是,大多数光敏电阻的时间常数都比较大。不同材料的光敏电阻有不同的时间常数,从而有不同的频率特性。

硫化铅光敏电阻和硫化镉光敏电阻的频率特性如图 8.11 所示。硫化铅光敏电阻的使用频率范围很宽,而硫化镉光敏电阻的使用频率范围就很窄。

5）光敏电阻的温度特性

温度变化会影响光敏电阻的光谱特性、灵敏度和暗电阻,这就是光敏电阻的温度特性。光敏电阻的温度特性与半导体材料有密切的关系,不同材料的光敏电阻有不同的温度特性。硫化铅光敏电阻受温度的影响很大,随着温度的升高,光谱响应曲线向左移动,如图 8.12 所示。因此,硫化铅光敏电阻最好在低温、恒温的环境下使用,以减小温度的影响。

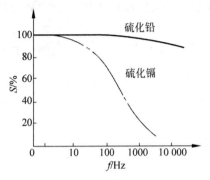

图 8.11 光敏电阻的频率特性

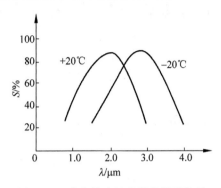

图 8.12 硫化铅光敏电阻的温度特性

5. 光敏电阻的典型应用

下面以火灾探测报警为例,说明光敏电阻的典型应用。硫化铅光敏电阻的峰值响应波长为 $2.2\mu m$,与火焰的特征波长接近。因此,以硫化铅光敏电阻作为光敏感元件,设计火灾探测报警器,电路原理图如图 8.13 所示。

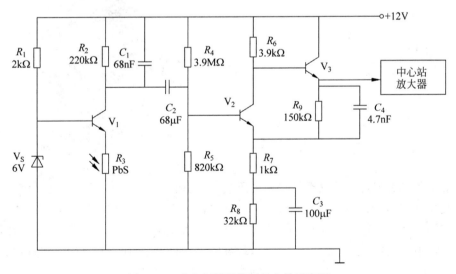

图 8.13 火灾探测报警器的电路原理图

由三极管 V_1、电阻 R_1、电阻 R_2 和稳压二极管 V_S 构成对光敏电阻 R_3 的恒压偏置电路。当被探测物体的温度高于燃点时,会发出热辐射,该辐射被光敏电阻 R_3 接收,使前置放大器 V_1 输出跟随火焰"跳变"的信号,经电容 C_2 耦合后,送到 V_2、V_3 组成的高输入阻抗放大器,放大器的输出信号再送给中心站放大器,由其发出火灾报警信号,或自动执行灭火动作。

8.2 光电式编码器

光电式编码器是将机械转动的角位移(模拟量)转换为数字式电信号的传感器,可以用来测量转轴的角位移、角速度、角加速度、转速等物理量。在角位移测量方面,光电式编码器属于非接触测量,具有精度高、分辨率高、可靠性高、使用寿命长等优点,应用非常广泛。但是,光电式编码器的结构比较复杂,光源寿命比较短。按照结构的不同,光电式编码器分为码盘式编码器和脉冲盘式编码器。

8.2.1 码盘式编码器

1. 码盘式编码器的结构与工作原理

码盘式编码器的结构如图 8.14 所示,由光源、透镜、安装在旋转轴上的码盘、窄缝和光敏元件等组成。码盘由光学玻璃制成,上面刻有若干个同心码道,每个码道上都有按一定编码规则排列的透光部分和不透光部分,分别称为亮区和暗区,四位二进制码盘如图 8.15 所示。光路上的窄缝是为了方便取光而设计的。

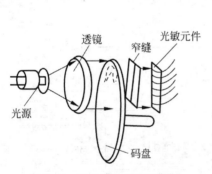

图 8.14 码盘式编码器的结构

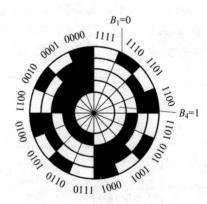

图 8.15 四位二进制码盘

来自光源的光束经过聚光透镜投射到码盘,转动码盘,光束经过码盘进行角度编码,再通过窄缝射入光敏元件组。光敏元件组的排列与码道一一对应。对应于亮区,光敏元件输出信号"1";对应于暗区,光敏元件输出信号"0"。光敏元件输出的信号反映了码盘的位置。测量时,根据码盘的起始位置和终止位置,就可以确定角位移,而与转动的中间过程无关,因此,这种码盘又称为绝对码盘,码盘式编码器又称为绝对编码器。

码盘的编码规则可分为二进制码、十进制码、循环码等。图 8.15 所示的是四位二进制编码规则,把圆周 360° 分为 $2^4 = 16$ 个方位,一个方位对应 $360°/16 = 22.5°$。因此,一个四位二进制码盘能够分辨的最小角度是 22.5°。同理,一个 n 位二进制码盘的分辨率是 $360°/2^n$。16 位二进制码盘的分辨率约为 20″。目前,国内实验室使用高达 23 位二进制的码盘,分辨率约为 0.15″。

对于四位二进制码盘,最内层的码道分为一个亮区和一个暗区;次内层的码道分为相间的两个亮区和两个暗区;第三层码道分为相间的四个亮区和四个暗区;最外层码道分成 $2^4=16$ 个黑白间隔。每一个角度方位对应于不同的编码,码盘编码规则为"内高外低"。例如,第 0 个方位对应于 0000(全黑);第 13 个方位对应于 1101。

2. 码盘式编码器的应用

BCE58K20 型光电编码器的外形如图 8.16 所示。位数为 $12 \sim 18b$,精度为 $\pm 15''$,输出码制为二进制码、格雷码,通信接口可选用通用的串口 Modbus、Can、Canopen、SSI、RS485、RS232 等,可在线对分辨率、预设置(零位)、方向、地址等进行编程。外径为 $\phi 58mm$,轴径为 $\phi 20mm$,铝制机身,自重轻,轴套型,安装简便,进口轴承,超长使用寿命,多种电气接口灵活多变、适应能力强。

码盘式编码器可以用来测量转轴的旋转角度。当被测转角不超过 360°时,它所提供的是旋转角的绝对值,即从起始位置所转过的角度。当被测转角大于 360°时,为了得到旋转角的值,可以用两个码盘与机械减速器配合,扩大角度量程。例如,选用两个码盘,两者的转速比为 10∶1,则测角范围可以扩大 10 倍。

图 8.16　BCE58K20 型光电编码器的外形

思考:对于码盘式编码器,当被测旋转角度大于 360°时,除了选用两个码盘之外,还有什么方法可以测量旋转角?

8.2.2　脉冲盘式编码器

1. 脉冲盘式编码器的工作原理

脉冲盘式编码器又称为增量编码器,其结构如图 8.17 所示,当脉冲盘式编码器转动时,输出的是一系列脉冲,用一个计数系统对脉冲进行累计计数,一般还需要一个基准数据,即零位基准,才能完成角位移测量。

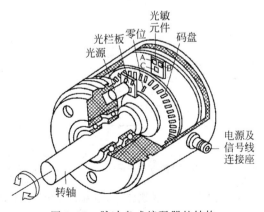

图 8.17　脉冲盘式编码器的结构

脉冲盘式编码器的工作原理如图 8.18 所示。在圆盘上开有内、外两圈相等角距的缝隙，外圈 A 为增量码道，内圈 B 为辨向码道，内、外圈的相邻两缝隙之间错开半条缝宽。在内、外圈之外的某一径向位置开一缝隙 C，表示码盘的零位，码盘每转一圈，零位对应的光敏元件就产生一个脉冲，称为"零位脉冲"。光栏板上有三个狭缝，并设置了三个对应的光敏元件，对应图中的两个转角信号 A、B 和零位脉冲信号 C。

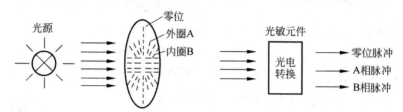

图 8.18　脉冲盘式编码器的工作原理

当码盘随着被测轴转动时，每转过一个缝隙就发生一次光线明暗的变化，通过光敏元件产生一次电信号的变化，即一个脉冲。利用计数器记录脉冲数，就可得到码盘转过的角度。但是，如果遇到停电，就会丢失累加的脉冲数，因此，必须有停电保持、记录的措施。

2. 脉冲盘式编码器的应用

1）转轴位置测量

把脉冲盘式编码器安装在转轴上，当转轴转动时，对脉冲盘式编码器输出的脉冲进行计数，根据脉冲数就可以计算出码盘转过的角度，从而得到转轴转过的角度。

在码盘的起始位置，对计数器清零，当转轴转动时，对脉冲盘式编码器输出的脉冲进行计数，根据脉冲数就可以计算出码盘的绝对转角。

在进行直线位移测量时，把脉冲盘式编码器安装在伺服电机的转轴上，通过一定的换算，可以测量物体移动的直线距离，进而可以测量物体的速度。

2）转轴转速测量

把脉冲盘式编码器安装在转轴上，当转轴转动时，在给定时间内对脉冲盘式编码器输出的脉冲进行计数，根据脉冲数就可以计算出码盘转过的转数，从而得到转轴的转速。

用脉冲盘式编码器测量转轴转速的工作原理如图 8.19 所示。

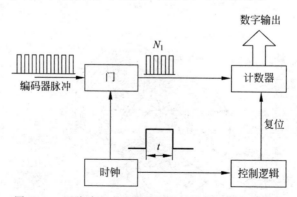

图 8.19　用脉冲盘式编码器测量转轴转速的工作原理

设脉冲盘式编码器每转的脉冲数为 N,在给定时间 t 秒内,使门电路选通,允许编码器输出脉冲进入计数器计数,若计数脉冲为 N_1,则转轴的转速为

$$n = \frac{N_1/t}{N}(\text{r/s}) = \frac{N_1}{Nt}(\text{r/s}) = 60 \cdot \frac{N_1}{Nt}(\text{r/m}) \tag{8.6}$$

例 8.1 设某编码器的额定工作参数是 $N = 2048$ 脉冲/转,在 0.2s 时间内,测得 8192 个脉冲,求其转速。

解 根据转速式(8.6),得

$$n = 60 \cdot \frac{N_1}{Nt} = 60 \cdot \frac{8192}{2048 \times 0.2} = 1200(\text{r/m})$$

8.3 CCD 图像传感器

电荷耦合器件(Charge Coupled Device,CCD)是一种大规模金属氧化物半导体(Metal Oxide Semiconductor,MOS)集成电路光电器件。与大多数传感器以电压或电流为信号不同,CCD 以电荷为信号,它具有光电信号转换、信息存储、电荷转移等功能。

CCD 的概念是由美国贝尔实验室的 W. S. Boyle 和 G. E. Smith 于 1970 年提出的,随后就有各种实用的 CCD 器件被开发出来。CCD 集成度高,功耗小,在固体图像采集、存储和处理等方面得到了广泛的应用,典型产品有数码照相机、数码摄像机等。

8.3.1 CCD 的工作原理

1. CCD 的 MOS 光敏单元的结构

CCD 是由若干个电荷耦合单元组成的。以 P 型(或 N 型)半导体为衬底,上面覆盖一层 SiO_2,在 SiO_2 表面沉积一层金属电极,就构成了一个 MOS 结构。P 型 MOS 光敏单元如图 8.20 所示。这样的一个 MOS 结构称为一个光敏单元,或称为一个像素。将若干个 MOS 结构组成阵列,再加上输入输出部件,就构成了 CCD 器件。

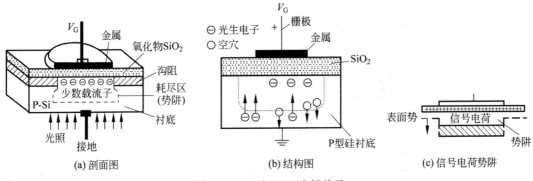

图 8.20 P 型 MOS 光敏单元

2. CCD 电荷存储的原理

组成 CCD 的基本单元是 MOS 电容器，MOS 电容器能够存储电荷。如图 8.20(b)所示，MOS 电容器中的半导体是 P 型硅，把衬底接地，在金属电极上施加一个正电压 U_G，金属电极板上充上一些正电荷，电势高，那么，在 P 型硅 SiO_2 界面附近形成一个区域，这个区域把 P 型硅中的多数载流子(空穴)排斥到表面入地，而对 P 型硅中的少数载流子(电子)具有吸引作用，能够容纳电子，因此，把这个区域称为电子势阱。在一定的条件下，所加的正电压 U_G 越大，电势越高，电子势阱就越深，所能容纳的电荷量就越大。

如果此时有光线照射到硅片上，在光子的作用下，半导体硅吸收光子，产生电子-空穴对，其中的光生电子被电子势阱所吸收，而空穴被排斥出势阱。电子势阱所吸收的光生电子数量与照射到该电子势阱附近的光线强度成正比，如图 8.20(c)所示。因此，电子势阱中电子数量的多少就反映了光线的强度，即该像素的明暗程度，也即这种 MOS 电容器可以实现光信号向电信号的转变。

如果给光敏单元阵列的各个单元同时加上正电压 U_G，那么，整个图像的光信号就同时转化为电荷包阵列，从而得到整个图像的电信号。而且，电子势阱中的电子处于被存储状态，即使停止光照，在一定时间内也不会损失，这就实现了对光照的记忆。

但是，这种记忆是有时间限制的，随着时间的推移，各个单元中电子势阱中的电子会慢慢泄漏，在足够长的时间之后，电子势阱中的电子全部泄漏了，此时，所拍摄的图像也就不复存在了。

3. CCD 电荷转移的原理

为了永久地保存所拍摄的图像，必须把各个单元中电子势阱中的电子数量信息传送出来，并用电子化的手段保存下来。因此，CCD 需要进行电荷的转移。

由于所有光敏单元共用一个电荷输出端，因此，需要进行电荷转移。为了方便电荷转移，CCD 器件的基本结构是一系列彼此非常靠近的 MOS 光敏单元，这些光敏单元的间距为 $15\sim20\mu m$，它们使用同一半导体衬底，氧化层均匀、连续，相邻金属电极间隔小。

在电荷转移时，设加在两个相邻金属电极的电压分别为 U_{G1}、U_{G2}，$U_{G1}<U_{G2}$，那么，任何可移动的负电荷都将向电势高的位置移动，即势阱 1 中的电子有向势阱 2 转移的趋势，电子转移方向如图 8.21 所示。如果串联一系列光敏单元，且使 $U_{G1}<U_{G2}<\cdots<U_{Gn}$，那么，就可形成一个输送电子的路径，实现电荷的有序转移。

在电荷转移过程中，持续的光照又会产生电荷，使信号电荷发生重叠，出现图像模糊的问题。为了解决这个问题，在 CCD 摄像器件中，把摄像区与传输区分开，并且保证信号电荷从摄像区转移到传输区的时间远小于摄像时间。

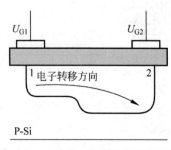

图 8.21　电子转移方向

4. CCD 信号电荷的输出

CCD 信号电荷的输出方式如图 8.22 所示。输出栅 OG 是 CCD 阵列末端衬底上的一个输出二极管。当输出二极管加上反向偏压时，转移到终端的电荷在时钟脉冲作用下,移向输出二极管,被二极管的 PN 结所收集,在负载 R_L 上形成脉冲电流 I_o。输出电流的大小与信号电荷的大小成正比,并通过负载电阻 R_L 转换为信号电压 U_o 输出。

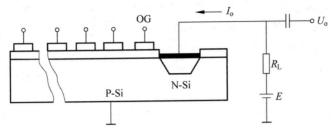

图 8.22　CCD 信号电荷的输出方式

8.3.2　CCD 图像传感器的分类

1. 线性 CCD 图像传感器

线性 CCD 图像传感器可以接收一维光信号,并转换为一维电信号输出,而不能直接感知二维图像。线性 CCD 图像传感器由线阵光敏区、转移栅、移位寄存器、偏置电荷电路、输出栅和信号读出电路构成。

线性 CCD 图像传感器有单沟道和双沟道两种结构形式,如图 8.23 所示。虽然两者在外形上有所不同,但是它们的工作原理是相同的。下面以单沟道线性 CCD 图像传感器为例,说明线性 CCD 图像传感器的工作原理。

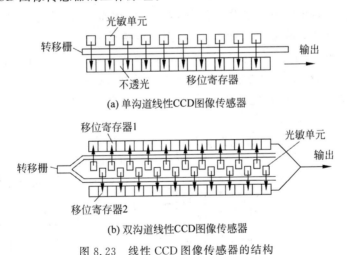

图 8.23　线性 CCD 图像传感器的结构

概括地说,线性 CCD 图像传感器由感光区和传输区两部分组成。感光区由一列 N 个形状和大小完全相同的光敏单元组成,每个光敏单元就是一个 MOS 电容。用透明的低阻多晶硅薄条作为 N 个 MOS 电容的共同电极,称为光栅。MOS 电容的衬底电极为半导体 P 型单晶硅,在单晶硅表面,用沟阻把相邻光敏单元隔开,使 N 个 MOS 电容相互独立。

传输区由一列 N 个动态移位寄存器和转移栅组成。在排列上,CCD 的 N 个移位寄存器与 N 个光敏单元一一对应,各个光敏单元通向移位寄存器的转移沟道之间用沟阻隔开,使一个光敏单元中的信号电荷只能转移到与之对应的移位寄存器。转移栅位于光栅和移位寄存器之间,用来控制光敏单元势阱中的信号电荷向移位寄存器中转移。移位寄存器中每位的输出,由对应的转移栅开关控制。给移位寄存器加上两相互补时钟脉冲,用一个周期性的起始脉冲引导每次扫描的开始,移位寄存器就产生依次延时一拍的采样脉冲,把存储于光敏单元中的信号电荷输出。传输区进行避光处理,以免光噪声干扰。

一个拍摄周期包括积分时间和转移时间,而积分时间远大于转移时间。线性 CCD 的拍摄过程如下。

(1)转移栅关闭,光敏单元势阱收集光信号电荷,经过一定的积分时间,形成与空间分布的光强信号对应的信号电荷图像。

(2)积分周期结束时,转移栅打开,各光敏单元收集的信号电荷并行地转移到移位寄存器的相应单元中。

(3)转移栅关闭,已经转移到移位寄存器内的行信号电荷通过移位寄存器行输出,光敏单元开始对下一行图像信号进行采集。

(4)重复上述过程,就可以得到一行一行的图像。

2. 面阵 CCD 图像传感器

面阵 CCD 图像传感器能够感知二维平面图像,主要用来装配数码照相机和数码摄像机。按照读出方式的不同,面阵 CCD 图像传感器分为行传输、帧传输和行间传输三种。

行传输面阵 CCD 图像传感器的结构如图 8.24(a)所示,由行选址电路、感光区和输出寄存器三部分构成。感光区由并行排列的若干个电荷耦合沟道组成,各个沟道之间用沟阻隔开,垂直电极纵贯各个沟道。假设有 M 个沟道,每个沟道有 N 个光敏单元,那么,整个感光区就有 $M \times N$ 个光敏单元,即该面阵 CCD 图像传感器有 $M \times N$ 个像素。当感光区积分结束后,行选址电路一行一行地把信号电荷转移到输出寄存器,顺序输出。行传输面阵 CCD 图像传感器的优点是有效光敏面积大,转移速度快,转移效率高。但是,它需要行选址电路,结构比较复杂。另外,在电荷转移过程中,必须加脉冲电压,与光积分同时进行,会产生"拖影",因此,实际使用较少。

帧传输面阵 CCD 图像传感器的结构如图 8.24(b)所示,由感光区、暂存区和输出寄存

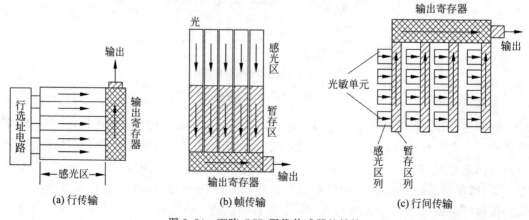

图 8.24　面阵 CCD 图像传感器的结构

器三部分构成。感光区由并行排列的若干个电荷耦合沟道组成,各个沟道之间用沟阻隔开,水平电极横贯各个沟道。当感光区积分结束后,首先把信号电荷快速转移到暂存区,然后把信号电荷从暂存区一列一列地转移到输出寄存器,顺序输出。帧传输面阵 CCD 图像传感器消除了"拖影",提高了图像的清晰度。但是,它增加了暂存区,传感器占用面积比行传输面阵 CCD 图像传感器增大了一倍。

行间传输面阵 CCD 图像传感器的结构如图 8.24(c)所示,也是由感光区、暂存区和输出寄存器三部分构成,但是,它的感光区列与暂存区列相间排列。当感光区积分结束后,把各列信号电荷同时转移到相邻的暂存区;然后,感光区进行下一帧图像的光积分,与此同时,把信号电荷从暂存区一列一列地转移到输出寄存器,顺序输出。行间传输面阵 CCD 图像传感器也不存在"拖影"的问题,光敏单元面积小,密度高,图像清晰,是目前使用最多的一种。但是,这种结构比较复杂。

8.3.3　CCD 图像传感器的特性参数

CCD 图像传感器的特性参数主要有分辨率、光电转移效率、灵敏度、光谱特性、暗电流、噪声等。在不同的应用场合,对特性参数的要求会有所侧重。

1. 分辨率

分辨率是指摄像器材对图像的分辨能力,用单位感光面积上光敏单元的个数来表示,主要取决于感光单元之间的距离。分辨率是图像传感器最重要的特性参数,单位是像素/英寸(Pixels Per Inch,PPI)。

2. 光电转移效率

在 CCD 中电荷包从一个势阱转移到另一个势阱时,设 Q_0 为初始电荷量,Q_1 为转移一次后的电荷量,则光电转移效率定义为

$$\eta = \frac{Q_1}{Q_0} \tag{8.7}$$

当信号电荷进行 N 次转移时,总光电转移效率为

$$\frac{Q_N}{Q_0} = \eta^N \tag{8.8}$$

在实际应用中,CCD 的总光电转移效率必须在 90% 以上,如果 CCD 的总光电转移效率过低,就失去了实用价值。由于 CCD 中信号电荷在传送过程中要经过成千上万次的转移,因此,要求光电转移效率 η 必须高达 99.99%～99.999%,以保证总光电转移效率在 90% 以上。从式(8.8)可见,当 η 一定时,就限制了转移次数,或器件的最长位数。

3. 灵敏度

CCD 图像传感器的灵敏度是指单位光照强度下、在单位时间内、单位面积感光区发生的电荷量。

4. 光谱特性

CCD 图像传感器对入射光的光谱具有选择性,即对不同波长的入射光,CCD 图像传感器的灵敏度是不同的。CCD 图像传感器的相对灵敏度与入射光波长的关系称为 CCD 图像传感器的光谱特性。图 8.25 显示了光电二极管、光电 MOS 管的光谱特性。

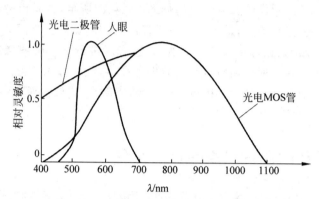

图 8.25　CCD 图像传感器的光谱特性曲线

从图 8.25 可见,每一种 CCD 图像传感器对不同波长的入射光,其相对灵敏度是不同的。另外,对于不同的 CCD 图像传感器,其最敏感的光波长不同,因此,它们的使用范围也不同。例如,光电二极管的相对灵敏度的峰值在可见光区域,而光电 MOS 管的相对灵敏度的峰值在红外区域,因此,在选用 CCD 图像传感器时,应该考虑光源所处的区域。

5. 暗电流

暗电流来源于热激发而产生的电子-空穴对,是 CCD 缺陷产生的主要原因。暗电流限制了器件的灵敏度,信号电荷的积分时间越长,暗电流的影响就越大。暗电流的产生不均匀,会在图像传感器中出现固定图形。暗电流与温度密切有关,温度每降低 10℃,暗电流约减小一半。

6. 噪声

噪声是 CCD 图像传感器重要的特性参数。CCD 本身是低噪声器件,但是,其他因素产生的噪声会叠加到信号电荷上,使信号电荷的转移受到干扰。在低照度、低反差条件下,噪声的影响更加明显。噪声的来源主要有信号输入噪声、转移噪声、电注入噪声、散弹噪声等。前几种噪声属于系统噪声,可以采用有效的措施来降低或消除;而散弹噪声属于随机噪声,难以消除。

8.3.4　CCD 图像传感器应用举例

CCD 图像传感器可以用作计量检测仪器,对工业产品的尺寸、位置、距离、表面缺陷等进行非接触检测;可以进行光学信息处理,如光学文字识别、标记识别、图形识别、传真、摄像等;也可以进行生产过程自动控制,如自动工作机械、自动售货机、自动搬运机、监视装置等；还可以应用于军事领域，如带摄像机的无人驾驶飞机、卫星侦查等。

1. 微小尺寸的检测

微小尺寸的检测是指对细丝直径、小孔直径、微隙尺寸等进行测量。用线性 CCD 图像传感器测量细丝直径的工作原理如图 8.26 所示。

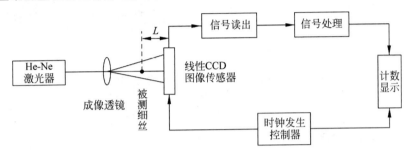

图 8.26　用线性 CCD 图像传感器测量细丝直径的工作原理

用 He-Ne 激光器发射波长为 λ 的激光，通过凸透镜照射到细丝，此时，光路满足远场条件。设 a 为被测细丝的直径，L 为细丝到线性 CCD 图像传感器的距离。若 $L \gg a^2 / \lambda$，则发生夫琅禾费衍射现象，在线性 CCD 图像传感器上，会得到夫琅禾费衍射图像。根据夫琅禾费衍射理论，可以推导出衍射图像暗纹的间距为

$$d = \frac{L\lambda}{a} \tag{8.9}$$

同时，图像暗纹间距与基于线性 CCD 图像传感器得到的脉冲数 N、阵列单元间距 l 的关系式为

$$d = Nl \tag{8.10}$$

根据式(8.9)和式(8.10)，可以求出被测细丝的直径 a 为

$$a = \frac{L\lambda}{d} = \frac{L\lambda}{Nl} \tag{8.11}$$

2. 物体轮廓尺寸的检测

用线性 CCD 图像传感器可以检测物体的长度、形状、面积等参数，从而实现对物体形状的识别和轮廓的检测。用线性 CCD 图像传感器测量物体长度的工作原理如图 8.27 所示。

设 L_0 为视野范围，L_x 为被测物体的长度，a 为被测物体到凸透镜的距离，b 为凸透镜

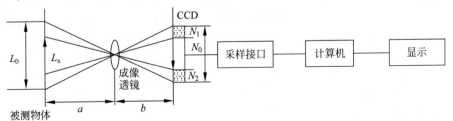

图 8.27　用线性 CCD 图像传感器测量物体长度的工作原理

到线性 CCD 图像传感器的距离。在被测物体的左侧,用平行光线照射物体。在整个视野范围 L_0 内,有 L_x 部分被遮挡。根据凸透镜的成像原理,在线性 CCD 图像传感器上,与被遮挡的部分对应的中间部分没有光线照射,而上下两部分受到光线照射。

对线性 CCD 图像传感器上的暗点、亮点进行计数。设中间部分的暗点数为 N_0,上下两部分的亮点数分别为 N_1、N_2,根据相似三角形理论,有

$$\frac{L_x}{L_0} = \frac{N_0 - (N_1 + N_2)}{N_0} \qquad (8.12)$$

从而得到被测物体的长度为

$$L_x = \frac{N_0 - (N_1 + N_2)}{N_0} \cdot L_0 \qquad (8.13)$$

8.4 光纤传感器

20 世纪 70 年代中期,伴随着光纤通信技术的发展,光纤传感技术逐步发展起来了。在光纤通信的应用实践中人们发现,温度、压力、电场、磁场等外界环境因素的变化,会导致光纤中所传输的光信号(光波)的光强、相位、频率、偏振态等特征量的变化。如果能够测量出光波的特征量的变化,就可以知道导致光波特征量变化的温度、压力、电场、磁场等物理量的大小,这就是光纤传感器的基本思想。

8.4.1 光纤传感器的工作原理

1. 光纤的结构

光导纤维简称为光纤,是由多层介质构成的同心圆柱体,包括纤芯、包层和保护层,如

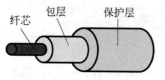

图 8.28 光纤的结构

图 8.28 所示。光纤的核心部分是纤芯和包层,纤芯的材料、纤芯的粗细、包层材料的折射率决定了光纤的特性。

纤芯由高度透明的材料制成,是光波传输的通道。纤芯材料的主体是 SiO_2,并掺入微量的 GeO_2、P_2O_5,以提高材料的折射率。纤芯的直径为 $5\sim75\mu m$。

包层可以是一层,也可以是多层。包层材料主要是 SiO_2,掺入了微量的 B_2O_3 或 SiF_4,以降低包层的折射率。包层的折射率略小于纤芯,使得入射到光纤内的光波集中在纤芯内传输。包层的外径约为 $100\sim200\mu m$。

保护层包含涂覆层和护套。涂覆层用来保护光纤不受水汽的侵蚀,避免机械擦伤,同时又增加光纤的柔韧性,延长光纤的使用寿命。护套是不同颜色的塑料套管,对光纤起保护作用,同时,可以用颜色区分多条光纤。

在实际应用中,把许多条光纤集束在一起,在外面加上保护套,组成一根光缆。

2. 光纤的光线传播原理

光在同一种介质中沿直线传播,而当光从一种介质入射到另一种介质时,会发生折射现

象。如图 8.29 所示,光从空气入射到纤芯,入射角为 θ_i,折射角为 θ'。然后,光从纤芯入射到包层,入射角为 θ_k,折射角为 θ_r。

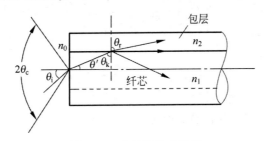

图 8.29　光纤的传光原理

设空气、纤芯、包层的折射率分别为 n_0、n_1、n_2,根据光的折射定律,有

$$\frac{\sin\theta_i}{\sin\theta'} = \frac{n_1}{n_0} \tag{8.14}$$

$$\frac{\sin\theta_k}{\sin\theta_r} = \frac{n_2}{n_1} \tag{8.15}$$

对于一个具体的光纤而言,n_0、n_1、n_2 都是定值。根据式(8.14),若减小入射角 θ_i,则折射角 θ' 也减小。因此,入射角 θ_k 增大,根据式(8.15),折射角 θ_r 也增大。当入射角 θ_i 达到角度 θ_c 时,使折射角 $\theta_r = 90°$,即折射光线沿着纤芯与包层的分界面方向传播,称此时的入射角 θ_c 为临界角。

$$\sin\theta_c = \frac{n_1}{n_0}\sin\theta' = \frac{n_1}{n_0}\cos\theta_k = \frac{n_1}{n_0}\sqrt{1-\sin^2\theta_k}$$

$$= \frac{n_1}{n_0}\sqrt{1-\left(\frac{n_2}{n_1}\sin\theta_r\right)^2} = \frac{\sqrt{n_1^2-n_2^2}}{n_0} \tag{8.16}$$

由于空气的折射率 $n_0 = 1$,因此

$$\sin\theta_c = \sqrt{n_1^2-n_2^2} \tag{8.17}$$

从而

$$\theta_c = \arcsin\sqrt{n_1^2-n_2^2} \tag{8.18}$$

当入射角 θ_i 小于临界角 θ_c 时,光线就不会透过纤芯与包层的分界面,而是全部反射到纤芯内部,即发生全反射。如果入射角 θ_i 大于临界角 θ_c,那么,进入光纤的光线就会透过纤芯与包层的分界面而散失掉,产生漏光现象。

从上面的分析可以得到光线全反射条件为

$$\theta_i < \theta_c \tag{8.19}$$

如果入射光线满足全反射条件,那么光线就不会射出纤芯,而是在光的纤芯与包层的分界面不断地产生全反射,向前传播,最后从光纤的另一端射出。可见,光线的全反射是光纤工作的物理基础。

3. 光纤的特性参数

光纤的主要特性参数有数值孔径、光纤传播模式、传输损耗等。

1）数值孔径

在光纤学中，把 $\sin\theta_c$ 称为数值孔径。从式（8.17）可见，数值孔径是由光纤的纤芯、包层的折射率 n_1、n_2 决定的，是光纤材料的固有特性，与光纤的粗细、长短等几何尺寸无关，并且与光源的发射功率无关。石英光纤的数值孔径为 $0.2\sim0.4$，对应的临界角 θ_c 为 $11.5°\sim23.5°$。

数值孔径是光纤的重要特性参数，它反映了光纤的集光能力。如果光纤的数值孔径比较大，那么，它在较大的入射角范围内输入的光线都能够产生全反射，光纤的集光能力就强，此时，光纤与光源的耦合就比较容易。但是，数值孔径越大，光信号的畸变也越大。因此，需要适当选择数值孔径的大小。

2）光纤传播模式

光波在光纤中的传播途径和方式称为光纤传播模式。对于不同入射角的光线，在界面反射的次数是不同的，传播的光波之间的干涉也是不同的。一般希望光纤信号的模式数量要少，以减小信号畸变的可能。

按照光纤的传播模式，光纤可以分为单模光纤和多模光纤。单模光纤的直径为 $2\sim12\mu m$，只能传输一种模式。单模光纤的优点是信号畸变小、信息容量大、线性好、灵敏度高。单模光纤的缺点是纤芯较小，制造、连接、耦合比较困难。多模光纤的直径为 $50\sim100\mu m$，传输模式不止一种。多模光纤的缺点是性能较差。多模光纤的优点是纤芯面积较大，制造、连接、耦合容易。

3）传播损耗

光信号在光纤中的传播，不可避免地存在损耗。光纤传输损耗主要包括材料密度及浓度不均匀引起的材料吸收损耗、光纤拉制时粗细不均匀引起的散射损耗和光纤在使用中可能发生弯曲引起的光波导弯曲损耗。

4. 光纤传感器的组成

如图 8.30 所示，光纤传感器通常由光源、光纤、光调制器、光探测器和信号处理系统等组成。

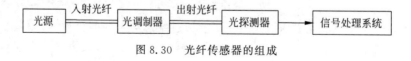

图 8.30 光纤传感器的组成

为了方便与光纤的耦合，光源体积要尽量小；为了减少光在光纤中传输的损失，光源发出的光波波长应当合适；为了提高光纤传感器的输出信号，光源要有足够的亮度；另外，光源还要稳定性好、噪声小、安装方便、寿命长。

光纤传感器使用的光源种类很多，按照光的相干性可分为相干光和非相干光。相干光源包括各种激光器，如氦氖激光器、半导体激光二极管等；非相干光源有白炽光、发光二极管。

光探测器的作用是把传送到接收端的光信号转换为电信号，以便做进一步处理。常用的光探测器有光敏二极管、光敏三极管、光电倍增管等。光探测器的性能直接影响被测量的变换准确度，还会影响光探测接收系统的线性度、灵敏度、带宽等特性参数。

光纤传感器的工作过程：光源发出的光耦合进入光纤，经过光纤进入调制器；在调制器内，被测量作用于进入调制器的光信号，使光的强度、波长、频率、相位、偏振态等光学性质发生变化，成为被调制的信号光；再经过光纤把被调制的信号光送入光探测器，光探测器对进入的光信号进行光电转换，输出电信号；最后，处理器对电信号进行信号处理，得到被测量的值。

8.4.2　光纤传感器的分类

1. 按照光纤在传感器中的作用分类

按照光纤在传感器中作用的不同，光纤传感器可以分为功能型光纤传感器和非功能型光纤传感器，如图 8.31 所示。

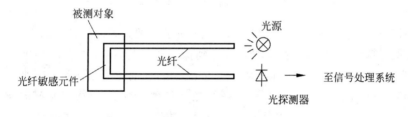

(a) 功能型光纤传感器

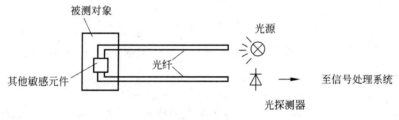

(b) 非功能型光纤传感器

图 8.31　按照光纤在传感器中作用对光纤传感器的分类

在功能型光纤传感器中，光纤是属于传感型的，利用光纤本身的特性，把光纤作为敏感元件，被测量对光纤内传输的光波进行调制，使传输的光信号的强度、相位、频率或偏振等特性发生变化，再通过对被调制过的光信号进行解调，从而得出被测参数。

在非功能型光纤传感器中，光纤是属于传光型的，光纤与其他敏感元件组合，构成传感器，利用其他敏感元件感受被测量的变化，光纤只作为光信号的传输介质。

2. 按照光纤传感器调制的光波参数分类

按照光纤传感器调制的光波参数的不同，光纤传感器可以分为光照强度调制光纤传感器、相位调制光纤传感器和频率调制光纤传感器等。

光照强度调制光纤传感器的调制原理如图 8.32 所示。光源发射的光经过入射光纤传输到调制器，经过调制器的调制之后，经过出射光纤传输到光电接收器。调制器有三种，即微弯调制器、可动反射调制器和可动透射调制器。调制器受到被测信号的控制，从调制器射出光线的光照强度随被测信号的变化而变化,因此,出射光纤收到的光照强度调制信号代表了被测量的变化,经过解调,可以得到与被测量成比例的电信号,再经过微机处理,就可以得到被测量的大小。

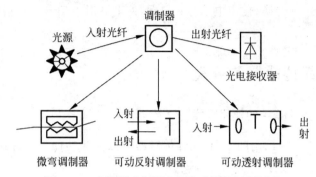

图 8.32　光照强度调制光纤传感器的调制原理

相位调制光纤传感器的调制原理如图 8.33 所示。把光纤的光分为两束,一束作为参考光,另一束受到被测量的调制,两束光都传输到探测器,在探测器上叠加形成干涉条纹。通过检测干涉条纹的变化,可以得到两束光相位的变化,从而得到被测量的大小。

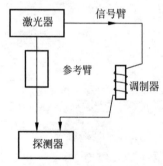

图 8.33　相位调制光纤传感器的调制原理

频率调制光纤传感器调制的物理基础是多普勒效应。单色光照射到运动的物体,反射光的频率会发生变化。当运动物体靠近光源移动时,反射光的频率为

$$f' = \frac{f_i}{1 - v/c} \approx f_i(1 + v/c) \tag{8.20}$$

当运动物体远离光源移动时,反射光的频率为

$$f' = \frac{f_i}{1 + v/c} \approx f_i(1 - v/c) \tag{8.21}$$

其中,f_i 是入射光的频率;c 是光速;v 是物体运动的速度,$v \ll c$。

把被运动物体调试的光和参考光共同作用于探测器,在探测器上产生差拍。用频谱分析的方法,求出频率的变化,即可得到运动物体的速度。

8.4.3　光纤传感器应用举例

光纤传感器已经成功应用于飞机结构的监测。例如,空客 A380 和波音 787 飞机机身的材料一半以上是碳纤维复合树脂。这种材料具有机械强度大、重量轻等优点,但是,它也有明显的缺点,在大负荷之下,层与层之间可能产生分离。为了检测各层之间的黏合度,设计人员把光纤传感器埋到材料当中。由于碳纤维复合树脂材料一层的厚度约为 $125\mu m$,因此,这种光纤传感器必须特别细微,直径只能在 $50\mu m$ 左右。

与传统的传感器相比,光纤传感器具有独特的优点,例如,频带宽,动态范围大,灵敏度高,安全性好,抗电磁干扰,耐高温,耐腐蚀,电绝缘性好,防爆,光路可弯曲,结构简单,体积小,重量轻,耗电少,能够与数字通信系统兼容,集传感与传输于一体,容易实现远距离的测量。

光纤传感器可以用于测量位移、速度、加速度、振动、转速、电压、电流、电场、磁场、压力、温度等多种物理量,在生产过程自动控制、在线检测、故障诊断、安全报警等方面有广泛的应用前景。

1. 光照强度调制光纤温度传感器

实验表明,随着温度的升高,多数半导体的透光率-波长特性曲线向波长增加的方向移动,如图 8.34 所示。换一个角度来看,对于一个固定的波长,随着温度的升高,半导体的透光率减小。如果选择适当光源,它的波长在半导体材料的工作范围内,当光通过半导体材料时,透射光的光照强度将随着温度的升高而减小,这样,根据透射光的光照强度,就可以得到半导体的温度。这就是光照强度调制光纤温度传感器的工作原理。

光照强度调制光纤温度传感器的结构如图 8.35 所示,在这里,光纤只用于传输信号。敏感元件是一个半导体薄片,称为光吸收器。

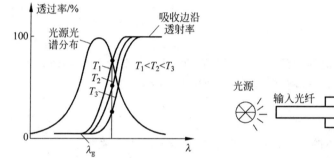

图 8.34　半导体的透光率-波长特性曲线

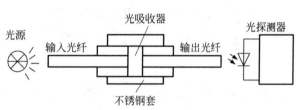

图 8.35　光照强度调制光纤温度传感器的结构

光源发出光照强度恒定的光,通过输入光纤到达光吸收器;在光吸收器内,光受到半导体温度的调制,透过光吸收器的光照强度将发生变化;被调制的光信号通过输出光纤到达光探测器,把光照强度的变化转化为电压或电流的变化,达到测量温度的目的。

光照强度调制光纤温度传感器的测量范围由半导体材料和光源决定,一般在 $-100 \sim 300℃$,响应时间约为 2s,测量精度为 $\pm 3℃$。

2. 光纤图像传感器

图像光纤是由数目众多的光纤组成的一个图像单元,光纤的典型数目为三千至十万股,每股光纤的直径约为 $10\mu m$。

光纤图像传感器传输图像信息的原理如图 8.36 所示,在这里,光纤既是敏感元件,又用于传输信号。在图像光纤中,所有光纤按照同一规律整齐排列。投影在图像光纤一端的图像被分解成许多像素,每一个像素都包含光照强度与颜色信息;每一个像素都通过一根光纤单独传送;在图像光纤的另一端进行图像重建,恢复原来的图像。

图 8.36　光纤图像传感器传输
图像信息的原理

光纤图像传感器的工作过程如图 8.37 所示。光源发出的光通过传光束照射到被测物体上,物镜接收到从被测物体反射回来的光,传像束把图像传送出去,以便观察、照相,或通过传像束送入 CCD 器件,将图像信号转换为电信号,送入计算机进行处理,在屏幕上显示和打印观测结果。

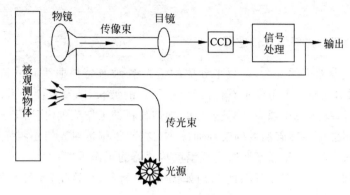

图 8.37 光纤图像传感器的工作过程

3. 光纤旋涡式流量传感器

根据流体力学理论,当运动的流体受到一个垂直于流动方向的非流线体阻挡时,在一定的条件下,在非流线体的下游两侧,流体将产生有规则的漩涡,漩涡频率 f 为

$$f = S_t \cdot \frac{v}{d} \tag{8.22}$$

其中,v 是流体的流速;d 是阻流体的直径;S_t 是斯特劳哈尔(Strouhal)系数。

光纤旋涡式流量传感器的结构如图 8.38 所示。将一根多模光纤垂直地装入管道,当液

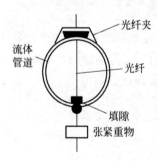

图 8.38 光纤旋涡式流量
传感器的结构

体或气体流经光纤时,光纤受到流体涡流的作用而振动,振动的频率与流速有关。测出光纤振动的频率就可以得到液体的流速。

光纤旋涡式流量传感器输出为脉冲频率,其频率与被测流体的实际体积流量成正比,不受流体组分、密度、压力及温度的影响;精度为中上水平;无运动部件,可靠性高;结构简单,牢固,安装方便,维护费用较低;应用范围广泛,可适用于液体、气体和蒸气。目前,光纤旋涡式流量传感器广泛应用于输油管道、天然气管道、冶炼厂、水管道等复杂的工业现场。

习题 8

1. 填空。

(1) 按照工作原理分类,光电式传感器可以分为光电效应传感器、_____、_____和_____等。

(2) 内光电效应多发生在半导体内,分为_____和_____。

(3) 光电式编码器是将机械转动的角位移(模拟量)转换为数字式电信号的传感器,可

以用来测量转轴的角位移、_____、_____和_____等物理量。

（4）一个 n 位二进制码盘的分辨率是_____。16 位二进制码盘的分辨率约为_____。

（5）按照外形结构进行划分,CCD 图像传感器可以分为_____和_____。

（6）CCD 图像传感器的特性参数主要有_____、_____、_____、光谱特性、暗电流、噪声等。在不同的应用场合,对特性参数的要求会有所侧重。

（7）按照读出方式的不同,面阵 CCD 图像传感器分为_____、_____和_____三种。

（8）温度、压力、电场、磁场等外界环境因素的变化,会导致光纤中所传输的光信号（光波）的_____、_____、_____、偏振态等特征量的变化。

（9）光纤的主要特性参数有_____、_____和_____等。

（10）按照光纤在传感器中作用的不同,光纤传感器可以分为_____和_____。

2. 名词解释。

（1）光电式传感器

（2）外光电效应

（3）光电管的伏安特性

（4）光电管的光照特性

（5）光电管的光谱特性

（6）内光电效应

（7）光电导效应

（8）光生伏特效应

（9）CCD

（10）光照强度调制光纤传感器

3. 光电倍增管的特性参数主要有哪些?

4. 光敏电阻的特性参数主要有哪些?

5. 参考图 8.13,说明基于光敏电阻的火灾探测报警器的工作原理。

6. 以四位二进制码盘为例,说明用二进制码盘标识角度的基本原理。

7. 说明 CCD 电荷存储的原理。

8. 说明 CCD 图像传感器光谱特性的含义。在使用 CCD 图像传感器时,其光谱特性具有什么实际意义?

9. 参考图 8.27,说明用线性 CCD 图像传感器检测物体长度的工作原理。

10. 光纤的数值孔径是怎么定义的? 它的意义是什么?

11. 参考图 8.30,说明光纤传感器的工作过程。

12. 说明光纤旋涡式流量传感器的工作原理。

第 9 章

CHAPTER 9

波式传感器

波是指振动的传播。按照振动的形式来划分,波可以分为机械波、电磁波两种,声波属于机械波。按照波长(或频率)划分,声波可以分为次声波、可闻声波和超声波。电磁波可以分为无线电波、微波、红外线、可见光、紫外线、X 射线和 γ 射线。基于波的特性制作的传感器称为波式传感器。本章介绍超声波传感器、微波传感器和红外传感器。

9.1 波的基础知识

9.1.1 波的基本概念

1. 波的定义

把某一物理量的振动在空间逐点传递时所形成的运动称为波。简单地说,波是指振动的传播。波动是物质运动的重要形式,广泛存在于自然界中。被传递的物理量的振动有多种形式,机械振动的传递构成机械波,电磁场振动的传递构成电磁波(包括光波),温度变化的传递构成温度波,晶体点阵振动的传递构成点阵波,自旋磁矩的扰动在铁磁体内传播时形成自旋波。

实际上,任何一个宏观的或微观的物理量受到扰动时,在空间传递时都可以形成波。最常见的机械波是构成介质的质点的机械运动在空间的传播,例如,弦线中的波、水面波、空气或固体中的声波等。产生这些波的前提是介质的相邻质点之间存在弹性力或准弹性力的相互作用,正是借助于这种相互作用力,才把某个质点的振动传递给邻近的质点,因此,这些波又称弹性波。

在波动过程中,媒质的各个质点只是在平衡位置附近振动,并不沿着振动传播的方向移动,因此,波是振动状态的传播,不是物质本身的移动。波的传播总伴随着能量的传输,机械波传输机械能,电磁波传输电磁能。单位时间内通过垂直于传播方向的单位面积的能量称为波的能流密度。能流密度与振幅的平方成正比,常常用来描述波的强度。

2. 波的共同属性

不同形式的波虽然在产生机制、传播方式、与物质的相互作用等方面存在很大差别,但是,在传播时却表现出很多共同属性,可以用相同的数学方法加以描述和处理。

对于各种形式的波,最典型的共同属性是周期性。一方面,受扰动的物理量在变化时具有时间周期性,即同一点的物理量在经过一个周期后,完全恢复为原来的值;另一方面,波在空间传递时,又具有空间周期性,即沿波的传播方向,经过某一空间距离后,会出现同一振动状态,例如,质点的位移和速度。因此,受扰动的物理量 u 既是时间 t 的周期函数,又是空间位置 r 的周期函数,函数 $u(t,r)$ 称为波函数。波函数是定量描述波动过程的数学表达式。广义地说,凡是描述运动状态的函数,如果具有时间周期性和空间周期性,都可以称为波。

各种波的共同属性还有:在不同介质的界面上能够产生反射和折射,对于各向同性介质的界面遵守反射定律和折射定律;通常的线性波叠加时遵守波的叠加原理;在一定条件下,两束或两束以上的波叠加时能够产生干涉现象;波在传播路径上遇到障碍物时,能够产生衍射现象;横波能够产生偏振现象。

3. 简谐波

简谐振动在空间传递时形成的运动称为简谐波,简称谐波。谐波的波函数为正弦函数。各点的振动具有相同的频率 f,称为波的频率。频率的倒数称为周期,即 $T=1/f$。

在波的传播方向上,振动状态完全相同的相邻两个点之间的距离 λ 称为波长。单位时间内振动所传播的距离 v 称为波速。波速、频率和波长三者间的关系为 $v=\lambda f$。波速与波的种类、传播介质的性质有关。

波的振幅和相位一般是空间位置 r 的函数。空间等相位各点联结成的曲面称为波面。波所到达的前沿各点联结成的曲面必定是等相面,称为波前或波阵面。根据波面的形状,把波分为平面波、球面波和柱面波等,它们的波面依次为平面、球面和圆柱面。

实际的波所传递的振动不一定是简谐振动,而是更加复杂的周期运动,称为非简谐波。任何非简谐波都可看成是由许多频率不同的简谐波叠加而成的。

4. 波的分类

按照波长来划分,波可以分为长波、中波、短波和微波等。按照频率来划分,波可以分为低频、中频、高频和超高频等。按照波长划分与按照频率划分在本质上是一致的。

按照振动方向与传播方向的关系来划分,波可以分为横波、纵波两种。质点振动方向与波的传播方向平行的波称为纵波,如空气中的声波。质点振动方向与波的传播方向垂直的波称为横波,如光波。

按照振动的形式来划分,波可以分为机械波、电磁波两种。机械波是由于机械振动在介质中传播而形成的波,如空气中的声波。在这个过程中,传播的是振动的形态和所携带的能量,波源并没有跟着一起传播。例如,在绳子的一端有一个上下振动的振源,振动沿绳向前传播。从整体看,波峰和波谷不断向前运动,但是绳子的质点只做上下运动,而没有向前运动。这时在绳子上就会形成波动,这就是机械波。电磁波是由于电场和磁场的相互作用而产生的波。根据相关理论,变化的电场激发磁场,变化的磁场激发电场,它们之间的这种相互作用在空间传播就形成所谓的电磁波,如光波。电磁波的传播不仅伴随着能量的传递,还可以携带微观粒子在空间传播,比如,光的传播就携带着光子。机械波与电磁波既有相似之处又有不同之处:机械波由机械振动产生,电磁波由电磁振荡产生;机械波的传播需要特定的介质,在不同介质中的传播速度也不同,在真空中根本不能传播,而电磁波(例如光波)可以在真空中传播;机械波可以是横波和纵波,但是电磁波只能是横波;机械波与电磁波的许多物理性质(如折射、反射等)是一致的,描述它们的物理量也是相同的。

按照振动物理量的属性,波可以分为标量波和矢量波两种。若振动物理量是标量,则相应的波称为标量波,如空气中的声波。若振动物理量是矢量,则相应的波称为矢量波,如电磁波。

按照波的强度大小来划分,波可以分为普通波和冲击波两种。冲击波是一种不连续峰在介质中的传播,这个峰导致介质的压强、温度、密度等物理性质的跳跃式改变。在自然界中,当物质的膨胀速度大于局域声速时,就会发生冲击波。在日常生活中,冲击波现象随处可见,超音速飞行的战斗机、雷暴、太阳风、鞭梢甩动的脆响等都会产生冲击波,当然,最著名的要数核爆炸引发的冲击波。

也有人按照波的形状来划分,波的形状像什么,就叫什么波。例如,方波(矩形波)、锯齿波、脉冲波、正弦波、余弦波等。需要说明的是,这只是一种列举的方法,而不是科学的分类方法,因为它不满足科学的分类方法的基本要求:既不重复,又不遗漏。

由此可见,采用不同的划分标准,对波的分类结果也不相同。关于波的分类方法,没有统一的要求,在不同应用场合,可以采用不同的分类方法。在实际应用中,常常按照频率来划分,对于不同频段的波,分别进行研究。

9.1.2 常用波简介

1. 声波

发声体产生的振动在空气或其他物质中的传播称为声波。声波是声音的传播形式,发出声音的物体称为声源。声波是一种机械波,由声源振动产生,声波传播的空间称为声场。声波借助各种介质向四面八方传播,声波所到之处的质点沿着传播方向在平衡位置附近振动,声波的传播实质上是能量在介质中的传递。除了空气之外,水、金属、木头等弹性介质也都能够传递声波,它们都是声波的良好介质。在真空状态,由于没有任何弹性介质,因此,声波不能传播。在气体和液体介质中,声波通常是纵波;在固体介质中,声波主要是纵波,但也有横波分量。

声音的大小称为音量,音量与声强、声功率有关。声强是指在声波传播的方向上单位时间内通过单位面积的声能量,单位是分贝(dB)。人耳刚能听见的声强是 0dB,普通谈话的声强是 60~70dB,凿岩机、球磨机的声强为 120dB,使人耳产生疼痛感觉的声强是 120dB。声功率是指声源在单位时间内辐射出来的总能量。音量与声强、声功率都成正向关系。

声波的频率是指波列中质点在单位时间内振动的次数,单位为赫兹(Hz)。声音的音调是由声源的振动频率决定的,频率越高,音调越高。各种声源的振动频率千差万别,使得声波丰富多彩。例如,小鼓的声波频率为 80~2000Hz,钢琴的声波频率为 27.5~4096Hz,大提琴的声波频率为 40~700Hz,小提琴的声波频率为 300~10 000Hz,笛子的声波频率为 300~16 000Hz,男低音的声波频率为 70~3200Hz,男高音的声波频率为 80~4500Hz,女高音的声波频率为 100~6500Hz,人们普通谈话的声波频率为 500~2000Hz。

根据声波频率的不同,可以把声波分为几个频段,如图 9.1 所示。频率低于 20Hz 的声波称为次声波;频率在 20Hz 和 20kHz 之间的声波称为可闻声波;频率在 20kHz 以上的声波称为超声波。

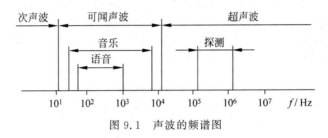

图 9.1　声波的频谱图

在不同的介质中,声波传播的速度是不同的。通过测量得知,声波在淡水中的速度为 1430m/s,在海水中的速度为 1500m/s,在钢铁中的速度为 5800m/s,在铝中的速度为 6400m/s,在石英玻璃中的速度为 5370m/s,而在橡胶中的速度仅有 30～50m/s。

声波传播的速度随着介质温度、密度、压力的变化而改变。在一个标准大气压、相对湿度为 0 的条件下,声波在空气中的传播速度为

$$v = 331.45 \sqrt{1 + \frac{T}{273.15}} \tag{9.1}$$

其中,T 是空气的温度,单位为℃。

根据式(9.1)计算可得出,当气温为 0℃时,声波在空气中传播的速度为 331.45m/s,而气温每升高 1℃,声速就增加 0.607m/s。通常,常温是指 20℃的气温,因此,在常温下,声波在空气中的传播速度为 344m/s。

声波的速度 v 与频率 f、波长 λ 之间的关系为

$$v = \lambda f \tag{9.2}$$

超声波所含的能量较高,方向单一,穿透力强。次声波频率低,波长很长,传播距离很远。超声波、次声波都属于声波,传播速度和普通声音的传播速度一样。

2. 电磁波

电磁波是由同相且互相垂直的电场与磁场在空间中衍生发射的震荡粒子波,是以波动的形式传播的电磁场,具有波粒二象性。电磁波的行进伴随着能量的传输。

电磁场包含电场与磁场两个方面,分别用电场强度 E 及磁场强度 H 表示其特性。按照麦克斯韦电磁场理论,这两部分是紧密相依的。时变的电场会引起磁场,时变的磁场也会引起电场。电磁场的场源随时间变化时,电场与磁场互相激励,导致电磁场的运动,从而形成电磁波。电磁场是物质的特殊形式,具有一般物质的主要属性,如质量、能量、动量等。

电磁波伴随的电场方向、磁场方向、传播方向三者互相垂直,因此,电磁波是横波。当电磁波的能阶跃迁过辐射临界点时,便以光的形式向外辐射,这个阶段的波体为光子,太阳光是电磁波的一种可见的辐射形态。电磁波不依靠介质传播,在真空中的传播速度等于光速,$c = 2.997\,924\,58 \times 10^8 \text{m/s} \approx 3 \times 10^8 \text{m/s}$。

电磁辐射量与温度有关,高于绝对零度的物质或粒子都有电磁辐射,温度越高,辐射量越大,但是,大多数电磁辐射人眼观察不到,人眼可以看到的电磁波称为可见光。

频率是电磁波的重要特性,电磁波各个频段的界定如表 9.1 所示。

表 9.1　电磁波各个频段的界定

分　类	频 段 名 称	频率范围/Hz	波 段 名 称	波长范围/m
无线电波	极低频(ELF)	$3\times10^{0}\sim3\times10^{1}$	极长波	$10^{7}\sim10^{8}$
	超低频(SLF)	$3\times10^{1}\sim3\times10^{2}$	超长波	$10^{6}\sim10^{7}$
	特低频(ULF)	$3\times10^{2}\sim3\times10^{3}$	特长波	$10^{5}\sim10^{6}$
	甚低频(VLF)	$3\times10^{3}\sim3\times10^{4}$	甚长波	$10^{4}\sim10^{5}$
	低频(LF)	$3\times10^{4}\sim3\times10^{5}$	长波	$10^{3}\sim10^{4}$
	中频(MF)	$3\times10^{5}\sim3\times10^{6}$	中波	$10^{2}\sim10^{3}$
	高频(HF)	$3\times10^{6}\sim3\times10^{7}$	短波	$10^{1}\sim10^{2}$
	甚高频(VHF)	$3\times10^{7}\sim3\times10^{8}$	超短波	$10^{0}\sim10^{1}$
微波	特高频(UHF)	$3\times10^{8}\sim3\times10^{9}$	分米波	$10^{-1}\sim10^{0}$
	超高频(SHF)	$3\times10^{9}\sim3\times10^{10}$	厘米波	$10^{-2}\sim10^{-1}$
	极高频(EHF)	$3\times10^{10}\sim3\times10^{11}$	毫米波	$10^{-3}\sim10^{-2}$
红外线	远红外(FIR)	$3\times10^{11}\sim1\times10^{13}$		$3\times10^{-5}\sim10^{-3}$
	中红外(MIR)	$1\times10^{13}\sim1\times10^{14}$		$3\times10^{-6}\sim3\times10^{-5}$
	近红外(NIR)	$1\times10^{14}\sim4\times10^{14}$		$7.5\times10^{-7}\sim3\times10^{-6}$
可见光	赤	$4\times10^{14}\sim7.5\times10^{14}$		$6.3\times10^{-7}\sim7.5\times10^{-7}$
	橙			$6.0\times10^{-7}\sim6.3\times10^{-7}$
	黄			$5.7\times10^{-7}\sim6.0\times10^{-7}$
	绿			$5.0\times10^{-7}\sim5.7\times10^{-7}$
	青			$4.5\times10^{-7}\sim5.0\times10^{-7}$
	蓝			$4.3\times10^{-7}\sim4.5\times10^{-7}$
	紫			$4.0\times10^{-7}\sim4.3\times10^{-7}$
紫外线	近紫外(NUV)	$7.5\times10^{14}\sim1.5\times10^{15}$		$3.0\times10^{-7}\sim4.0\times10^{-7}$
	远紫外(EUV)			$2.0\times10^{-7}\sim3.0\times10^{-7}$
X 射线		$3\times10^{16}\sim3\times10^{20}$		$10^{-12}\sim10^{-8}$
γ 射线		$>3\times10^{20}$		$<10^{-12}$

按照频率的顺序,把电磁波排列起来,就是电磁波的波谱图,如图 9.2 所示。按照从低频到高频的顺序,电磁波主要分为无线电波、微波、红外线、可见光、紫外线、X 射线和 γ 射线。通常所说的电磁波就是指无线电波、微波、红外线、可见光、紫外线,而把 X 射线、γ 射线看成放射性的辐射。X 射线又称为伦琴射线,是电原子的内层电子由一个能态跳至另一个能态时或电子在原子核电场内减速时所发出的。γ 射线是从原子核内发出来的,放射性物质或原子核反应中常有这种辐射伴随着发出。γ 射线的穿透力很强,对生物的破坏力很大。

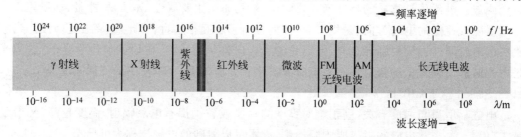

图 9.2　电磁波的波谱图

粗略地说,无线电波常用于通信等,微波用于微波炉、雷达等,红外线用于遥控、热成像仪、红外制导等,可见光是大部分生物用来观察世界的基础,紫外线用于医用消毒、验证假钞、距离测量、工程探伤等,X 射线用于 CT 扫描,γ 射线用于治疗,或使原子发生跃迁,从而产生新的射线。

9.2　超声波传感器

9.2.1　超声波传感器的工作原理

超声波是声波的一部分,是频率高于 20kHz 的人耳听不见的声波,它和可闻声波有共同之处,即都是由物质振动而产生的,并且只能在介质中传播。超声波广泛存在于自然界中,许多动物都能发射和接收超声波。例如,蝙蝠能够利用微弱的超声回波,在黑暗中飞行并捕捉食物。但是,超声还有它的特殊性质,具有较高的频率与较短的波长,因此,它与波长很短的光波也有相似之处。

1. 超声波及其物理性质

1) 超声波的类型

按照质点振动方向与波的传播方向之间的关系,超声波可以分为纵波、横波和表面波。超声波波列中质点的振动方向与波的传播方向一致,称为纵波。纵波能够在固体、液体和气体等介质中传播。超声波波列中质点的振动方向垂直于波的传播方向,称为横波。横波只能在固体介质中传播。超声波波列中质点的振动方向介于纵波与横波之间,沿着表面传播,振幅随深度增加而迅速衰减,这种超声波称为表面波。表面波质点振动的轨迹是椭圆形的,其长轴垂直于传播方向,短轴平行于传播方向。表面波只能沿着固体介质的表面传播。

为了测量各种状态下的物理量,超声波传感器大多采用纵波。

2) 超声波的传播速度

纵波、横波及表面波的传播速度取决于介质的弹性常数及介质密度。在气体和液体介质中,只能传播纵波。在固体介质中,纵波、横波和表面波三者的传播速度成一定关系,通常认为,横波声速为纵波声速的一半,表面波声速约为横波声速的 90%。

超声波在介质中的传播速度受温度的影响较大,因此,在实际应用中,需要采取必要的温度补偿措施。

3) 超声波的反射和折射

如图 9.3 所示,超声波从介质 I 传播到介质 II 时,在两种介质的分界面,一部分被反射到介质 I 中继续传播,而另一部分穿过分界面,在介质 II 中继续传播。这两种现象分别称为超声波的反射和折射。其中,返回介质 I 的波称为反射波;透过两种介质的分界面,在介质 II 中继续传播的波称为折射波。图 9.3 中,α 是入射角,α' 是反射角,β 是折射角。

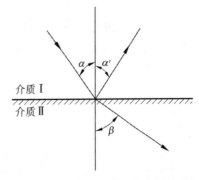

图 9.3　超声波的反射现象和折射现象

超声波的反射和折射分别满足反射定律和折射定律。

反射定律：入射波波线、法线、反射波波线在同一个平面内，反射角等于入射角，即

$$\alpha = \alpha' \tag{9.3}$$

折射定律：入射波波线、法线、折射波波线在同一个平面内，入射角 α、折射角 β 满足下面的公式

$$\frac{\sin\alpha}{\sin\beta} = \frac{c_1}{c_2} \tag{9.4}$$

其中，c_1 是超声波在介质 I 中的传播速度；c_2 是超声波在介质 II 中的传播速度。

从图 9.3 可见，当 $\beta = 90°$ 时，实际上没有折射波，设此时的入射波为 α_0，则

$$\sin\alpha_0 = \frac{c_1}{c_2} \tag{9.5}$$

把 α_0 称为临界入射角。易见，当 $\alpha > \alpha_0$ 时，只有反射波，而没有折射波。超声波由液体进入固体的临界入射角 $\alpha_0 \approx 15°$。

4) 超声波的衰减

声波在介质中传播时，随着传播距离的增加，能量逐渐衰减，声压和声强的衰减规律可表示为

$$P_x = P_0 e^{-ax} \tag{9.6}$$

$$I_x = I_0 e^{-2ax} \tag{9.7}$$

其中，P_x、I_x 是超声波在距声源 x 处的声压、声强；P_0、I_0 是超声波在声源处的声压、声强；x 是声波到声源的距离；α 是衰减系数。

造成超声波衰减的原因主要有超声波的扩散、散射和吸收。在理想介质中，超声波的衰减只是由扩散造成的，随着超声波传播距离的增加，在单位面积上超声波的能量会减小。超声波在固体介质中传播时，在颗粒界面上会发生散射；超声波在流体介质中传播时，遇到悬浮粒子或气泡时，也会发生散射。散射将使超声波的能量衰减。超声波在介质中传播时，黏滞性的介质会吸收声能，并将其转换为热能，使超声波的能量衰减。吸收衰减随着超声波频率的增高而增大。一般而言，距离声源越远、固体介质的晶粒越粗、流体介质中悬浮粒子或气泡越大、介质的黏滞性越大、超声波的频率越高，超声波的衰减就越大。从上面的分析可知，衰减系数 α 与超声波的频率、介质材料的性质有关，衰减系数会限制探测的深度。

2. 超声波传感器的工作原理

以超声波作为检测手段的传感器称为超声波传感器。超声波传感器必须能够产生超声波，并且能够接收超声波。产生超声波的器件称为超声波发生器，或超声波发射探头。接收超声波的器件称为超声波接收器或超声波接收探头。根据产生超声波的方法，超声波传感器分为压电式、磁致伸缩式、电磁式等。下面主要介绍压电式超声波传感器和磁致伸缩式超声波传感器。

1) 压电式超声波传感器

压电式超声波传感器的物理基础是压电材料的压电效应与逆压电效应。

压电式超声波发生器利用逆压电效应（电致伸缩效应），将高频电振动转换为高频机械振动，从而产生超声波。当外加交变电压的频率等于压电材料的固有频率时，会产生共振，

此时产生的超声波最强。压电式超声波发生器能够产生几万赫兹到几十兆赫兹的高频超声波,声强可以达到每平方厘米几十瓦。

　　压电式超声波发生器包括通用型与高频型。通用型压电式超声波发生器的结构如图 9.4(a)所示,由压电晶片、圆锥谐振器、栅孔、引线端子、外壳等部件组成。高频型压电式超声波发生器的频率一般在 100kHz 以上,结构如图 9.4(b)所示,由压电晶片、吸收块、保护膜等部件组成。压电晶片多为圆板形,超声波频率与其厚度成反比。压电晶片的两面镀有银层,作为导电的极板,底面接地,上面接至引出线。为了避免传感器与被测件直接接触而磨损压电晶片,在压电晶片下粘合一层保护膜。吸收块的作用是降低压电晶片的机械品质,吸收超声波的能量。如果没有吸收块,那么当激励的电脉冲信号停止时,压电晶片会继续振动,加大超声波的脉冲宽度,降低传感器的分辨率。

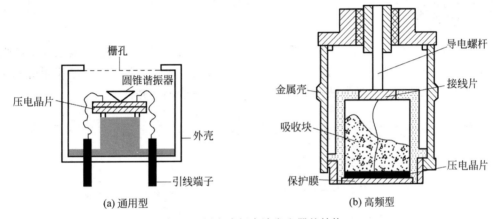

图 9.4　压电式超声波发生器的结构

　　压电式超声波接收器是基于压电效应原理工作的。当超声波作用到压电晶片上时,引起晶片伸缩,在晶片的两个表面上便产生极性相反的电荷,这些电荷被转换为电压,经放大后送到测量电路,最后记录或显示出来。压电式超声波接收器的结构与压电式超声波发生器基本相同,但是它们的用途不同。

　　2) 磁致伸缩式超声波传感器

　　铁磁材料在交变的磁场中沿着磁场方向产生伸缩的现象,称为磁致伸缩效应。磁致伸缩式超声波传感器的物理基础是铁磁材料的磁致伸缩效应。磁致伸缩式超声波传感器由磁致伸缩式超声波发生器和磁致伸缩超声波接收器两部分组成。

　　磁致伸缩式超声波发生器是把铁磁材料置于交变磁场中,使它产生机械尺寸的交替变化,即机械振动,从而产生超声波。

　　磁致伸缩超声波发生器是用厚度为 0.1～0.4mm 的镍片叠加而成的,结构形状有矩形、窗形等,如图 9.5 所示,片间绝缘以减少涡流电流损失。磁致伸缩超声波发生器只能用在几万赫兹的频率范围以内,但功率可达 10kW,声强可达每平方厘米几千瓦,能够耐受较高的温度。

　　磁致伸缩超声波接收器是利用磁致伸缩的逆效应而制成的。当超声波作用在磁致伸缩材料上时,引起材料伸缩,从而导致它的内部磁场发生改变。根据电磁感应,磁致伸缩材料上所绕的线圈里便获得感应电动势。把这个电势送到测量电路,最后记录或显示出来。

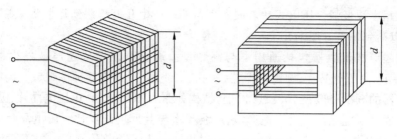

图 9.5   磁致伸缩超声波发生器的结构

9.2.2   超声波传感器应用举例

1. 超声波测厚仪

在使用超声波测厚仪测量工件厚度时,常用脉冲回波法,通过测量超声波通过工件所用的时间,根据超声波在工件中传播的速度,可以求出工件的厚度。超声波测厚仪测量厚度的工作原理如图 9.6 所示。超声波探头与被测试件的一个表面接触。

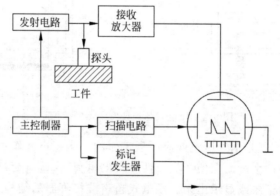

图 9.6   超声波传感器测量厚度的工作原理

主控制器产生一定频率的超声波脉冲信号,送到发射电路,经过放大后加到超声波发射探头上,激励超声波发射探头产生超声波脉冲。超声波传到工件的另一表面后反射回来,被超声波接收探头接收。若超声波在工件中传播的速度为 v,超声波通过工件所用的时间为 t,则工件的厚度 d 为

$$d = \frac{1}{2}vt \tag{9.8}$$

为了测量超声波通过工件所用的时间,把扫描电压加到示波器的水平偏转板上,把接收到的脉冲信号经放大器加到示波器的垂直偏转板上,这样,在示波器上可以直接观察到发射脉冲信号和接收脉冲信号。标记发生器输出一定时间间隔的标记脉冲信号,也加到示波器的垂直偏转板上。通过示波器显示屏上的波形,结合标记脉冲信号,就可以计算出从超声波脉冲信号发射到超声波脉冲信号接收之间的时间间隔,即超声波通过工件所用的时间。

如果预先用标准试件对超声波测厚仪进行标定,那么根据示波器显示屏上发射信号与接收信号之间的标记脉冲信号,就可以直接读出被测工件的厚度。

用超声波测厚仪可以测量金属零件的厚度,测量范围为 $0.1\sim10\text{mm}$,测量精度高,能够实现连续测量。测试仪器轻便,操作简单安全,可以直接读出测量结果。但是,对于声衰减严重的材料,或者表面凹凸不平的零件,不适合用超声波传感器测量厚度。

ZX 系列超声波测厚仪是美国 DAKOTA ULTRASONICS 公司的产品,如图 9.7 所示。ZX-3 超声波测厚仪的波源为 150V 脉冲发生器;增益可调,有超低、低、中、高、超高五挡,分别对应增益 40dB、43dB、46dB、49dB、52dB;可以选择手动或自动探头校零;配置定制液晶显示器,在低温 $-30℃$ 仍能正常工作;采用 IP65 防护等级。ZX-5 超声波测厚仪在 ZX-3 的基础上,增加了声速测量模式、差值模式、上下限报警模式和 USB Type-C 数据接口。ZX-5DL 超声波测厚仪在 ZX-5 的基础上,增加了 32MB 闪存数据存储器,可以存储 40 组、每组 250 个数据。

图 9.7　ZX 系列超声波测厚仪

2. 超声波液位计

如图 9.8 所示,超声波发生器与超声波接收器可以集成在一起,集成的超声波液位计既可以沉浸在液体里,也可以悬置在液体的上方。

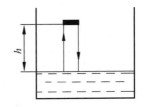

图 9.8　集成超声波传感器测量液位的原理

设超声波在所测介质中的速度为 v。超声波发射探头向液面垂直发射超声波脉冲,经过时间 t 后,超声波接收探头接收到从液面反射回来的回声脉冲。在这段时间内,超声波所经过的路程为 vt,因此,探头到液面的距离为

$$h = \frac{1}{2}vt \tag{9.9}$$

在某些应用场合,超声波发生器与超声波接收器必须分开使用,此时,超声波发生器与超声波接收器分置在两处,如图 9.9 所示,分置的超声波液位计既可以沉浸在液体里,也可以悬置在液体的上方。

超声波发射探头向液面斜向发射超声波脉冲,经过时间 t 后,超声波接收探头接收到超声波脉冲,那么,超声波从发射探头到接收探头所经过的路程为

$$s = \frac{1}{2}vt \tag{9.10}$$

解直角三角形,得到探头到液面的距离为

$$h = \sqrt{s^2 - a^2} \tag{9.11}$$

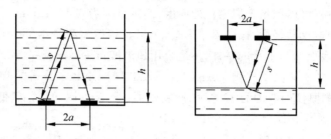

图 9.9　分置超声波传感器测量液位的原理

其中，a 是超声波发生器与超声波接收器之间距离的一半。

超声波液位计的测量范围较大，为 $10^{-2} \sim 10^4\,\mathrm{m}$，测量精度高，测量误差为 $\pm 0.1\%$，不受被测介质的影响，安装方便，使用寿命长，能够实现危险场合的非接触连续测量。不过，如果被测液体内部有气泡，或者液面有波动，那么会产生较大的误差。

3. 超声波流量计

超声波在流体中传播时，在静止流体中和流动流体中的传播速度是不同的。利用超声波的这个特点，可以制作超声波流量计，用来测量流体的流速和流量。

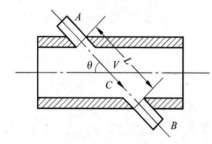

图 9.10　超声波流量计的工作原理

超声波流量计的工作原理如图 9.10 所示。把超声波发射探头、超声波接收探头布置在管道的两侧，发射探头与接收探头之间的距离为 L，超声波传播方向与流体流动方向的夹角为 $\theta(\theta \neq 90°)$。

设超声波在静止流体中的速度为 c，流体的平均速度为 v。一般来说，超声波在流体中的速度远大于流体的速度，即 $c \gg v$。超声波流量计测量流速和流量的过程如下。

首先，把 A 作为超声波发射探头，B 作为接收探头，此时，超声波顺流传播，传播速度为 $c + v\cos\theta$，因此传播时间为

$$t_1 = \frac{L}{c + v\cos\theta} \tag{9.12}$$

其次，把 B 作为超声波发射探头，A 作为接收探头，此时，超声波逆流传播，传播速度为 $c - v\cos\theta$，因此传播时间为

$$t_2 = \frac{L}{c - v\cos\theta} \tag{9.13}$$

然后，计算超声波顺流传播与逆流传播的时间差，得

$$\Delta t = t_2 - t_1 = \frac{2Lv\cos\theta}{c^2 - v^2\cos^2\theta} \approx \frac{2Lv\cos\theta}{c^2} \tag{9.14}$$

最后，根据式(9.14)求出流体的平均速度，即

$$v = \frac{c^2}{2L\cos\theta}\Delta t \tag{9.15}$$

在求出流体的平均速度之后，就可以求出一定时间内流体的流量。

可以用超声波流量计测量流速和流量的流体种类很多，测量结果不受流体的物理性质

和化学性质的影响,也不受管道直径大小的限制,在测量时,不会阻碍流体的流动。超声波流量计的安装方式多种多样,使用非常方便。超声波流量计的安装方式如图9.11所示。

(a) 管段式   (b) 外夹式   (c) 插入式

图 9.11 超声波流量计的安装方式

4. 超声波无损探伤仪

高频超声波的波长短,穿透性好,不易产生绕射,方向性好,能够成为射线定向传播,碰到杂质或分界面会有明显的反射,因此,高频超声波探伤是实现无损探伤的重要手段。它主要用于检测板材、管材、锻件、焊缝等的缺陷,具有检测速度快、灵敏度高、成本低等优点,在生产实践中得到广泛的应用。超声波探伤主要有穿透法探伤、反射法探伤等。

1) 穿透法探伤

穿透法探伤是根据超声波穿透工件后能量的变化情况来判断工件的内部质量,工作原理如图9.12所示,超声波发射探头和接收探头分置于被测工件的两侧,一个发射超声波,一个接收超声波。发射的超声波可以是连续波,也可以是脉冲。

当被测工件内部没有缺陷时,接收到的超声波能量大,显示仪表的指示值大;当被测工件内部有缺陷时,部分能量被反射,接收到的超声波能量小,显示仪表的指示值小。这样,根据显示仪表指示值的大小,就可以检测出工件内部有无缺陷。

这种探测方法简单,适用于自动探伤;可以避免盲区,适合探测薄板。但是,这种方法探测灵敏度较低,不能发现微小缺陷;只能判断有无缺陷,而不能对缺陷进行定位;对两个探头的相对位置匹配要求较高。

2) 反射法探伤

反射法探伤是利用超声波的反射来判断工件的内部质量,工作原理如图9.13所示。

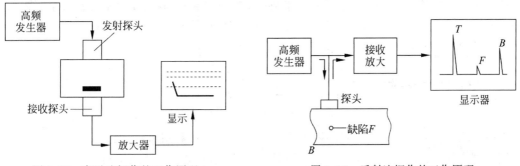

图 9.12 穿透法探伤的工作原理   图 9.13 反射法探伤的工作原理

检测时,把超声波探头置于工件上,并在工件上来回移动探头。超声波在工件内部传播,一部分超声波遇到缺陷,反射回来,产生缺陷脉冲 F;另一部分超声波继续传至工件底面,也反射回来,产生底面脉冲 B。发射波脉冲 T、缺陷脉冲 F、底面脉冲 B 一起经过放大后,在显示器上显示出来。通过显示器,可以看出工件内部是否有缺陷,在有缺陷的情况下,还可以看出缺陷的大小与位置。

5. 医用超声仪

医用超声仪器是根据超声波原理研制的应用于医疗卫生领域用来诊断和治疗疾病的医疗器械。超声波是指频率高于 20kHz、人类无法听到的声波,它具有方向性好、穿透能力强的特点。

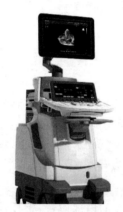

通常用于医学诊断的超声波频率为 1MHz～5MHz。医学超声波检查的工作原理是,将超声波发射到人体内,当它在体内遇到界面时,会发生反射及折射,并且在人体组织中可能被吸收而衰减。因为人体各种组织的形态与结构是不相同的,因此,反射、折射、吸收超声波的程度也就不同,医生正是通过仪器所反映出的波形、曲线、影像特征来辨别它们。此外,再结合解剖学知识、正常与病理的改变,便可诊断所检查的器官是否正常。

临床所用的超声仪器主要分为诊断和治疗两大类,其中,医学超声诊断仪器种类多、应用广,是医院临床不可缺少的重要医学设备。在 2020 年新冠肺炎疫情中,超声扫描仪和便携式床旁超声仪需求量很大。超声扫描仪如图 9.14 所示。

图 9.14 超声扫描仪

9.3 微波传感器

9.3.1 微波传感器的工作原理

1. 微波及其特性

微波是波长为 1mm～1m 的电磁波,分为毫米波、厘米波、分米波三个波段。微波在微波通信、卫星通信、雷达等领域得到了广泛的应用。微波作为一种电磁波,具有电磁波的所有性质。除此之外,微波还有如下特点:需要定向发射装置;遇到障碍物容易反射,绕射能力差;传输特性好,传输过程中受烟雾、灰尘等的影响较小;介质对微波的吸收大小与介质的介电常数成正比,水对微波的吸收作用最强。

2. 微波传感器的工作原理

利用微波的特性来检测某些物理量的器件称为微波传感器。微波传感器是一种新型的非接触式测量仪器,得到了广泛的应用。在工业领域,可以利用微波传感器对材料进行无损检测和物位检测;在地质勘探方面,可以利用微波传感器进行微波断层扫描。

微波传感器的工作原理:发射天线发出微波,该微波遇到被测物体时被吸收或反射,使微波功率发生变化；接收天线接收到被测物体反射回来的微波，并将它转换为电信号；再经过信号调理电路，即可显示出被测量。

按照微波传感器的工作原理，可以分为反射式、遮断式两种。反射式微波传感器通过检测被测物反射回来的微波功率或时间间隔进行测量，可以测量物体的位置、位移、厚度等。遮断式微波传感器通过检测接收天线收到的微波功率大小，判断发射天线与接收天线之间有无被测物体，或被测物体的厚度、含水量等。

3. 微波传感器的组成

微波传感器由微波发生器、微波天线、微波检测器三部分组成。

1）微波发生器

微波发生器是产生微波的装置，又称为微波振荡器。微波波长很短，频率很高（300MHz～300GHz），要求振荡回路中具有非常微小的电感与电容，不能用普通的电子管与晶体管构成微波振荡器。构成微波振荡器的器件有速调管、磁控管或某些固态器件，小型微波振荡器也可以采用体效应管。

2）微波天线

微波天线是将微波信号发射出去的装置。为了使发射出去的微波具有最大的能量输出和一致的方向性，微波天线必须具有特殊的结构。常用的微波天线有喇叭形、抛物面形等，如图 9.15 所示。

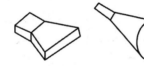

图 9.15 微波天线的形式

喇叭形天线包括扇形喇叭天线、圆锥形喇叭天线等，结构简单，制造方便，可以看作波导管的延续。喇叭形天线在波导管与空间之间起匹配作用，可以获得最大能量输出。抛物面天线包括旋转抛物面天线、抛物柱面天线等，它的功能与凹面镜产生平行光线类似，可以使微波发射方向性得到改善。

3）微波检测器

微波检测器是用于探测微波信号的装置。电磁波是通过空间电场的微小变动而传播的，因此，通常使用半导体元器件作为探测电磁波的敏感探头。在敏感探头的工作频率范围内，要求它有足够快的响应速度。有多种电子元器件可供选择，可以根据工作频率进行选择。在频率较低时，使用半导体 PN 结器件；在频率较高时，使用隧道结器件。

4. 微波传感器的优点

（1）微波传感器可以进行非接触检测，检测时不需要采样。

（2）微波的波长范围为 1mm～1m，频率范围为 300MHz～300GHz，因此，有极宽的频谱可供选用，可根据被测对象的特点，选择不同的测量频率。

（3）可以在恶劣环境下工作，烟雾、粉尘、水汽、化学气氛、高温、低温等环境对检测信号影响极小。

（4）频率高，时间常数小，反应速度快，可以进行动态检测与实时处理，便于自动控制。

（5）测量信号本身就是电信号，无须进行非电量的转换，从而简化了传感器与微处理器间的接口。

（6）传输距离远，可以实现遥测和遥控。

（7）没有明显的辐射危害。

9.3.2　微波传感器应用举例

1. 微波液位计

微波液位计的工作原理如图 9.16 所示。在液面的上方分别架设微波发射天线和微波接收天线，两个天线的水平距离为 s，相互成一定的角度。为了得到液面的高度，只需测出天线与被测液面的距离 d。

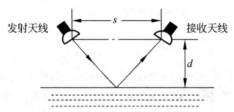

图 9.16　微波液位计的工作原理

发射天线发射波长为 λ 的微波，经过被测液面反射后，到达接收天线，接收天线接收到的微波的功率随着被测液面高度的不同而不同。接收天线接收的功率 P_r 可以表示为

$$P_r = \left(\frac{\lambda}{4\pi}\right)^2 \frac{P_t G_t G_r}{s^2 + 4d^2} \qquad (9.16)$$

其中，P_t 是发射天线发射的功率；G_t 是发射天线的增益；G_r 是接收天线的增益。

从式(9.16)可见，当波长、发射功率、增益都确定时，只要测出接收功率，就可以计算出天线与被测液面的距离，从而得到液面的高度。

2. 微波物位计

微波物位计经常用于生产流水线上，工作原理如图 9.17 所示。

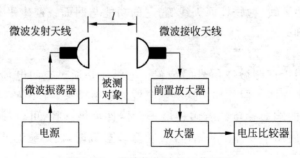

图 9.17　微波物位计的工作原理

当被测物体的位置低于微波天线时，微波发射天线发射的微波全部被微波接收天线所接收，此时，微波接收天线接收的功率为

$$P_0 = \left(\frac{\lambda}{4\pi l}\right)^2 P_t G_t G_r \qquad (9.17)$$

其中，P_t 是发射天线发射的功率；G_t 是发射天线的增益；G_r 是接收天线的增益。

随着被测物体位置的升高,被测物体部分或全部遮断发射天线与接收天线之间的传播线路,微波发射天线发射的微波部分或全部被物体反射或吸收,此时,微波接收天线接收的功率为

$$P_r = \eta P_0 \qquad\qquad (9.18)$$

其中,η 是由被测物体的位置、形状、电磁特性等因素决定的系数。

对于生产流水线上的工件,其形状、电磁特性等都是确定的,可以通过传感器标定,建立微波接收天线接收功率与被测物体位置之间的对应关系,这样,只要测得微波接收天线接收的功率,就得到被测物体的位置。

3. 微波计数器

微波计数器用于对流水线上工件的计数,工作原理如图 9.18 所示。

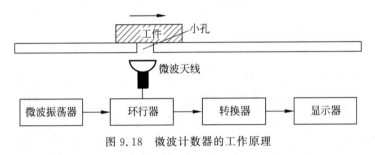

图 9.18　微波计数器的工作原理

在流水线上有一个小孔,正对着微波天线。微波振荡器产生微波信号,经环行器从发射天线发射出去。如果流水线上没有工件经过小孔,那么,反射回来的微波信号很弱。当流水线上有工件经过小孔时,反射回来的微波信号突然增大。接收天线把接收到的反射信号传到转换器,转换为电信号,然后送到显示器显示出来。从显示器的波形图可以看出,当一个工件经过小孔时,对应的波形近似于一个脉冲。通过对脉冲计数,就可以得到经过小孔的工件的数量。根据不同的输出需要,可以对工件的数量进行后续处理,从而实现生产流水线的自动控制。

4. 微波多普勒传感器

多普勒效应是奥地利数学家、物理学家克里斯琴·约翰·多普勒(Christian Johann Doppler)偶然发现的。一天,他正路过铁路交叉处,恰逢一列火车从他身旁驰过,他发现,火车从远而近时,汽笛声变响,音调变尖锐,而火车从近而远时,汽笛声变弱,音调变低沉。他对这个物理现象有极大兴趣,并进行了研究。研究发现,这是由于振源与观察者之间存在着相对运动,使观察者听到的声音频率不同于振源频率。

多普勒于 1842 年提出了他的研究成果:当声源离观测者而去时,声波的波长增加,声波的频率减小,音调变得低沉;当声源接近观测者时,声波的波长减小,声波的频率增加,音调就变高。声波频率的变化同声源和观测者间的相对速度与声速的比值有关,比值越大,改变就越显著。后人把这个现象称为多普勒效应。声波的多普勒效应如图 9.19 所示。与声波一样,超声波、微波、红外线、光波等也有多普勒效应。

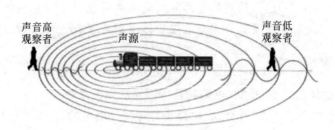

图 9.19　声波的多普勒效应

根据微波多普勒效应制作的传感器称为微波多普勒传感器。它可以测量运动物体的速度和位移。

设物体与发射天线的距离为 r，物体与发射天线的径向相对速度为 v。发射天线向运动物体发射波长为 λ 的微波，由于多普勒效应，反射波的频率将发生偏移，频率的偏移量 f_d 为

$$f_d = \pm \frac{v}{\lambda} \tag{9.19}$$

当物体移向发射天线时，f_d 取"＋"号；当物体远离发射天线时，f_d 取"－"号。

从式(9.19)可知，只要测出微波频率的偏移量 f_d，就可以计算出物体与发射天线的径向相对速度 v，由此可以计算出一定时间内物体发生的位移。

多普勒测距方法广泛运用于各种雷达上。多普勒测距雷达测距精度高，抗干扰能力强，实时性好，能够满足动态测量的需要。

5. 微波无损检测仪

微波无损检测仪主要由微波发射装置、微波天线、微波检测器、记录仪等功能部件构成，工作原理如图 9.20 所示。

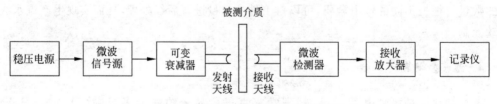

图 9.20　微波无损检测仪的工作原理

当被测介质内部有气孔时，将使微波产生散射效应，从而使微波信号的相位发生变化。根据这个原理，只要测量出微波信号相位的变化，就可以得到气孔的大小。能够产生明显散射效应的最小气孔的半径 a 与微波波长 λ 的关系为

$$a \approx \frac{\lambda}{2\pi} \tag{9.20}$$

为了使被测介质中的所有气孔都能够被检测出来，应该根据最小气孔的大小来选择微波无损检测仪的工作频率。

9.4　红外传感器

9.4.1　红外传感器的工作原理

1. 红外辐射

1800 年,英国科学家弗里德里希·威廉·赫歇尔(Friedrich Wilhelm Herschel)将太阳光用三棱镜分解开,在各种不同颜色的色带位置上放置了温度计,用来测量各种颜色的光的加热效果。结果发现,位于红光外侧的那支温度计升温最快。因此,他得到结论,在太阳光谱中,红光的外侧一定存在看不见的光线,这就是红外线。

红外线是太阳光线中众多不可见光线中的一种,位于可见光中红色光以外的光线,故称红外线。它的波长范围大致为 $0.75\sim1000\mu m$,对应的频率大致为 $3\times10^{11}\sim4\times10^{14}$ Hz。在工程上,通常把红外线分为三部分,即近红外线、中红外线、远红外线。近红外线波长为 $0.75\sim3\mu m$;中红外线波长为 $3\sim30\mu m$;远红外线波长为 $30\sim1000\mu m$。

红外线本质上是一种热辐射。任何物体,只要它的温度高于 0K(绝对零度,$-273.15℃$),就会向外部空间以红外线的方式辐射能量。物体的温度越高,辐射出来的红外线越多,辐射的能量就越强。另外,红外线被物体吸收后,可以转换成热能,称为红外辐射的热效应。

红外线作为电磁波的一种,与所有的电磁波一样,是以波的形式在空间直线传播的,因此,它具有电磁波的一般特性,如反射、折射、散射、干涉和吸收等。红外线在真空中的传播速度等于波长与频率的乘积,即 $c=\lambda f$。

2. 红外传感器

利用红外辐射实现相关物理量探测的传感器称为红外传感器。红外传感器一般由光学系统、红外探测器、信号调理电路和显示单元等几部分组成,其中,红外探测器是红外传感器的核心器件。红外探测器的种类很多,根据探测原理的不同,可以分为热探测器和光子探测器两大类。

1) 热探测器

热探测器基于红外辐射的热效应,即红外线被物体吸收后,可以转换为热能。当探测器的敏感元件吸收红外辐射后,温度升高,使有关物理参数发生变化,通过测量这些物理参数的变化,就可以确定探测器所吸收的红外辐射。

热探测器的频带响应宽,可以扩展到整个红外区域;可以在常温下工作,使用方便,应用广泛。

热探测器有热释电型、热敏电阻型、热电阻型和高莱气动型共四种类型。其中,热释电型热探测器效率最高,频率响应最宽,发展很快,应用最广泛。

热释电型热探测器的物理基础是热释电效应。所谓热释电效应,是指电介质由于温度变化而产生电荷的现象。在外加电场的作用下,电介质中的带电粒子受到电场力的作用,正电荷趋向阴极,负电荷趋向阳极,结果电介质的一个表面带正电,相对表面带负电,这就是电介质的电极化,如图 9.21 所示。此时,在电介质表面单位面积上的电荷量,称为极化强度,记为 P_s。

在去除外加电压后,大多数电介质的极化状态随即消失,但是,有一类铁电体电介质在去除外加电压后仍然能够保持着极化状态,电介质的极化强度与外加电场的关系如图 9.22 所示。

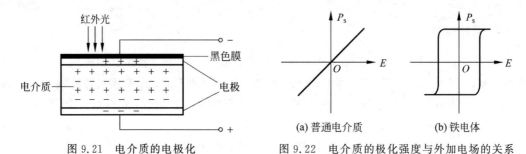

图 9.21 电介质的电极化   图 9.22 电介质的极化强度与外加电场的关系

    (a) 普通电介质   (b) 铁电体

铁电体的极化强度与温度有关,温度升高,极化强度降低。温度升高到一定程度,极化突然消失,这个温度称为居里温度或居里点。在居里点以下,极化强度是温度的函数。

当红外辐射照射到已经极化的铁电体薄片表面时,引起薄片温度升高,使其极化强度降低,表面电荷减少,这相当于释放一部分电荷,所以,把这种传感器称为热释电型探测器。

释放的电荷可以用放大器变成输出电压。如果将铁电体薄片的输出连接到放大器,再把放大器与负载电阻相连,那么,负载电阻上便产生一个电信号输出。输出信号的强弱取决于薄片温度变化的快慢,从而反映出红外辐射的强弱。

利用热释电型探测器,可以设计出人体红外感应的自动电灯开关、自动水龙头开关、自动门开关等。

2) 光子探测器

光子探测器是利用红外辐射的内光电效应制成的,其核心是光电元件。当红外线入射到某些半导体材料上时,红外辐射的光子流与半导体材料中的电子互相作用,改变电子的能量状态,引起各种电学现象。通过测量半导体材料中电子性质的变化,可以确定红外辐射的强弱。这类传感器以光子为单元起作用,只要光子的能量足够,相同数目的光子基本上具有相同的效果,因此,常称为"光子探测器"。要使物体内部的电子改变运动状态,入射的光子能量必须足够大,它的频率必须大于某一值,也就是必须高于截止频率。

光子探测器的响应时间比热释电型热探测器短得多,最短的可达到毫微秒数量级。光子探测器主要有红外二极管和红外三极管,常应用于军事领域,例如,红外制导、红外成像、夜视镜等。

9.4.2 红外传感器应用举例

1. 生产线温度监测

自然界中的任何物体,只要它的温度高于绝对零度,就会向外辐射能量。对于黑体而言,根据斯特藩-玻尔兹曼(Stefan-Boltzmann)定律,单位面积所辐射的功率 W 为

$$W = \varepsilon \sigma T^4 \tag{9.21}$$

其中，ε 为黑体表面的辐射率，一般黑体的辐射率为 $0 \sim 1$，绝对黑体的辐射率为 1；σ 为斯特藩-玻尔兹曼常数，$\sigma = 5.670\,373(21) \times 10^{-8}\ \mathrm{W \cdot m^{-2} \cdot K^{-4}}$（2010 年数据）；$T$ 为黑体的绝对温度（K）。

当物体的温度低于 1000℃ 时，它向外辐射的不是可见光，而是红外光，可以用红外探测器检测它的温度。利用热辐射体在红外波段的辐射通量来测量温度的传感器称为红外测温仪。

在锻造厂的生产线，在锻造工件之前，需要在加热炉内加温到 900℃，误差不得超过 $\pm 5℃$，否则，将会影响锻件的质量，因此，监测、控制锻件的温度就成为一个关键技术。传统的办法是由工人目测，看到温度差不多了，就把烧红的锻件取出来，放在锻锤之下进行锻压。显而易见，这种方法对工人的经验要求极高，而且难免会出现较大的误差。随着传感器技术的发展，现在可以采用红外测温仪进行远距离、非接触的温度测量。通过加热炉口时，把红外测温仪对准锻件的表面，可以测量出锻件的温度，如图 9.23 所示。

当锻件加热到 900℃ 时，红外测温仪输出电信号，启动电动机，带动传送带，把锻件从加热炉中送到锻锤之下，进行锻压加工。这样，利用红外测温仪，就可以对整个工作过程实现自动化控制。

2. 手持式红外测温仪

2020 年春，突如其来的新型冠状肺炎席卷全球，给全世界带来了严重的灾难，造成了巨大的损失。为了抑制病毒的传播与蔓延，中国政府采取了封闭居住小区的措施，对出入居民小区的人员进行检测，其中最快捷的方法就是测量体温。在测量体温时，如果采用传统的医学测量方法，用水银温度计测量腋下温度，那么，测量速度非常缓慢，而且还会给人们带来极大的不便。在这种背景下，手持式红外测温仪显示出特别的优势。例如，testo 845 就是一款手持式红外测温仪，如图 9.24 所示。

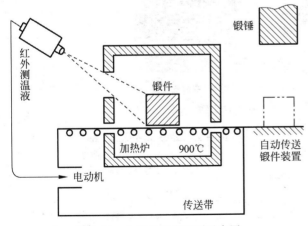

图 9.23　生产线温度监测示意图

图 9.24　testo 845 手持式红外测温仪

testo 845 手持式红外测温仪是一款结合近焦测量与远焦测量功能于一体的仪器，无论距离远近，均可保证测量的准确性。远焦测量的距离系数比可达 75∶1，可以远距离精确测量小直径的物体,例如,对于 1.2m 的测量距离,可以精确测得直径小至 16mm 的物体,十字激光瞄准可协助精确定位。如果被测物体极其微小,可以选用近焦测量,可以在 70mm 处测量小至 1mm 直径的被测物体,二点激光瞄准器协助定位。

testo 845 手持式红外测温仪的测量范围为 $-35 \sim +950$℃,分辨率为 0.1℃,在 $-35 \sim +75$℃ 范围内的测量精度为 ±0.75℃,在 $+75.1 \sim +950$℃ 内的测量精度为 ±1‰,发射率范围为 0.1~1.0 可调。专业型红外测温仪有铝制仪器箱,还附带 PC 软件及 USB 连接线,通过计算机,可以对所测得的温度做进一步处理和利用。

3. 红外夜视仪

夜间可见光很微弱,但是人眼看不见的红外线却很丰富。红外夜视仪可以帮助人们在夜间进行观察、搜索、瞄准和驾驶车辆。尽管人们很早就发现了红外线,但是,受到红外元器件的限制,红外遥感技术发展很缓慢。直到 1940 年,德国研制出硫化铅和几种红外透射材料后,才使红外遥感仪器的诞生成为可能。此后,德国首先研制出主动式红外夜视仪等几种红外探测仪器。

红外夜视仪是利用光电转换技术的军用夜视仪器。按照工作方式分类,红外夜视仪分为主动式和被动式两种。主动式红外夜视仪用红外探照灯照射目标,接收反射的红外辐射形成图像;被动式红外夜视仪不发射红外线,依靠目标自身的红外辐射形成热图像,故又称为热像仪。按照观测目镜分类,红外夜视仪分为单筒和双筒两种。

红外夜视仪最重要的指标是增像管的代数,从理论上来说,代数越高,观察距离越远,越清晰。按照代数划分,红外夜视仪分为 1 代、1 代+、2 代、2 代+、3 代。图 9.25(a)所示的是俄罗斯 RHO 公司的一款 2 代+ 单筒红外夜视仪,图 9.25(b)所示的是白俄罗斯 YUKON 公司的一款 3 代双筒夜视仪。

(a) 2代+单筒红外夜视仪　　　　(b) 3代双筒夜视仪

图 9.25　红外夜视仪实物

红外夜视仪的主要产地是美国、俄罗斯和德国,近几年,我国也开始生产。

习题 9

1. 填空。

(1) _____ 在空间传递时形成的运动称为简谐波,简称谐波。谐波的波函数为 _____。各点的振动具有相同的频率 f 称为波的频率。频率的倒数称为 _____,即

$T = 1/f$。

（2）按照振动方向与传播方向的关系来划分,波可以分为＿＿＿＿＿＿＿、＿＿＿＿＿＿两种。

（3）频率低于 20Hz 的声波称为＿＿＿＿＿＿；频率在 20Hz 和 20kHz 的声波,称为＿＿＿＿＿＿；频率在 20kHz 以上的声波称为＿＿＿＿＿＿。

（4）根据产生超声波的方法,超声波传感器分为＿＿＿＿＿＿、＿＿＿＿＿＿、电磁式等。

（5）超声波探伤主要有＿＿＿＿＿＿、＿＿＿＿＿＿等。

（6）微波是波长为 1mm～1m 的电磁波,分为＿＿＿＿＿＿、＿＿＿＿＿＿、＿＿＿＿＿＿三个波段。

（7）微波传感器由＿＿＿＿＿＿、＿＿＿＿＿＿、＿＿＿＿＿＿三部分组成。

（8）红外传感器一般由光学系统、＿＿＿＿＿＿、＿＿＿＿＿＿和显示单元等几部分组成,其中,＿＿＿＿＿＿是红外传感器的核心器件。

（9）铁电体的极化强度与温度有关,温度升高,极化强度＿＿＿＿＿＿。温度升高到一定程度,极化＿＿＿＿＿＿,这个温度称为＿＿＿＿＿＿或居里点。在居里点以下,极化强度是温度的函数。

（10）按照工作方式分类,红外夜视仪分为＿＿＿＿＿＿和＿＿＿＿＿＿两种。

（11）热探测器有热释电型、＿＿＿＿＿＿、＿＿＿＿＿＿和＿＿＿＿＿＿等四种类型。其中,热释电型热探测器效率最高,频率响应最宽,发展很快,应用最广泛。

2. 名词解释。

（1）超声波

（2）超声波的折射定律

（3）磁致伸缩式超声波传感器

（4）多普勒效应

（5）红外辐射

（6）红外辐射的热效应

（7）热探测器

（8）光子探测器

3. 各种波有哪些共同属性?

4. 简述机械波与电磁波的异同。

5. 简述压电式超声波传感器的工作原理。

提示：包括压电式超声波发生器和压电式超声波接收器。

6. 参考图 9.9,说明分置超声波传感器测量液位的工作原理。

7. 在用脉冲回波法测量工件厚度时,已知超声波在被测工件中的传播速度为 5500m/s,测得时间间隔为 20μs,试求工件的厚度。

8. 参考图 9.17,说明微波物位计的工作原理。

9. 微波传感器有哪些优点?

10. 参考图 9.23,说明利用红外测温仪测量锻件温度从而实现自动化控制的工作过程。

11. 试说明主动式红外夜视仪与被动式红外夜视仪的异同。

12. 除了本书介绍的三种波式传感器,还有哪些波式传感器?

提示：自己查阅资料,或者上网搜索,并整理成一份学习报告。

第 10 章
CHAPTER 10 | 其他传感器

　　按照传感器的工作原理进行分类,可以把传感器分为电阻式传感器、电容式传感器、电感式传感器、磁电式传感器、压电式传感器、热电式传感器、光电式传感器等。本书就是采用这种分类方法来组织各章内容的,第 2～9 章分别介绍了上述各类传感器。

　　按照传感器敏感元件所发生的基本效应进行分类,可以把传感器分为物理型传感器、化学型传感器和生物型传感器。易见,第 2～9 章介绍的各类传感器都是物理型传感器。对于化学型传感器和生物型传感器来说,由于种类和数量很多,很难把它们简单地归于物理型传感器中的某一类。为了使本书的逻辑结构尽可能清晰,我们单列一章,专门介绍湿敏传感器、气敏传感器、生物传感器这三种传感器,作为对前面章节的补充。

10.1　湿敏传感器

10.1.1　湿敏传感器概述

1. 空气湿度

　　随着现代工业、农业、商业、医疗、物流、仓储的快速发展,以及人们生活水平的提高,对空气湿度的检测和控制已经成为必不可少的技术手段。所谓空气湿度,就是指大气中水蒸气的含量。湿度的表示方法有绝对湿度、相对湿度和露点等。

　　绝对湿度(Absolute Humidity,AH)是指在一定的温度和压力条件下单位体积空气内所含水蒸气的质量,即

$$H_a = \frac{m}{V} \tag{10.1}$$

其中,H_a 为绝对湿度(单位：g/m^3)；m 为待测空气中水蒸气的质量；V 为待测空气的体积。

　　相对湿度(Relative Humidity,RH)表示空气中的绝对湿度与同温度、同气压下的饱和绝对湿度的比值。也就是指某潮湿空气中所含水蒸气的质量与同温度、同气压下饱和空气中所含水蒸气的质量之比,用百分数表示。

　　从相对湿度的定义可知,相对湿度是一个百分比,没有单位,但是,通常约定,在相对湿度数值的后面加上 RH,特别指明是相对湿度。例如,平常所说的某机房湿度为 60%,即指相对湿度,记为 60%RH。在实际应用中,基本上都使用相对湿度。

在一定大气压下,将含有水蒸气的空气冷却,当温度下降到某一特定值时,空气中的水蒸气达到饱和状态,开始从气态变成液态而凝结成露珠,这种现象称为结露,这一特定温度就称为露点温度,简称露点。在一定大气压下,空气湿度越大,露点越高;空气湿度越小,露点越低。因此,可以用露点来表示空气的湿度。

2. 湿敏传感器

湿敏传感器是指能够感受外界湿度的变化并且能够把被测环境的湿度转换为可用电信号的装置。

湿敏传感器由湿敏元件和转换电路两部分组成。除此之外,湿敏传感器还包括一些辅助元件,如辅助电源、温度补偿、输出显示设备等。

3. 湿敏传感器的主要特性

(1) 感湿特性。湿敏传感器的特征量(电阻值、电容值等)随湿度变化的特性称为湿敏传感器的感湿特性,常用感湿特征量与相对湿度的关系曲线来表示。例如,图 10.1 所示的就是氯化锂湿敏电阻在 15℃时的感湿特性曲线。

(2) 湿度量程。湿敏传感器技术规范所规定的感湿范围称为湿敏传感器的湿度量程。它规定了湿敏传感器的测量范围。

(3) 灵敏度。相对湿度变化 1%,引起湿敏传感器的特征量(电阻值、电容值等)的变化量,称为湿敏传感器的灵敏度。湿敏传感器的灵敏度反映了湿敏传感器的特征量随湿度变化的程度,即感湿特性曲线的斜率。

(4) 线性度。湿敏传感器的特征量(电阻值、电容值等)与湿度之间呈线性关系的程度称为湿敏传感器的线性度。在图 10.1 中,湿敏传感器的感湿特

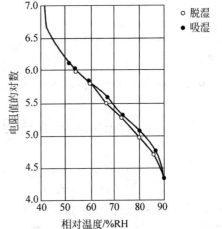

图 10.1　氯化锂湿敏电阻在 15℃时的感湿特性曲线

性曲线是非线性的,但是,不难看出,相对湿度在区间[45%,85%]的这一段曲线接近于直线,我们可以截取这段曲线,通过线性拟合的方法,拟合出这段曲线的直线方程,用直线方程近似代替曲线方程,对湿敏传感器进行标定。

(5) 精度。在一定实验条件下,多次测定的相对湿度平均值与真值相符合的程度称为湿敏传感器的精度。

(6) 响应时间。在一定环境温度下,当被测相对湿度发生变化时,湿敏传感器的感湿特征量达到稳定变化量的规定比例所需的时间称为湿敏传感器的响应时间。

(7) 感湿温度系数。当被测环境的湿度恒定不变时,温度每变化 1℃引起湿敏传感器感湿特征量的变化量称为湿敏传感器的感湿温度系数。

(8) 湿滞特性。在图 10.1 中,有两条感湿特性曲线,一条是吸湿特性曲线,另一条是脱湿特性曲线,这两条曲线不重合,这就是湿敏传感器的湿滞特性。产生湿滞特性的原因是湿敏元件吸湿与脱湿的响应时间不同。一般情况下,脱湿比吸湿滞后,这种现象称为湿滞现

象。在同一相对湿度下,吸湿特性曲线与脱湿特性曲线的差称为湿滞回差。

(9) 老化特性。在一定温度、湿度环境下,湿敏传感器使用或存放一定时间后,其感湿特性将会发生改变,这种现象称为湿敏传感器的老化特性。

4. 理想湿敏传感器的性能要求

(1) 感湿特征量比较容易测量,便于使用。

(2) 湿度量程大,灵敏度高,线性度好,精度高,响应时间短。

(3) 感湿温度系数小,受温度影响小,使用温度范围宽。

(4) 湿滞回差小,重复性好,稳定性好。

(5) 一致性和互换性好,易于批量生产、降低成本。

(6) 抗腐蚀、耐低温、耐高温,能够在恶劣的环境中使用,使用寿命长。

5. 湿敏传感器的分类

湿敏传感器的型号很多,数量较大,可以按照不同的标准进行分类。按照相对湿度引起电量的变化进行划分,可以分为电阻式湿敏传感器和电容式湿敏传感器等。按照测量的功能进行划分,可以分为绝对湿度型湿敏传感器、相对湿度型湿敏传感器和露点型湿敏传感器。按照感湿材料进行划分,可以分为电解质式湿敏传感器、半导体式湿敏传感器、陶瓷式湿敏传感器和高分子式湿敏传感器等。

10.1.2　电阻式湿敏传感器

某些材料制作的电子元件,其电阻值随着环境湿度的变化而变化。根据材料的这个性质,可以制作电阻式湿敏传感器。电阻式湿敏传感器的感湿特征量是电阻值,制作电阻式湿敏传感器的材料称为感湿材料。根据所使用的感湿材料的不同,电阻式湿敏传感器可以分为电解质电阻式湿敏传感器、陶瓷电阻式湿敏传感器和高分子电阻式湿敏传感器三种。

1. 电解质电阻式湿敏传感器

下面以氯化锂($LiCl$)湿敏电阻为例,介绍电解质电阻式湿敏传感器的工作原理。

在高浓度的氯化锂溶液中,Li^+ 和 Cl^- 以正、负离子的形式存在,溶液的导电能力与溶液浓度成正比。把溶液置于一定温度的环境中。如果环境相对湿度高,那么对水分子吸引力强的 Li^+ 离子将吸收水分,使溶液浓度降低,溶液电导率降低,电阻率增高。如果环境湿度低,那么溶液失去水分,浓度升高,电导率升高,电阻率下降。以上分析说明,氯化锂溶液的阻值会随着环境湿度的变化而变化,因此,根据氯化锂溶液阻值的变化,就能够实现对湿度的测量。

在实际应用中,使用氯化锂溶液来测量空气湿度会很不方便。为了方便应用,把基于电解质氯化锂的电阻式湿敏传感器制作成氯化锂湿敏电阻。氯化锂电阻式湿敏传感器的结构如图 10.2 所示,它由引线、基片、感湿层与电极四部分组成。其中,感湿层是在基片上涂敷按照一定比例配置的氯化锂-聚乙烯醇混合物。氯化锂具有吸湿性,当它潮解时,导电率会发生变化。这就是氯化锂湿敏电阻的物理基础。

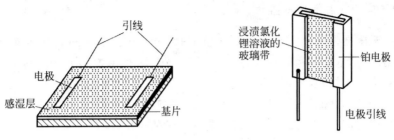

图 10.2 氯化锂电阻式湿敏传感器的结构

氯化锂湿敏电阻的检测精度高达±5％,线性度比较好,湿滞回差比较小,不受风速等测试环境的影响。但是,氯化锂湿敏电阻的耐热性差,不能用于露点以下测量,一致性和互换性较差,使用寿命短,为了避免出现极化,只能使用交流电作为工作电源。

2. 陶瓷电阻式湿敏传感器

陶瓷电阻式湿敏传感器是用两种以上金属氧化物半导体材料混合烧结而成为多孔陶瓷。这些材料有 $ZnO\text{-}LiO_2\text{-}V_2O_5$ 系、$Si\text{-}Na_2O\text{-}V_2O_5$ 系、$TiO_2\text{-}MgO\text{-}Cr_2O_3$ 系、Fe_3O_4 系等。前三种材料的电阻率随湿度增加而下降,因此,称为负特性湿敏半导体陶瓷;最后一种材料的电阻率随湿度增加而增大,因此,称为正特性湿敏半导体陶瓷。

三种负特性湿敏半导体陶瓷的感湿特性如图 10.3 所示。其中,曲线 1 是 $ZnO\text{-}LiO_2\text{-}V_2O_5$ 系湿敏半导体陶瓷的感湿特性,曲线 2 是 $Si\text{-}Na_2O\text{-}V_2O_5$ 系湿敏半导体陶瓷的感湿特性,曲线 3 是 $TiO_2\text{-}MgO\text{-}Cr_2O_3$ 系湿敏半导体陶瓷的感湿特性。Fe_3O_4 半导体陶瓷的感湿特性如图 10.4 所示。

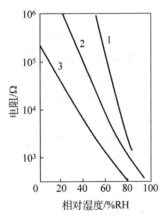

图 10.3 三种负特性湿敏半导体陶瓷的感湿特性

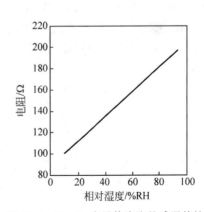

图 10.4 Fe_3O_4 半导体陶瓷的感湿特性

陶瓷电阻式湿敏传感器具有如下特点:传感器表面与水蒸气的接触面积大,易于水蒸气的吸收与脱却;陶瓷烧结体能够耐高温,物理、化学性质稳定,可用采用加热去污的方法恢复材料的湿敏特性;可以通过调整烧结体表面晶粒、晶粒界和细微气孔的结构,改善传感器的湿敏特性。

3. 高分子电阻式湿敏传感器

当水分子吸附在强极性基高分子电解质上时,吸附水分子之间相互凝聚,呈液态水状态。在低湿情况下,水分子吸附量少,高分子电解质未发生电离,没有产生荷电离子,电阻值很高。随着湿度的增加,水分子吸附量增大,高分子电解质发生电离,产生荷电离子,电性相反的成对的离子起到载流子的作用,此时,凝聚化的吸附水就成了导电通道。另外,由吸附水自身离解出来的离子 H^+、H_3O^+ 也起电荷载流子的作用,这就使高分子电解质表面的载流子数目急剧增加,从而使其电阻值急剧下降。

总之,在不同的湿度条件下,高分子电解质的电阻值发生变化。反过来说,根据高分子电解质电阻值的变化,就可以测量环境的湿度。这就是高分子电阻式湿敏传感器的物理基础。

高分子电阻式湿敏传感器测量的湿度范围为 0～100％RH,测量误差约为±5％RH,工作温度为 0～50℃,响应时间小于 30s,可用于湿度检测和控制。

10.1.3　电容式湿敏传感器

电容式湿敏传感器的结构如图 10.5 所示。

在电容器的两个极板之间填充某种电介质,它的介电常数随环境湿度的变化而变化,从而使电容器的电容量随湿度的变化而变化。根据电介质的这个性质,可以制作电容式湿敏传感器,它的感湿特征量是电容值。

按照两个极板之间填充电介质的不同,电容式湿敏传感器可以分为高分子电容式湿敏传感器和陶瓷电容式湿敏传感器两类。高分子电容式湿敏传感器的填充介质采用醋酸丁酸纤维素、聚酰亚胺或硅树脂等,陶瓷电容式湿敏传感器的填充介质采用玻璃或陶瓷等。

电容式湿敏传感器的感湿特性曲线如图 10.6 所示。从图 10.6 可以看出,随着湿度的增加,电介质的介电常数将增大,从而电容器的电容量也增大。

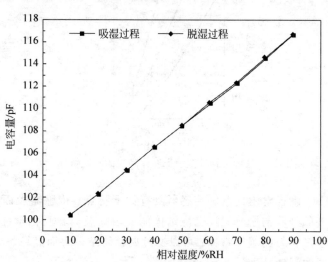

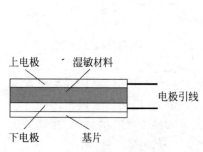

图 10.5　电容式湿敏传感器的结构　　　　图 10.6　电容式湿敏传感器的感湿特性曲线

电容式湿敏传感器的测量范围宽,灵敏度高,线性度好,响应速度快,湿滞回差小,便于制造,容易实现小型化和集成化,产品互换性好,因此,在实际中得到了广泛的应用。但是,电容式湿敏传感器的精度一般比电阻式湿敏传感器要低一些。

国外生产湿敏电容的主厂家有 Humirel 公司、Philips 公司、Siemens 公司等。Humirel 公司生产的 SH1100 型湿敏电容的测量范围为 1%～99%RH,温度系数为 0.04pF/℃,湿度滞后量为 ±1.5%,响应时间为 5s。当相对湿度从 0% RH 变化到 100% RH 时,电容量的变化范围为 163～202pF,在 55%RH 时的电容量为 180pF(典型值)。

10.1.4　湿敏传感器的测量电路

1. 电阻式湿敏传感器的测量电路

为了方便应用,在设计湿度测量电路时,一般要求输入输出关系为线性关系。但是,在低温、中温、高温条件下,湿敏传感器的感湿特性曲线的斜率不同,难以把输入输出关系曲线表示成一条直线。为了解决这个问题,通常采用放大倍数随输入值变化的放大电路,使输入输出曲线呈折线的形状,也就是使输入输出呈分段线性关系。为了达到这个目的,放大器件可以采用运算放大器。

电阻式湿敏传感器的测量电路如图 10.7 所示,测量电路的输出为电压信号。R_t 是热敏电阻($20\mathrm{k}\Omega$, $B = 4100\mathrm{K}$),R_H 为 H204C 型电阻式湿敏传感器,运算放大器型号为 LM2904。测量实践表明,在相对湿度为 30%～90%RH、温度为 15～35℃的范围内,相对湿度的测量误差不超过 3%RH。

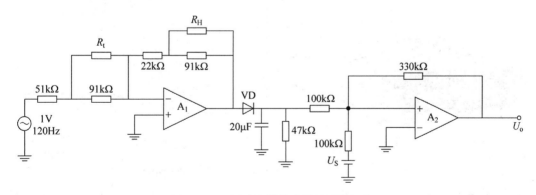

图 10.7　电阻式湿敏传感器的测量电路

2. 电容式湿敏传感器的测量电路

电容式湿敏传感器的测量电路如图 10.8 所示。用电容式湿敏传感器与电阻构成 RC 谐振电路,谐振电路的振荡频率随电容量的变化而变化,通过测量谐振电路的频率,可以得到电容值,从而得到空气的相对湿度。

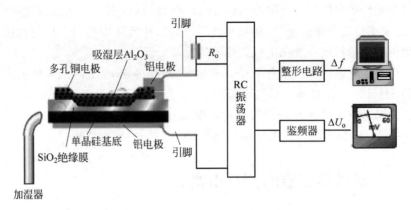

图 10.8 电容式湿敏传感器的测量电路

10.1.5 湿敏传感器应用举例

下面以汽车后窗玻璃自动去湿装置为例,说明湿敏传感器的应用。汽车后窗玻璃自动去湿装置的工作原理如图 10.9 所示。R_H 是湿敏电阻,R_L 是嵌入玻璃内部的加热电阻丝,J 是继电器线圈,J_1 是 J 的常开触点,晶体管 T_1、T_2 构成施密特触发电路。

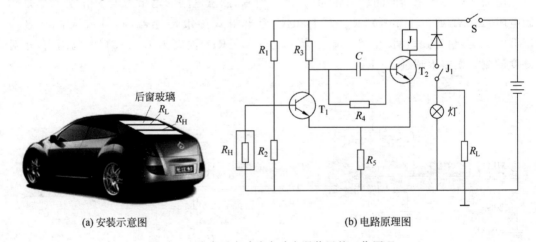

(a) 安装示意图　　　　　　　　　　(b) 电路原理图

图 10.9 汽车后窗玻璃自动去湿装置的工作原理

在常温常湿情况下,调节好各个电阻值。因为 R_H 的阻值比较大,使晶体管 T_1 导通,T_2 截止,继电器 J 不工作,常开触点 J_1 断开,加热电阻 R_L 无电流流过。

当汽车内外温差较大而且湿度过大时,湿敏电阻 R_H 的电阻值减小。当 R_H 的电阻值减小到一定程度时,R_H 与 R_2 并联电路的电阻值小到不足以维持 T_1 导通。此时,T_1 截止,T_2 导通,继电器 J 通电,控制常开触点 J_1 闭合,加热电阻丝 R_L 开始加热,驱散后窗玻璃上的湿气,同时加热指示灯亮。

当湿度减小到一定程度时,随着 R_H 的增大,施密特电路又开始翻转到初始状态,T_1 导通,T_2 截止,常开触点 J_1 断开,R_L 断电停止加热,从而实现了防湿的自动控制。

10.2　气敏传感器

10.2.1　气敏传感器概述

1. 空气成分简介

我们生活在地球的大气层之中,正常的空气是多种物质的混合体。按照体积计算,各种成分在空气中所占的比例分别是:氮气(N_2)约占 78%;氧气(O_2)约占 21%;稀有气体(氦 He、氖 Ne、氩 Ar、氪 Kr、氙 Xe、氡 Rn)约占 0.939%;二氧化碳(CO_2)约占 0.031%;还有其他成分,如臭氧(O_3)、一氧化氮(NO)、二氧化氮(NO_2)、水蒸气(H_2O)等约占 0.03%。正常空气的成分如图 10.10 所示。

空气成分不是一成不变的,随着时间、地点的不同,空气成分也不相同,而空气成分的变化,会对地球上的生命产生重要的影响。当我们处在正常的空气环境中,我们会感到舒适,身心放松;当我们来到大森林,处在富氧的空气环境中,我们头脑清醒,会感到是一种享受;而当我们处在一氧化碳、二氧化碳等有害气体超标的空气环境中,我们会感到窒息,甚至会有生命之虞。因此,开发、研制气敏传感器,利用气敏传感器对空气成分进行检测是十分必要的。

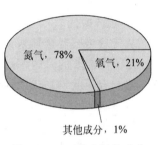

图 10.10　正常空气的成分

近年来,随着工业化的快速发展,汽车的保有量呈爆炸性的增长,大气环境受到了极大的破坏,造成了温室效应、臭氧层破坏、酸雨、沙尘暴、极端天气等严重的环境问题,已经威胁到人类的生存。为了保护自然环境,预防重大自然灾害的发生,需要对各种有毒有害气体(CO、NO、NO_2、H_2S、NH_3、PH_3 等)或可燃性气体(H_2、CH_4 等)进行监测。因此,开发、研制气敏传感器,利用气敏传感器对空气成分进行检测已经变得十分紧迫。

另外,探测、分析煤矿坑道内的气体成分,尤其是瓦斯的含量,可以为煤矿安全生产提供决策支持;探测、分析肉类、鱼类等的气味,可以了解这些食材的新鲜程度;通过探测、分析人的呼气,可以了解人的身体健康状况。因此,开发、研制气敏传感器,利用气敏传感器对空气成分进行检测,会给人类带来很多益处。

2. 气敏传感器

能够感知环境中某种气体及其浓度的敏感器件称为气敏传感器。它将气体种类及其浓度的信息转换为电信号,根据这些电信号的强弱,便可获得与待测气体在环境中存在情况的信息。把气敏传感器与微型计算机结合起来,可以组成气体的自动检测、报警、控制系统,改善人民的生产、生活环境。

3. 气敏传感器的主要特性

1)灵敏度

灵敏度是气敏传感器的一个重要特性参数,它表示气敏传感器对被测气体的灵敏程度。

假设气敏传感器的特征量是电阻值,那么气敏传感器的灵敏度 S 可以表示为

$$S = \frac{\Delta R}{\Delta P} \tag{10.2}$$

其中,ΔR 为电阻值的变化量;ΔP 为被测气体浓度的变化量。

2) 选择性

选择性是指在多种成分共存的混合气体下,气敏传感器能够区分不同成分、检测出被测气体的能力。如果一个气敏传感器的选择性高,说明这个传感器对被测气体敏感,而对被测气体之外的共存气体或物质不敏感。选择性是气敏传感器的重要参考特性数,也是目前气敏传感器最难解决的问题之一。

3) 稳定性

当被测气体的浓度不变,而其他条件(温度、压力、磁场等)发生变化,在规定的时间内,气敏传感器输出特性保持不变的能力,称为气敏传感器的稳定性。稳定性反映了气敏传感器抗干扰的能力。

4) 响应时间

从气敏传感器接触到一定浓度的被测气体开始,到气敏传感器的阻值达到该浓度下新的恒定值所需要的时间,称为气敏传感器的响应时间。响应时间反映了气敏传感器对被测气体的响应速度,响应时间越短,表明气敏传感器对被测气体响应越快。

5) 温度特性

气敏传感器的灵敏度随着温度的变化而变化,这个特性称为气敏传感器的温度特性。温度包括传感器自身温度和环境温度,其中,传感器自身温度影响最大,可以通过温度补偿的方法来解决。

6) 湿度特性

气敏传感器的灵敏度随着环境湿度的变化而变化,这个特性称为气敏传感器的湿度特性。湿度特性主要影响测量精度,可以通过湿度补偿的方法来解决。

7) 电源电压特性

气敏传感器的灵敏度随着电源电压的变化而变化,这个特性称为气敏传感器的电源电压特性。可以采用恒压源来改善这个特性。

8) 互换性

同一型号气敏传感器之间气敏特性的一致性称为气敏传感器的互换性。

4. 气敏传感器的性能要求

(1) 对被测气体具有较高的灵敏度,能够精确地检测出被测气体的浓度。

(2) 对被测气体之外的共存气体或物质不敏感,克服共存气体的干扰。

(3) 性能稳定,重复性好,能够抵抗粉尘、油污、其他化学物质的影响。

(4) 动态特性好,对检测信号响应迅速,并能够及时给出报警、显示和控制信号。

(5) 制造成本低,使用与维护方便。

(6) 使用寿命长,互换性好。

5. 气敏传感器的分类

不同的气体具有不同的性质,需要用相应的传感器来进行检测。由于气体种类很多,因

此,气敏传感器的种类也很多,很难用统一的标准对气敏传感器进行科学的分类,只能根据某些标准进行粗略的划分。按照工作原理进行分类,气敏传感器大致可以分为半导体气敏传感器、光干涉式气敏传感器、热传导式气敏传感器、红外吸收散射式气敏传感器、化学反应式气敏传感器、接触燃烧式气敏传感器等。

下面以半导体气敏传感器为例,介绍气敏传感器的工作原理和应用。

10.2.2　半导体气敏传感器

半导体气敏传感器的工作原理是,让半导体气敏元件同气体接触,造成半导体性质发生变化,借以检测特定气体的成分及其浓度。

按照半导体变化的性质,半导体气敏传感器分为电阻式半导体气敏传感器和非电阻式半导体气敏传感器两种。

1. 电阻式半导体气敏传感器的工作原理

气体在半导体表面发生氧化还原反应,导致敏感元件的阻值发生变化。这就是电阻式半导体气敏传感器的工作原理。

当半导体器件被加热到稳定状态,在气体接触半导体表面而被吸附时,被吸附的分子首先在表面上自由扩散(物理吸附),失去运动能量,其中一部分分子被蒸发掉,而残留分子产生热分解而固定在吸附处(化学吸附)。

若半导体的功函数小于吸附分子的电子亲和力,则吸附分子将从半导体器件夺得电子,而形成负离子吸附。具有负离子吸附倾向的气体有 O_2、NO_2 等氧化型气体。若半导体的功函数大于吸附分子的离解能,则吸附分子将向器件释放出电子,而形成正离子吸附。具有正离子吸附倾向的气体有 H_2、CO、碳氢化合物、醇类等还原型气体。

当氧化型气体吸附到 N 型半导体上,或还原型气体吸附到 P 型半导体上时,将使半导体载流子减少,而使电阻值增大。当氧化型气体吸附到 P 型半导体上,或还原型气体吸附到 N 型半导体上时,将使半导体载流子增多,使半导体电阻值下降。图 10.11 所示的是气体吸附在 N 型半导体时器件电阻值变化的情况。

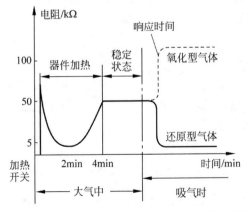

图 10.11　气体吸附在 N 型半导体时器件电阻值变化的情况

N 型半导体材料有 SnO_2、ZnO、TiO 等,P 型半导体材料有 MoO_2、CrO_3 等。半导体器件对吸附气体的响应时间一般不超过 1min。

在正常的空气环境中,空气成分基本上是固定的,各种气体在半导体器件表面的吸附量也是固定的,因此,半导体器件的电阻值也是固定的。当被测气体的浓度发生变化时,被测气体在半导体器件表面的吸附量也发生变化,导致半导体器件的电阻值发生变化。根据这个特性,可以从半导体器件电阻值的变化得知吸附气体的种类和浓度。

2. 电阻式半导体气敏传感器的结构

气敏传感器主要由气敏元件、加热器和封装体三部分组成。按照制造工艺进行划分,电阻式半导体气敏传感器可以分为烧结型、薄膜型和厚膜型三类。

1) 烧结型电阻式半导体气敏传感器

烧结型电阻式半导体气敏传感器的制作过程:将一定比例的敏感材料(SnO_2、ZnO 等)和一些掺杂剂(Pt、Pb 等)用水或黏合剂调和,经研磨后使其均匀混合;然后,将混合好的膏状物倒入模具,埋入加热丝和测量电极,经传统的制陶方法烧结;最后,将加热丝和电极焊在管座上,加上特制外壳就构成器件。

烧结型电阻式半导体气敏传感器分为直热式和旁热式两种结构。

直热式气敏传感器的结构与符号如图 10.12 所示。把加热丝直接埋在 SnO_2 或 ZnO 金属氧化物半导体粉末材料内烧结而成,加热丝兼作测量电极。测量时,首先把加热丝通电加热,然后用测量电极来测量传感器的电阻值。

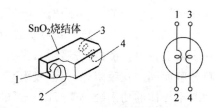

图 10.12　直热式气敏传感器的结构与符号

直热式气敏传感器的结构简单,制造容易,成本低,功耗小。但是,它也存在明显的缺点:这种传感器的体积很小,热容量小,易受环境温度的影响;测量电路与加热电路之间没有隔离,相互干扰,影响测量结果;加热丝在加热与不加热两种情况下产生的膨胀与收缩容易造成器件接触不良。

旁热式气敏传感器的结构与符号如图 10.13 所示。把高阻加热丝放置在陶瓷绝缘管内,在管外涂上梳状金电极作为测量电极,再在金电极外涂上 SnO_2 或 ZnO 等气敏半导体材料,就构成了气敏传感器。

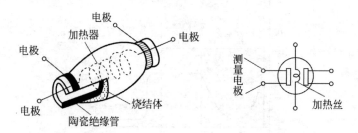

图 10.13　旁热式气敏传感器的结构与符号

旁热式气敏传感器克服了直热式气敏传感器的缺点。加热丝不与气敏材料接触,避免了测量电路与加热电路之间相互干扰;传感器热容量大,降低了环境温度的影响,提高了传感器的稳定性、可靠性。

2）薄膜型电阻式半导体气敏传感器

薄膜型电阻式半导体气敏传感器的结构如图 10.14
所示。采用蒸发或溅射工艺,在处理好的石英基片上形
成一层金属氧化物薄膜,再引出电极。实验证明,SnO_2
和 ZnO 薄膜的气敏特性较好。

薄膜型电阻式半导体气敏传感器具有灵敏度高、响
应迅速、机械强度高、互换性好、产量高、成本低等优点。

3）厚膜型电阻式半导体气敏传感器

按照质量配比,把 SnO_2、ZnO_2 或 ZnO 等材料与
3％～15％的硅凝胶混合制成能够印刷的厚膜胶,把厚

图 10.14　薄膜型电阻式半导体
气敏传感器的结构

膜胶用丝网印制到装有铂电极的氧化铝(Al_2O_3)或氧化硅(SiO_2)基片上,在 400～800℃ 高
温下,烧结 1～2h,就制成了厚膜型电阻式半导体气敏传感器。这种气敏传感器的结构如
图 10.15 所示。

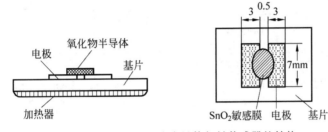

图 10.15　厚膜型电阻式半导体气敏传感器的结构

厚膜型电阻式半导体气敏传感器机械强度高,互换性好,适合大批量生产。

3. 电阻式半导体气敏传感器的特性

用于制作电阻式半导体气敏元件的氧化物种类比较多,它们的特性参数不完全相同,下
面以 SnO_2 为例,说明电阻式半导体气敏传感器的特性参数。

1）固有电阻和工作电阻

固有电阻 R_0 又称正常电阻,表示气体传感器在正常空气条件下的电阻值。工作电阻
R_s 表示气体传感器在一定浓度被测气体中的电阻值。

2）加热电阻和加热功率

加热电阻 R_H 为传感器提供工作温度的电热丝阻值,加热功率 P_H 为保持正常工作温
度所需要的加热功率。

3）电阻-浓度特性

电阻式半导体气敏元件的电阻-浓度特性是指电阻式半导体气敏元件的电阻值随被测
气体浓度变化的关系。SnO_2 对不同气体的电阻-浓度特性如图 10.16 所示。

4）灵敏度

电阻式半导体气敏元件的灵敏度是指被测气体浓度变化 1％ 所引起的气敏元件电阻值
的变化。如果电阻式半导体气敏元件的电阻-浓度特性曲线是一条直线,那么,灵敏度是这

条直线的斜率。从图 10.16 可以看出，SnO₂ 气敏元件对不同气体的灵敏度也不相同，相对来说，SnO₂ 对乙醇更灵敏，而对一氧化碳不太灵敏。

5）电阻-温湿度特性

图 10.17 所示的是 SnO₂ 的电阻-温湿度特性。从图 10.17 可见，气敏元件所处环境的温度、湿度对气敏元件工作电阻 R_s 有比较大的影响，因此，在使用时，需要进行温度、湿度补偿，以提高检测精度。

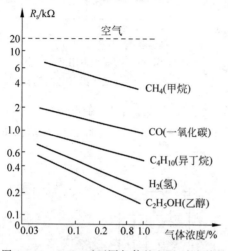

图 10.16 SnO₂ 对不同气体的电阻-浓度特性

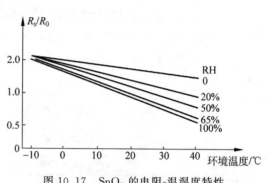

图 10.17 SnO₂ 的电阻-温湿度特性

6）响应时间

气体传感器的响应时间 T_1 反映传感器的动态特性，定义为从传感器接触一定浓度的检测气体起到传感器电阻值达到该浓度下的稳定值所需的时间。有时，也定义为从传感器接触一定浓度的检测气体起到传感器电阻值达到该浓度下电阻值增量的 63% 时所需的时间。

7）恢复时间

气体传感器的恢复时间 T_2 又称为脱附时间，也反映传感器的动态特性，定义为从传感器脱离检测气体起到传感器电阻值恢复至正常空气条件下的阻值所需的时间。

4. 电阻式半导体气敏传感器的特点

电阻式半导体气敏传感器具有成本低廉、制造简单、灵敏度高、响应速度快、寿命长、对湿度敏感低、电路简单、使用方便等优点。不足之处是必须工作于高温下，老化较快，对气体的选择性较差，元件参数分散，稳定性不够理想，功率要求高，当探测气体中混有硫化物时，容易中毒。

5. 电阻式半导体气敏传感器的测量电路

电阻式半导体气敏元件通常工作在高温环境中，温度范围一般在 200～450℃，目的是去除附着在元件上的油污、尘埃，并加速气体与金属氧化物的氧化还原反应，从而提高灵敏度和响应速度。因此，SnO₂ 气敏元件上有电阻丝加热。图 10.18 所示的是 SnO₂ 气敏电阻的基本检测电路。

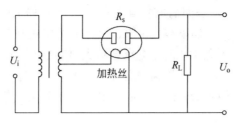

图 10.18 SnO$_2$ 气敏电阻的基本检测电路

测量电路的输出电压为

$$U_o = I_o R_L = \frac{R_L}{R_s + R_L} U_i \tag{10.3}$$

从式(10.3)可知,只要测出输出电压,就可以求出气敏元件的阻值 R_s,从而确定被测气体的成分与浓度。

10.2.3 气敏传感器应用举例

1. 便携式矿井瓦斯报警器

便携式矿井瓦斯报警器的工作原理如图 10.19 所示。气敏传感器 QM-N5 为瓦斯敏感元件,电位器 RP 设定报警浓度。

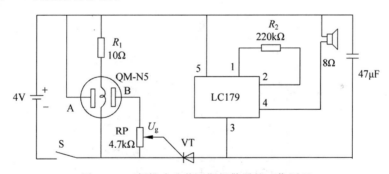

图 10.19 便携式矿井瓦斯报警器的工作原理

闭合开关 S,4V 直流电源通过 R_1 对气敏元件 QM-N5 预热。当矿井瓦斯浓度很低时,气敏元件的 A 与 B 之间的等效电阻很大,经与电位器 RP 分压,其动触点电压 $U_g < 0.7V$,不能触发晶闸管 VT,由 LC179 和 R_2 组成的报警振荡器无供电,扬声器不发声。当瓦斯浓度超过安全标准时,气敏元件的 A 和 B 之间的等效电阻迅速减小,致使 $U_g > 0.7V$,触发晶闸管 VT 导通,接通报警电路的电源,报警电路产生振荡,扬声器发出报警声。

便携式矿井瓦斯报警器体积小、重量轻、电路简单、使用方便、性能可靠,是矿井安全生产的重要检测仪器。

2. 家用有毒气体报警器

图 10.20 所示的是家用有毒气体报警器的电路原理图。QM-N10 是电阻式气敏传感

器,内部有一个加热丝和一对探测电极 A、K。如果空气中不含有毒气体,或者有毒气体的浓度很低,那么,两个探测电极之间的电阻值很大,流过电位器 RP 的电流很小,K 点为低电平,达林顿阵列 U850 不导通。如果空气中有毒气体的浓度达到一定值,两个探测电极之间的电阻值迅速下降,流过电位器 RP 的电流突然增大,K 点电位升高,向电容 C_2 充电,直到 C_2 上电压达到达林顿阵列 U850 的导通电位 1.4V,U850 导通,驱动集成芯片 KD9561 控制麦克风报警。当有毒气体的浓度下降到使 A、K 两点间恢复到高电阻状态时,K 点电位低于 1.4V,达林顿阵列 U850 截止,报警解除。

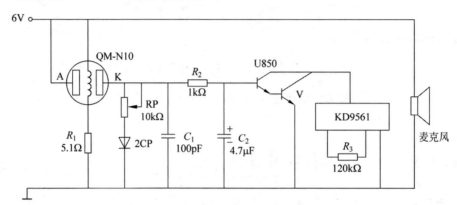

图 10.20 家用有毒气体报警器的电路原理图

3. 自动排风扇

TGSl09 型气敏传感器采用 SnO_2 半导体式气敏电阻作为传感元件,可用于各种可燃性气体、有毒有害气体的检测,其结构如图 10.21 所示。

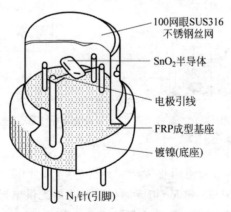

图 10.21 TGSl09 型气敏传感器的结构

以 TGSl09 型气敏传感器为气体检测器件,设计自动排风扇,其工作原理框图如图 10.22 所示。启动自动排风扇。气敏电阻的阻值随着被测气体浓度的变化而变化,经过放大电路放大,并转换为电压信号,送入比较器电路,与报警电压值进行比较,当被测气体的浓度超过报警电压值时,就会产生触发脉冲,使晶闸管电路导通,产生直流电压,给排风扇供电,自动通风排气。与此同时,从比较器电路分出一支,通过声光报警驱动电路,使蜂鸣器发出报警声,并使闪光灯闪烁,作为报警信号。随着被测气体浓度的下降,放大电路输出电压也下降,当它低于设定的下限电压时,晶闸管电路截止,排风扇停止,报警解除。

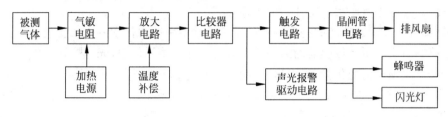

图 10.22　自动排风扇的工作原理

10.3　生物传感器

10.3.1　生物传感器概述

1. 生物传感器的概念

生物传感器(Biosensor)是一种对生物物质敏感并将其浓度转换为电信号进行检测的仪器。用固定化的生物敏感材料(如酶、蛋白质、DNA、抗体、抗原、微生物、细胞、组织、核酸等生物活性物质)作为识别元件,采用适当的理化换能器(如氧电极、光敏管、场效应管、压电晶体等)及信号放大器作为分析工具所构成的检测系统,就是生物传感器。

1967 年,乌普迪克(S. J. Updike)和希克斯(G. P. Hicks)在 *Nature* 第 214 卷上发表了论文 *The Enzyme Electrode*(酶电极),称他们研制出了第一个生物传感器——葡萄糖传感器。首先,把葡萄糖氧化酶混合到聚丙烯酰胺胶体中,加以固化;然后,把这个胶体膜固定在隔膜氧电极的尖端上,就制成了葡萄糖传感器。

把这种方法推而广之,如果改用其他的酶或微生物等固化膜,就可以制成检测与其对应的其他物质的传感器。这种制作生物传感器的方法称为固定感受膜方法,包括直接化学结合法、高分子载体法、高分子膜结合法等。

由于酶膜、微生物膜、抗原膜、抗体膜、线粒体电子传递系统粒子膜等对生物物质的分子结构具有选择性识别功能,它们只对特定的反应起到催化、活化的作用,因此,生物传感器具有非常高的选择性。

生物传感器是生物活性材料与物理化学换能器有机结合的产物,是发展生物技术所必需的检测、监控仪器,也是对物质进行分子水平的快速、微量分析手段。在 21 世纪的知识经济发展浪潮中,生物传感器技术必将是连接信息技术和生物技术的新的经济增长点,在临床诊断、工业控制、食品分析、药物分析、环境保护、生物技术、生物芯片、机器人等研究中有着广泛的应用前景。

2. 生物传感器的功能

从生物传感器的概念容易看出,生物传感器具有接收器与转换器的功能。

在生物体中,能够选择性地分辨特定物质的物质有酶、抗体、组织、细胞等。这些具有分子识别功能的物质,通过识别过程,可以与被测目标结合,构成新的复合物,例如,抗体和抗原的结合,酶与基质的结合。选择适于检测对象的识别功能物质是设计生物传感器极为重要的前提,需要考虑所产生的复合物的特性。

根据具有分子识别功能的物质制备的敏感元件所引起的化学变化或物理变化去选择换能器,是研制高质量生物传感器的另一重要方面。在敏感元件中,光、热、化学物质的生成或消耗等,会产生相应的变化量,根据这些变化量,可以选择适当的换能器。生物化学反应过程产生的信息是多元化的,微电子学和现代传感技术的成果已经为检测这些信息提供了丰富的手段。

制作、使用生物传感器的过程为:首先,提取出动植物发挥感知作用的生物材料,包括生物组织、微生物、细胞器、酶、抗体、抗原、核酸、DNA 等,实现生物材料或类生物材料的批量生产,反复利用,降低检测的难度和成本;其次,将生物材料感受到的持续、有规律的信息,转换为人们可以理解的信息;最后,将信息通过光学、压电、电化学、温度、电磁等方式展示出来,为人们的决策提供依据。

3. 生物传感器的结构

生物传感器由分子识别部分和转换部分构成。分子识别部分用于识别被测对象,是可以引起某种物理变化或化学变化的敏感元件,是生物传感器选择性测定的基础。转换部分是把生物活性所表达的信号转换为电信号的物理或化学换能器。

虽然各种生物传感器所检测的物质不同,但是它们都具有共同的结构:包括一种或数种相关生物活性材料(生物膜),以及能把生物活性所表达的信号转换为电信号的物理或化学换能器,两者组合在一起,用现代微电子技术和自动化仪表技术对生物信号进行再加工,构成各种可以使用的生物传感器分析装置、仪器和系统。

4. 生物传感器的技术特点

传感器是一种可以获取信息、处理信息的特殊装置。人体的感觉器官就是一套完美的传感系统,通过眼、耳、皮肤来感知外界的光、声、温度、压力等物理信息,通过鼻、舌感知气味和味道等化学刺激。生物传感器是一类特殊的传感器,它以酶、抗体、核酸、细胞等生物活性单元为生物敏感单元,对被测物质具有高度的选择性。与其他传感器相比,生物传感器具有下面的技术特点。

(1) 专一性强。很多生物传感器只对特定的物质起反应,且不受颜色、浓度的影响。

(2) 准确度高。现代的生物传感器相对误差一般可以达到 1%。

(3) 分析速度快。很多生物传感器可以在 1min 内得到结果。

(4) 检测系统操作比较简单,容易实现自动分析。

(5) 多功能。在生产控制中,有的生物传感器能够得到许多复杂的物理化学传感器综合作用才能获得的信息。

(6) 生物传感器采用固定化生物活性物质作为催化剂,克服了过去酶法分析试剂费用高、化学分析烦琐复杂等缺点。

(7) 在生物传感器中,价值昂贵的敏感元件可以重复使用多次,降低了成本。在连续使用时,每例测定只需几分钱。

（8）有的生物传感器能够可靠地指明微生物培养系统内的供氧状况和副产物的产生。同时，它们还指明了增加产物得率的方向。

5．生物传感器的分类

一般按照下面三种分类方法对生物传感器进行分类，在实际中，这三种分类方法之间经常互相交叉使用。

按照分子识别元件的不同进行分类，生物传感器可以分为五类，即酶传感器（Enzyme Sensor）、微生物传感器（Microbial Sensor）、细胞传感器（Organall Sensor）、组织传感器（Tissue Sensor）和免疫传感器（Immunol Sensor）。这五类传感器所使用的敏感材料分别为酶、微生物个体、细胞器、动植物组织、抗原和抗体。

按照换能器的不同进行分类，生物传感器可以分为五类，即生物电极传感器（Bio-electrode Sensor）、半导体生物传感器（Semiconductor Biosensor）、光生物传感器（Optical Biosensor）、热生物传感器（Calorimetric Biosensor）、压电晶体生物传感器（Piezoelectric Biosensor）。这五类传感器的换能器分别为电化学电极、半导体、光电转换器、热敏电阻、压电晶体等。

按照被测物质与分子识别元件的相互作用方式进行分类，生物传感器可以分为生物亲和型生物传感器（Affinity Biosensor）、代谢型生物传感器和催化型生物传感器。

6．衍生的传感器

1）DNA 生物传感器

DNA 生物传感器是一种能将目标 DNA 的存在转变为可测电信号的装置。它由两部分组成：一部分是识别元件，即 DNA 探针；另一部分是换能器。识别元件主要用来感知样品中是否含有待测的目标 DNA；换能器则将识别元件感知的信号转换为可以观察记录的信号。

DNA 生物传感器的工作原理：通过固定在换能器表面的已知核苷酸序列的单链 DNA 分子和另一条互补的 ss-DNA 分子杂交，形成的双链 DNA 会表现出一定的物理特性，然后由换能器反映出来。通常，在换能器上固化一条单链 DNA，通过 DNA 分子杂交，对另一条含有互补序列的 DNA 进行识别，形成稳定的双链 DNA，通过声、光、电信号的转换，对目标 DNA 进行检测。

2）皮肤生物传感器

血液化验是跟踪某些人体健康指标的常用方法，但是，美国军方主导的一个新项目有可能改变监测健康状况的方式。事实表明，人体血液中流动的能够表征健康指标的特定物质有很多在汗液中也存在。美国军方的这个项目，旨在开发出能够对军人汗液中的流动物质进行跟踪的皮肤生物传感器，以监测他们的健康状况。

这种高技术装置看上去和摸上去都像胶布、绷带，可以用来收集心率、呼吸频率等实时测量数据。实际上，这种皮肤生物传感器是一种被嵌入绷带中的扁平状电子芯片，其设计的初衷是记录可以下载到智能手机和计算机上的健康信息。美国军方希望利用这种技术，学会如何最有效地部署军人，如何让他们以最佳状态投入战斗。

10.3.2　生物传感器的应用领域

生物传感器是生物、化学、物理、医学、电子技术等多学科互相渗透的高新技术,具有选择性好、灵敏度高、分析速度快、成本低、能够在线连续监测等优点,它还有高度自动化、微型化、集成化的特点,在近几十年获得了蓬勃的发展。

生物传感器并不是专指用于生物技术领域的传感器,它的应用领域还包括环境监测、医疗卫生和食品检验等。在国民经济的各个部门,如食品、制药、化工、临床检验、生物医学、环境监测等方面,生物传感器都有广泛的应用前景。分子生物学、微电子学、光电子学、微细加工技术、纳米技术等新技术的融合,正改变着传统医学、环境科学、动植物学的面貌。生物传感器的研究和开发,已成为世界科技发展的新热点,形成 21 世纪新兴的高技术产业的重要组成部分,具有重要的战略意义。

1. 食品工业

生物传感器在食品工业的应用包括食品成分分析、食品添加剂分析、农药残留量分析、有害毒物分析、食品鲜度测定等。

1) 食品成分分析

在食品工业中,葡萄糖的含量是衡量水果成熟度和储藏寿命的一个重要指标。已经开发出来的酶电极型生物传感器,可以用来分析白酒、苹果汁、果酱和蜂蜜中的葡萄糖。其他糖类,如果糖、麦芽糖等,也有成熟的测定传感器。

2002 年,Niculescu 等人研制的一种安培生物传感器,可以检测饮料中的乙醇含量。这种生物传感器是将一种醌蛋白醇脱氢酶埋在聚乙烯中,酶和聚合物的比例不同,将会影响该生物传感器的性能。该生物传感器可以连续自动在线监测酒发酵过程中乙醇的含量。已经对不同的酒类样品进行了实验,实验结果表明,该生物传感器对乙醇的测量极限为 1nmol/l。

2) 食品添加剂分析

亚硫酸盐通常用作食品工业的漂白剂和防腐剂,采用亚硫酸盐氧化酶为敏感材料制成的电流型二氧化硫酶电极,可以测定食品中的亚硫酸盐含量,测定的线性范围为 $0 \sim 6^{-4}$ mol/l。又如饮料、布丁、醋等食品中的甜味素,Guibault 等采用天冬氨酶结合氨电极测定,线性范围为 $2 \times 10^{-5} \sim 1 \times 10^{-3}$ mol/l。此外,也有用生物传感器测定色素和乳化剂的报道。

3) 农药残留量分析

人们对食品中的农药残留问题越来越重视,各国政府也不断加强对食品中的农药残留的检测工作。Yamazaki 等人发明了一种使用人造酶测定有机磷杀虫剂的电流式生物传感器,利用有机磷杀虫剂水解酶,对硝基酚和二乙基酚的测定极限为 10^{-7} mol/l,在 40℃下测定只要 4min。Albareda 等用戊二醛交联法将乙酰胆碱酯酶固定在铜丝碳糊电极表面,制成一种生物传感器,对氧磷的可检测浓度为 10^{-10} mol/l,对克百威的可检测浓度为 10^{-11} mol/l,可以用于直接检测自来水和果汁样品中两种农药的残留。

4) 微生物和毒素的检验

食品中病原性微生物会给消费者的健康带来极大的危害,食品中毒素不仅种类很多,而且毒性大,大多数毒素有致癌、致畸、致突变的危险,因此,加强对食品中的病原性微生物及毒素的检测至关重要。

食用牛肉很容易被大肠杆菌 0157. H7 所感染,因此,需要快速灵敏的方法,检测和防御大肠杆菌 0157. H7 一类的细菌。Kramerr 等人研究的光纤生物传感器可以在几分钟内检测出食物中的大肠杆菌 0157. H7,而传统的方法则需要几天。这种生物传感器从检测出病原体,到从样品中重新获得病原体,并使它在培养基上独立生长,总共只需 1 天时间,而传统方法需要 4 天。

还有一种快速灵敏的免疫生物传感器,可以用于测量牛奶中双氢除虫菌素的残余物,它是基于细胞质基因组的反应,通过光学系统传输信号。已经达到的检测极限为 16.2ng/ml,一天可以检测 20 个牛奶样品。

5) 食品鲜度测定

在食品工业中,对食品鲜度(尤其是鱼类、肉类的鲜度)检测是评价食品质量的一个主要指标。Volpe 等人以黄嘌呤氧化酶为生物敏感材料,结合过氧化氢电极,通过测定鱼降解过程中产生的一磷酸肌苷(IMP)、肌苷(HXR)和次黄嘌呤(HX)的浓度,来评价鱼的鲜度,其线性范围为 $5 \times 10^{-10} \sim 2 \times 10^{-4}$ mol/l。

2. 环境监测

随着现代工业的快速发展,人们使用的工业产品越来越多,随之而来的工业废弃物也越来越多,给环境造成了严重的危害。现在,环境污染问题日益严重,人们迫切希望拥有能够对环境进行精确、快速、连续、在线监测的仪器,为环境保护提供决策支持。生物传感器可以部分满足人们的要求,目前,已经有相当多的生物传感器应用于环境监测中。

1) 水环境监测

生化需氧量(Biochemical Oxygen Demand,BOD)是指在一定条件下微生物分解存在于水中的可生化降解有机物所进行的生物化学反应过程中所消耗的溶解氧的数量,以 mg/l、百分率或 ppm 表示。它是反映水中有机污染物含量的一个综合性指标。如果进行生物氧化的时间为 5 天,就称为 5 日生化需氧量(BOD_5)。相应地还有 BOD_{10}、BOD_{20}。

常规的 BOD 测定需要 5 日的培养期,操作复杂,重复性差,耗时耗力,干扰性大,不适合现场监测。Siya Wakin 等人利用毛孢子菌(Trichosporon Cutaneum)和芽孢杆菌(Bacillus Licheniformis)制作了一种微生物 BOD 传感器。该 BOD 传感器能够同时精确测量葡萄糖和谷氨酸的浓度,测量范围为 0.5~40mg/l,灵敏度为 5.84nA/mgl。该生物传感器响应速度快,稳定性好,在 58 次实验中,平均每次实验所需的反应时间为 5~10min,标准偏差仅为 0.0362。

硝酸根离子是水污染的主要污染物之一,对人体的健康极其有害。Zatsll 等人提出了一种整体化酶功能场效应管装置,用于检测硝酸根离子。该装置对硝酸根离子的检测极限为 7×10^{-5} mol,响应时间不到 50s,系统操作时间约为 85s。

Han 等人发明了一种新型微生物传感器,可用于检测三氯乙烯。将假单细胞菌 JI104 固定在直径为 25mm、孔径为 $0.45\mu m$ 的聚四氟乙烯薄膜上,再将薄膜固定在氯离子电极上。把带有 $AgCl/Ag_2S$ 薄膜的氯离子电极和 Ag/AgCl 参比电极连接到离子计上,记录电压的变化,与标准曲线对照,测出三氯乙烯的浓度。该传感器线性浓度范围为 0.1~4mg/l,

适于对工业废水进行检测,在最优化条件下,响应时间不到 10min。

2) 大气环境监测

二氧化硫(SO_2)是酸雾、酸雨形成的主要原因,对大气环境破坏性很严重。传统的检测方法非常复杂,使用很不方便。Martyr 等人将亚细胞类脂类固定在醋酸纤维膜上,配上氧电极,制成安培型生物传感器,对 SO_2 形成的酸雾、酸雨样品溶液进行检测,10min 内就可以得到稳定的测试结果。

NO_x 不仅是造成酸雾、酸雨的原因,同时也是光化学烟雾的罪魁祸首。Charles 等人用多孔渗透膜、固定化硝化细菌和氧电极,制成微生物传感器来检测样品中亚硝酸盐的含量,从而推知空气中 NO_x 的浓度,检测极限为 $0.01×10^{-6}mol/l$。

3. 发酵工业

在发酵工业中,广泛采用微生物传感器作为检测工具。微生物传感器成本低,设备简单,不受发酵液混浊程度限制,能够消除发酵过程中其他物质的干扰。

1) 原材料及代谢产物的测定

微生物传感器可以用于测量发酵工业中的原材料,如糖蜜、乙酸等,也可以测量原材料的代谢产物,如头孢霉素、谷氨酸、甲酸、醇类、乳酸等。测量装置由适合的微生物电极与氧电极组成,测量原理是利用微生物的同化作用耗氧,通过测量氧电极电流的变化量来测量氧气的减少量,从而得到被测物的浓度。

2002 年,Tkac 等人用一种以铁氰化物为媒介的葡萄糖氧化酶细胞生物传感器来测量发酵工业中的乙醇含量,测量灵敏度为 3.5nA/mM,13s 内就可以完成一次测量。该微生物传感器的检测极限为 0.85nM,测量范围为 2～270nM。该传感器的稳定性能很好,在连续8.5h 的检测中,灵敏度没有任何降低。

2) 微生物细胞数目的测定

发酵液中微生物的细胞数是指单位发酵液中微生物的细胞数量,又称为菌体浓度。传统的测量微生物细胞数目的方法是,取一定量的发酵液样品,用显微计数的方法进行测定。这种方法对测量人员的要求很高,耗时较多,不适合连续测定。而在发酵控制方面,迫切需要能够直接测定细胞数目的简单而连续的方法。

研究人员发现,在阳极 Pt 表面上,菌体可以直接被氧化,并产生电流。这种电化学系统可以应用于细胞数目的测定,测定结果与常规的细胞计数法测定的数值相近。利用这种电化学微生物细胞数传感器,可以实现对菌体浓度的快速、连续、在线的测定。

4. 医学领域

在医学领域,生物传感器发挥着越来越大的作用。生物传感技术不仅为基础医学研究、临床诊断提供了快速简便的检测方法,而且在军事医学方面也具有广泛的应用前景。

1) 临床医学

在临床医学中,酶电极是研制最早、应用最多的一种传感器,已经成功应用于血糖、乳酸、维生素 C、尿酸、尿素、谷氨酸、转氨酶等物质的检测。酶电极的检测原理:用固定化技术,把酶装在生物敏感膜上。若被检测样品中含有相应的酶底物,则发生化学反应,产生可接收的信息物质,指示电极发生响应,并转换为电信号的变化。根据这一变化,就可以测定某种物质的有无和多少。

利用具有不同生物特性的微生物代替酶,可制成微生物传感器,在临床中应用的微生物传感器有葡萄糖、乙酸、胆固醇等传感器。如果选择适宜的含某种酶较多的组织来代替相应的酶,所制成的传感器称为生物电极传感器。例如,用猪肾、兔肝、牛肝、甜菜、南瓜和黄瓜叶等制成的传感器,可以分别用于检测谷酰胺、鸟嘌呤、过氧化氢、酪氨酸、维生素 C 和胱氨酸等。

DNA 传感器经常用于临床疾病诊断,它可以帮助医生从 DNA、RNA、蛋白质及其相互作用层次上了解疾病的发生、发展过程,有助于及时诊断和治疗疾病。在法医学中,DNA 传感器可以用作 DNA 鉴定,由此衍生出亲子鉴定等技术。此外,DNA 传感器还能够进行药物检测。Brabec 等人利用 DNA 传感器研究了常用铂类抗癌药物的作用机理,并测定了血液中该类药物的浓度。

美国普渡大学等机构的研究人员研制成功了一种新型的生物传感器,能够以非侵入的方式进行糖尿病测试,探测出人体唾液和眼泪中极低的葡萄糖浓度,降低利用针刺进行糖尿病测试的概率。这项技术无须过于繁复的生产步骤,从而可降低传感器的制造成本。

2019 年年底至 2020 年年初,新冠肺炎在全球蔓延。新冠肺炎是一种急性感染性肺炎,其病原体是一种首次在人类中发现的 2019 新型冠状病毒(COVID-19)。COVID-19 病毒粒子由几种蛋白组成的包膜结构,以及内部正链单链 RNA 组成。检测 COVID-19 核酸阳性是确诊病例的重要病原学证据之一。卫健委推荐使用的标准检测方法是,基于实时荧光定量 PCR 技术检测病毒 RNA,这种方法需要相应的实时荧光定量 PCR 仪和专业技术人员等特定条件才能实现,因此,发展更为简便和易于推广的检测方法迫在眉睫。2020 年 2 月 22日,云南大学称,该校科研团队研发出了检测新冠肺炎病毒的电化学传感器,建立了灵敏、快速、便捷的检测方法,在病毒检测技术上取得了阶段性成果。研究团队与云南省第二人民医院合作,开展血清、咽拭子等临床样本的 COVID-19 病毒 RNA 的检测,与该院使用的标准检测方法相比,两种方法检出一致率高。该检测方法操作简便,检测成本低,检测装置价格便宜,易于携带,数据读取迅速直观,易于推广和应用。

2)军事医学

在军事医学中,为了有效地防御生物武器,必须能够及时、快速、准确地检测出生物毒素。现有的生物传感器已经能够检测多种细菌、病毒或毒素,例如,炭疽芽孢杆菌、鼠疫耶尔森菌、埃博拉出血热病毒、肉毒杆菌类毒素等。

2000 年,美军报道,他们已经研制出了一种生物传感器,能够检测出葡萄球菌肠毒素 B、蓖麻素、土拉弗氏菌、肉毒杆菌这 4 种毒素,检测时间为 3～10min,灵敏度分别为 10mg/l、50mg/l、$5×10^5$ cfu/ml 和 $5×10^4$ cfu/ml。

Song 等人研制成功了检测霍乱病毒的生物传感器,该生物传感器能在 30min 内检测出低于 $1×10^{-5}$ mol/l 的霍乱毒素,而且有较高的敏感性和选择性,操作简单,使用方便。

10.3.3 生物传感器的发展趋势

20 世纪 90 年代,开启了微流控技术,把生物传感器集成到微流控芯片上,为药物筛选与基因诊断等提供了新的技术前景。现在,生物传感器已经发展到了第二代,产生了微生物传感器、免疫传感器、酶免疫传感器和细胞传感器等,并开始研制第三代生物传感器,尝试把系统生物技术和电子技术结合起来,开发场效应生物传感器。

在生物科学、信息科学和材料科学发展成果的推动下,生物传感器技术飞速发展,但是,生物传感器的广泛应用仍然面临着一些困难。在今后一段时间里,生物传感器的研究工作将主要集中在以下几个方面:选择活性强、选择性高的生物传感元件;提高信号检测器的使用寿命;提高信号转换器的使用寿命;生物响应的稳定性;生物传感器的微型化等。可以预见,未来的生物传感器将具有以下特点。

1. 多功能化

未来的生物传感器将进一步应用于食品检测、环境监测、发酵工业、医疗保健、疾病诊断等诸多领域。生物传感器研究的重要内容之一就是研究能够代替生物视觉、听觉、嗅觉、味觉和触觉等感觉器官的生物传感器,这就是仿生传感器,也称为以生物系统为模型的生物传感器。

2. 集成化

随着大规模、超大规模集成电路的发展,以单片机为代表的芯片技术已经得到了普遍的应用。为了丰富生物传感器的功能,芯片技术必将融入生物传感器之中,实现检测系统的集成化、一体化。

3. 微型化

随着微加工技术和纳米技术的进步,生物传感器将不断微型化,各种便携式生物传感器使人们能够在家中进行疾病诊断,或者在市场上直接检测食品。

4. 智能化

未来的生物传感器将与微型计算机紧密结合,能够自动采集数据,并把采集的数据送到计算机进行处理,科学、准确、直观地提供检测结果,实现采样、进样、结果一条龙,形成检测自动化系统。

5. 实用化

随着生物传感器技术的不断进步,生物传感器的应用越来越广泛。为了加速生物传感器市场化、商品化的进程,需要不断降低成本,提高产品的灵敏度、稳定性和使用寿命。伴随着实用性的提高,生物传感器一定会给人们的生活带来巨大的变化,在市场上大放异彩。

习题 10

1. 填空。

(1) 所谓空气湿度,就是指大气中水蒸气的含量。湿度的表示方法有_____、_____和_____等。

（2）按照感湿材料进行划分，湿敏传感器可以分为_____、_____、_____和高分子式湿敏传感器等。

（3）按照工作原理进行分类，气敏传感器大致可以分为_____、_____、_____、红外吸收散射式气敏传感器、化学反应式气敏传感器、接触燃烧式气敏传感器等。

（4）按照制造工艺进行划分，电阻式半导体气敏传感器可以分为_____、_____和_____三类。

（5）用固定化的生物敏感材料（如酶、蛋白质、DNA、抗体、抗原、微生物、细胞、组织、核酸等生物活性物质）作为_____，采用适当的_____（如氧电极、光敏管、场效应管、压电晶体等）及信号放大器作为分析工具，所构成的检测系统就是_____。

（6）生物传感器在食品工业的应用包括_____、食品添加剂分析、_____、有害毒物分析、_____等。

2. 名词解释。

（1）相对湿度

（2）湿敏传感器

（3）电容式湿敏传感器

（4）气敏传感器

（5）电阻式半导体气敏元件的电阻-浓度特性

（6）生物传感器

3. 湿敏传感器有哪些主要特性？

4. 为什么要开发、研制气敏传感器？

5. 气敏传感器有哪些主要特性？

6. 说明电阻式半导体气敏传感器的优点与缺点。

7. 对照图 10.20，说明家用有毒气体报警器的工作原理。

8. 与其他传感器相比，生物传感器具有哪些技术特点？

9. 阐述生物传感器的发展趋势。

参 考 文 献

[1] 胡向东,等.传感器与检测技术[M].3 版.北京:机械工业出版社,2018.
[2] 胡向东,等.传感器与检测技术[M].2 版.北京:机械工业出版社,2013.
[3] 徐科军,等.传感器与检测技术[M].北京:电子工业出版社,2016.
[4] 俞志根,于洪永.传感器与检测技术[M].3 版.北京:科学出版社,2015.
[5] 钱爱玲,钱显毅.传感器原理与检测技术[M].2 版.北京:机械工业出版社,2015.
[6] 卢艳军,等.传感与测试技术[M].北京:清华大学出版社,2012.
[7] 邓长辉.传感器与检测技术[M].大连:大连理工大学出版社,2012.
[8] 李新德,毕万新,胡辉.传感器应用技术[M].大连:大连理工大学出版社,2010.
[9] 朱欣华,邹丽新,朱桂荣.智能仪器原理与设计[M].北京:高等教育出版社,2011.
[10] HU F,CAO X J. Wireless Sensor Networks Principles and Practice [M].牛晓光,宫继兵,译.北京:
机械工业出版社,2015.
[11] 黄玉兰.物联网传感器技术与应用[M].北京:人民邮电出版社,2014.
[12] 刘伟荣,何云.物联网与无线传感器网络[M].北京:电子工业出版社,2013.
[13] 章宝歌,田莉,马铁信.电路基础[M].北京:中国电力出版社,2015.
[14] 郭业才,黄友锐.模拟电子技术[M].2 版.北京:清华大学出版社,2018.
[15] 代红英,李翠锦,陈成瑞.数字电子技术[M].成都:西南交通大学出版社,2019.
[16] 黄传河,涂航,伍春香,等.物联网工程设计与实施[M].北京:机械工业出版社,2015.
[17] 桂劲松.物联网系统设计[M].北京:电子工业出版社,2013.
[18] 孙宝法.单片机原理与应用[M].北京:清华大学出版社,2014.
[19] 孙宝法.微控制系统设计与实现[M].北京:清华大学出版社,2015.
[20] 徐成,凌纯清,刘彦,等.嵌入式系统导论[M].北京:中国铁道出版社,2011.
[21] 路莹,彭健钧.嵌入式系统开发技术与应用[M].北京:清华大学出版社,2011.
[22] 刘海涛,马建,熊永平.物联网技术应用[M].北京:机械工业出版社,2011.
[23] 卓晴,黄开胜,邵贝贝.学做智能车——挑战"飞思卡尔"杯[M].北京:北京航空航天大学出版
社,2007.
[24] 吴怀宇,程磊,章政.大学生智能汽车设计基础与实践[M].北京:电子工业出版社,2008.
[25] 张庆,孙宝法,张佑生.基于 MC9S12XSl28 的智能车的硬件系统设计[J].制造业自动化,2012,34(3)
(下):107-109.
[26] 孙宝法,梁月放.基于 MC9S12XSl28 的智能车的软件系统设计[J].价值工程,2012,31(5)(下):
210-211.
[27] 孙宝法,张晓玲.用摄像头循迹的智能车的硬件系统设计[J].价值工程,2012,31(10)(下):
201-202.
[28] SUN B F. Software Design of Smart Car Tracking with Camera [C]. Applied Mechanics and
Materials,2013,380-384:2619-2622.
[29] 孙宝法.微控制系统设计与实现实验室建设的探索与实践[J].淮北师范大学学报(自然科学版),
2017,38(1):84-89.
[30] SUN B F,SUN X. Hardware System Design of Quad-rotor Aircraft Based on STM32F103[C].
EPME 2018,APRIL 22-23,245-251.

［31］ SUN B F,SUN X,LI Y L. Software System Design of Quad-rotor Aircraft Based on STM32F103
［C］. 2019 IEEE 2nd International Conference on Automation，Electronics and Electrical Engineering
（AUTEEE），Nov. 22-24，2019，Shenyang，China：495-498.

［32］ UPDIKE S J，HICKS G P. The Enzyme Electrode［J］. Nature，1967，214：986-988.

［33］ 袁淑芳，宋力锦. 云南大学研发新冠肺炎病毒检测新技术取得阶段性成果［DB/OL］. https://
baijiahao. baidu. com/s?id＝1659298928997947071&.wfr＝spider&.for＝pc.

图书资源支持

感谢您一直以来对清华版图书的支持和爱护。为了配合本书的使用，本书提供配套的资源，有需求的读者请扫描下方的"书圈"微信公众号二维码，在图书专区下载，也可以拨打电话或发送电子邮件咨询。

如果您在使用本书的过程中遇到了什么问题，或者有相关图书出版计划，也请您发邮件告诉我们，以便我们更好地为您服务。

我们的联系方式：

地　　址：北京市海淀区双清路学研大厦 A 座 714

邮　　编：100084

电　　话：010-83470236　010-83470237

客服邮箱：2301891038@qq.com

QQ：2301891038（请写明您的单位和姓名）

资源下载：关注公众号"书圈"下载配套资源。

资源下载、样书申请

书　圈

获取最新书目

观看课程直播